标准的编写

GUIDES FOR THE DRAFTING OF STANDARDS

■ 白殿一　等著

中国标准出版社

北　京

图书在版编目(CIP)数据

标准的编写/白殿一等著. —北京:中国标准出版社,2009(2019.10 重印)
ISBN 978-7-5066-5429-6

Ⅰ. 标… Ⅱ. 白… Ⅲ. 标准—编写 Ⅳ. G307.4

中国版本图书馆 CIP 数据核字(2009)第 159479 号

中国标准出版社出版发行
北京复兴门外三里河北街 16 号
邮政编码:100045

网址 www.spc.net.cn
电话:68523946 68517548
中国标准出版社秦皇岛印刷厂印刷
各地新华书店经销

*

开本 880×1230 1/16 印张 18.75 字数 492 千字
2009 年 9 月第一版 2019 年 10 月第十五次印刷

*

定价 **87.00** 元

《标准的编写》著者名单

白殿一　　逄征虎　　刘慎斋　　赵朝义

专家委员会名单

主　任：　郑卫华

副主任：　裘庆军

委　员：　（按姓氏的汉语拼音为序）

白德美　　白殿一　　崔　华　　邓瑞德

刘慎斋　　陆锡林　　逄征虎　　强　毅

孙旭亮　　王益谊　　魏　绵　　卫　明

肖　健　　张宇春　　赵朝义　　赵文慧

序

书稿交到了出版社编辑的手中，本应心中释然的几位作者和我却总觉得意犹未尽，写作过程中一直在我们脑海中徘徊不去的问题愈发变得清晰——标准的标准是什么呢？如何编写一个好的标准？

记得二十多年前，我作为一个标准化新人参加了一个标准讨论会。会上一位老专家在发表意见时随口说出了一连串的标准编号，并掷地有声地指出：这个标准中的许多内容应该按照 GB 1.1[1] 的规定进行编写。老专家说出的众多标准很快就从记忆中消失了，但 GB 1.1 却让我不能忘怀，因为“标准的标准”这一概念深深印入我的脑海！

1998 年，我有幸开始从事 GB/T 1.1 的修订工作，怀着对“标准的标准”的崇敬心情，丝毫不敢有任何懈怠之心。2000 年，GB/T 1.1—2000《标准化工作导则　第 1 部分：标准的结构和编写规则》正式发布了，那时绝对想不到的是：相隔了近十年后，在对 GB/T 1.1 已经非常熟悉的情况下，当再一次主持修订这个标准时，我们花费的精力绝不亚于当年初次接触这个标准。这是因为，今天我们更加深刻地认识到“标准的标准”的分量和内涵，GB/T 1.1 会直接影响到我国其他千千万万标准的编写质量。

我们试图通过 GB/T 1.1—2009《标准化工作导则　第 1 部分：标准的结构和编写》这一标准来诠释什么是一个好的标准；试图通过《标准的编写》这本书来回答如何编写一个好的标准。在本书中我们尝试着阐述编写一个好的标准

[1] 当时的标准不分强制性和推荐性，因此标准代号中没有“/T”。

应具备的三个条件：选择适合的标准化对象；抽取恰当的技术要素；起草规范的标准文本。相关观点体现在书中的第一章第四节“编写标准的方法和规则”以及其他的章节中。

很遗憾，关于什么样的对象适合作为标准化对象，由于没有经过深入的研究，书中涉及不多，仅在第一章的第三节“标准化对象的确定”有所论述，但我们却一直以为，这是编写一个好标准的前提条件。试想，如果连“对象”都选错了或者选得不合适，文本编写得再好，“标准”也不会起到应有的作用，又如何谈得上是“好标准”呢？我们期望广大标准化工作者就这个问题去思考、去研究、去实践，在不远的将来，能够有一个较为满意的答案。

至于抽取恰当的技术要素，在书中通过第三章的第二节“规范性技术要素的选择”进行阐述。实际上本书只能给出一些选择的思路、原则与通用的方法，具体编写标准时需要领会其中的要点，融会贯通后才能够抽取出恰当的技术要素。

本书的大部分章节都在阐述如何起草规范的标准文本。我们始终认为规范的标准文本的前提是适合的标准化对象和恰当的技术要素，但这并不是说标准文本的规范性处于次要的地位。如果前两个条件都满足，但标准文本编写得不规范、表述得不清楚，同样不能发挥标准应有的作用。

对于我们而言，写作本书的最大意义在于能使更多的标准化工作者，尤其是接触标准化工作时间不长的人员编写出更好的标准。2002 年出版的《标准编写指南——GB/T 1.2—2002 和 GB/T 1.1—2000 的应用》所得到的广泛关注和使用，所获得的赞誉和批评都成为了鞭策我们继续进步的动力。在本书的写作过程中，几位作者秉持严谨和科学的态度，对内容反复研讨，对细节几经推敲，历经多次修改后，《标准的编写》才终于能和大家见面。

我们也深深地意识到，由于研究功底不足，有些想阐明的内容并没有说透，书中也一定有许许多多不尽如人意的地方，但广大标准化工作者的支持将始终激励我们以百倍的努力来完善这一研究工作。如果本书面世后能比先前的《标准编写指南》有一些小小的进步，能给广大的标准起草者带来新的启迪，能为编写好标准尽到一份微薄之力，那么我们将感到无比的欣慰。

2009 年 7 月 18 日

前言

随着我国经济社会的快速发展，标准越来越受到社会各界的广泛重视，如何编写标准以及编写标准的规范性也随之受到广大标准化工作者的高度关注。标准的技术指标是通过标准文本这一载体呈现的，因此标准文本的规范性是标准发挥其作用的重要前提。标准文本的规范性除了涉及标准的编写，还涉及科学、技术和经验的综合成果如何准确地体现在标准中，涉及如何选择标准中的技术要素等问题。虽然高质量的标准并不是编写出来的，标准的适用和有效也不可能仅仅依靠编写来获得，但是如果标准最终文本的编写质量不高，这个标准绝对不能称为一个好标准。

编写标准通常有两种方法，即自主研制标准和采用国际标准。这两种方法涉及了2009年发布的两个标准：GB/T 1.1—2009《标准化工作导则　第1部分：标准的结构和编写》和GB/T 20000.2—2009《标准化工作指南　第2部分：采用国际标准》。本书试图全方位地论述标准的编写问题，不仅阐述如何编写标准，还探讨了如何编写一个好的标准；涵盖自主研制标准和采用国际标准时如何编写标准，包括标准化对象的确定、技术要素的选择、标准文本的结构以及具体编写等。书中所阐述的观点尽量兼顾三个方面：理论性、系统性和可操作性。

本书从一些有关概念（如标准的分类）入手，阐述这些概念并不仅仅在其后的论述中要用到它们，还尝试着说明如何编写这些概念所涉及的不同类别的标准。在阐述了基本概念之后，介绍了支撑标准制修订工作的基础性国家标准体系，然后论述了标准化对象的确定，编写标准的方法和规则等。在阐明了标准的结构、规范性技术要素的选择之后，论述了有关编写标准的问题。本书先从自主研制标准的角度，按照标准编写的顺序进行论述。首先是规范性要素，包括：要求，分类、标记和编码，术语和定义，符号、代号和缩略语，规范性引用文件，范围等；然后是资料性要素，包括：引言、前言、参考文献、索引、目次、封面等。在此基础上，进一步深入到要素的内部，全面阐述了要素内容的表述。在阐述了自主研制标准的编写后，论述了采用国际标准情况下如何编写标准。最后，详细介绍了标准文本的编排。

本书在阐述观点的同时尽量给出示例，并且注重提供现有标准中的实例，以便提高书中内容的可操作性，使读者在清楚如何编写标准的同时，知晓为什么要这样编写，并且可从示例中进一步明确具体做法。

本书作者撰写的具体章节为：

白殿一：第一章的第一节、第二节、第四节的“二”，第二章，第三章的第一节、第七节、第八节，第四章，第八章的第一节，附录二到附录六；

逄征虎：第五章的第一节到第三节，第六章，第八章的第二节，附录一；

刘慎斋：第一章的第三节、第四节的“一”，第三章的第二节到第六节，第五章的第四节；

赵朝义：第七章。

全书由白殿一修改并统稿。

本书的出版得到了各方面人员的大力支持。全书框架和书稿形成过程中采纳了王益谊博士的大量建议；书中部分插图由周磊绘制；GB/T 1.1—2009 以及 GB/T 20000.2—2009 起草组的专家对本书的形成贡献了他们的智慧；国家标准化管理委员会的有关领导对“支撑标准制修订工作的基础性国家标准体系”的建立、标准的制定以及本书的撰写给予了大力支持和指导；全国标准化原理与方法标准化技术委员会的委员始终不渝地支持我们的工作；中国标准出版社的编辑人员为本书的出版付出了大量的心血和劳动。在此，全体作者对所有支持和帮助本书出版的人员表示诚挚的谢意。

由于与标准制定有关的研究工作还不够深入，加之水平和时间有限，书中有些内容还有待进一步深入，瑕疵和纰漏在所难免，恳请读者予以指出并提出宝贵意见，以便我们继续研究与探讨，不断地完善，从而更好地为广大标准化工作者服务。

著　者

2009 年 7 月 18 日

注：本书从第四次印刷起，对附录六内容做了调整，书末所附“标准编写模板”内容也做了相应调整。

目录

第一章 概 述

标准的编写需要掌握大量的相关知识，除了相应技术领域的知识外，首先要掌握标准化最基本的概念，了解指导标准编写的相关标准体系，在着手编写标准之前，还要明确标准化的对象，并熟练运用标准编写方法和规则。

第一节 基本概念

对于从事标准编制和标准化工作的人们来说，对一些最基本的概念有一个正确的、专业的理解是十分重要的。首先，它能够帮助我们从宏观的层面上看待标准和标准化。其次，准确地把握这些概念，将使我们在从事具体的标准化工作中不偏离方向。本节将首先介绍标准、标准化等最基本的概念，然后从不同的角度介绍标准的分类。掌握这些基本概念，对于理解本书所讲解的有关标准编写的内容将大有裨益。

一、标准和标准化

标准、标准化是标准化领域最基本的概念，国家标准化指导性技术文件是目前我国标准机构发布的除标准之外的惟一一类技术文件。

1. 标准 standard

标准是指“为了在一定的范围内获得最佳秩序，经协商一致制定并由公认机构批准，共同使用的和重复使用的一种规范性文件”[引自 GB/T 20000.1—2002，定义 2.3.2]。在该定义之后还有一个注：“标准宜以科学、技术和经验的综合成果为基础，以促进最佳的共同效益为目的。”这个定义同时也是国际标准化组织(ISO)和国际电工委员会(IEC)对于标准的定义。

通过上述定义，我们可以将标准简单地理解成一种文件。然而标准不是一般的文件，它是一种规范性文件。所谓规范性文件是指为各种活动或其结果提供规则、导则或规定特性的文件，它是标准、法律、法规和规章等类文件的统称。

由于规范性文件是诸多文件的统称，因此，只有具备与其他文件相区别的特殊属性的规范性文件才能称为标准。

第一，标准必须具备“共同使用和重复使用”的特点。所谓共同使用是指你用、我用、他也用，大家都要用；重复使用是指今天用、明天用、后天用，经常要用。这里，“共同使用”和“重复使用”两个条件必须同时具备，也就是说，只有大家共同使用并且要多次重复使用，标准这种文件才有存在的必要。

第二，制定标准的目的是获得最佳秩序，以便促进共同的效益。这种最佳秩序的获得是有一定范围的。“一定范围”是指适用的人群和相应的事物。所谓“适用的人群”可以是全球范围的、某个区域的、某个国家的、某个地方的、某个行业的、某个集团的等等，具体适用的人群取决于协商一致的范围；所谓“相应的事物”是指条款涉及的内容，可以是有形的、无形的、硬件、软件，例如有关安全的、环保的、能耗的、产品的、方法的等等。

第三，制定标准的原则是协商一致。协商一致是指普遍同意，即对于实质性问题，有关重要方面没有坚持反对意见，并且按照程序对有关各方的观点均进行了研究，且对所有争议进行了协调。协商一致并不意味着没有异议，一旦需要表决，协商一致是有具体指标的，通常以四分之三或三分之二（根据发布机构制定的规则）同意为协商一致通过的指标。

第四，制定标准需要有一定的规范化的程序，并且最终要由公认机构批准发布。这里的公认机构一般指标准机构。标准机构是在国家、区域或国际的层面上承认的，以制定、通过或批准、公开发布标准为主要职能的标准化机构。

第五，标准产生的基础是科学、技术和经验的综合成果。标准这一规范性文件是一种技术类文件，它具有科技含量，是在充分考虑最新技术水平后制定的；标准又是对人类实践经验的科学归纳、整理并规范化的结果。由于在标准制定中需要广泛征求意见，必须经过协商一致的过程，因而保证了制定的标准能够广泛吸收各方面的意见和建议，使得科学、技术和实践经验能够在有机结合后纳入标准。

综上所述，具备共同使用和重复使用特点的，其目的是为了在一定范围内获得最佳秩序的，经过协商一致制定，并经过规范化的程序，由公认的标准机构批准的技术类的规范性文件，被称为“标准”。

在国际上，标准通常是自愿性的，它由标准机构（非权力机构）发布，由生产、使用等方面自愿采用。我国 1988 年发布的《中华人民共和国标准化法》第七条规定：“国家标准、行业标准分为强制性标准和推荐性标准。”这里强制性标准即是技术法规，而推荐性标准类似国际上的自愿性标准。既然是自愿的，它就不是法律、法规。因此，标准没有权力要求与之有关的人员必须执行其要求，有关人员也没有义务一定要执行标准的要求。然而，由于本身所具有的特殊属性，标准的应用可以通过下述途径来实现：

市场机制：由于标准是以科学、技术和经验的综合成果为基础，是在充分协商一致的基础上形成的，所以它符合大多数利益相关方的利益，自然会被自愿使用。因此市场上符合标准的产品或服务也将占据大多数，进而形成主导产品，那些少数最初没有使用标准的利益相关方，为了适应主流市场，其产品和服务往往不得不使用已通过的标准，以便赢取市场份额。可见，标准首先是靠市场的作用机制被广泛地自愿使用的。在这种情况下，使用者往往采取自我声明的方式，即声明其产品或服务符合某项标准。

政府引导[1]：在诸如环境保护、资源利用、健康安全等政府关注的领域中，政府往往通过发布鼓励企业使用标准的政策和措施，引导企业采用相应的标准。例如，政府可以要求在政府采购、国家重大工程招标等活动中要以国家标准为依据，从而发挥标准的技术依据和基础支撑作用。

法规引用：在一些涉及技术问题的法规中，如果有技术标准作为依据，可以采用法规引用标准的方式，使得在法规调整的范围内，标准的使用成为法规的要求。

---

[1] 《中华人民共和国标准化法》第十四条规定：“推荐性标准，国家鼓励企业自愿采用。”

2. 国家标准化指导性技术文件　national standardization guiding technical documents

按照《国家标准化指导性技术文件管理规定》[1] 的界定，国家标准化指导性技术文件是为给仍处于技术发展过程中（例如变化快的技术领域）的标准化工作提供指南或信息，供科研、设计、生产、使用和管理等有关人员参考使用而制定的标准文件。

符合下述情况之一的项目，可制定国家标准化指导性技术文件：

(1) 技术尚在发展中，需要有相应的标准文件引导其发展或具有标准化价值，尚不能制定为标准的项目；

(2) 采用 ISO、IEC 以及其他国际或区域标准化机构的技术报告（TR）的项目；

(3) 采用 ISO、IEC 的技术规范（TS）和可公开获得的规范（PAS）等国际新型文件的项目。

国家标准化指导性技术文件发布后三年内必须复审，以决定继续有效、转化为国家标准或撤销。

3. 标准化　standardization

标准化是指“为了在一定范围内获得最佳秩序，对现实问题或潜在问题制定共同使用和重复使用的条款的活动”[引自 GB/T 20000.1—2001，定义 2.1.1]。

从上述定义中可以看出：标准化是一项活动，这种活动的结果是制定条款，制定条款的目的是在一定范围内获得最佳秩序，所制定的条款的特点是共同使用和重复使用，针对的对象是现实问题或潜在问题。再结合标准的定义可以得出：多项条款的组合构成了规范性文件，如果这些规范性文件符合了相应的程序，经过了公认机构的批准，就成为标准或特定的文件（例如国家标准化指导性技术文件）。所以，标准是标准化活动的主要成果之一。

“标准化”活动是人类社会中每天都在进行的诸多活动中的一种，它涉及上述文件（主要是标准）的编写过程、征求意见过程、审查发布过程和使用过程等。标准化活动的主要作用是：为了预期目的改进产品、过程或服务的适用性，防止贸易壁垒并促进技术合作。

二、标准的分类

标准的种类繁多，根据不同的目的或原则可以划分出不同的类别。虽然国外和我国标准化界对标准的分类方式众多，有些分类也依据相关的国际标准和国家标准，但是这些分类之间存在着交叉和适用界限不明确等问题。本书从编写标准的角度对标准的分类进行了探讨，并试图将以下介绍的标准分类与随后各章有关标准编写的讲解相联系：一方面要使用这些分类，另一方面将会适时指导不同类别标准的编写。

（一）按照适用范围划分

标准是人们进行贸易流通、技术交流和具体行为的准则。那么，是否任何一项标准都是放之四海而皆准的文件呢？答案是否定的。制定标准的重要基础是在一定的范围内充分反映各相关方的利益，并对不同意见进行协调与协商，从而取得一致。其中“一定的范围”和“各相关方”的范围可大可小，可以是全球的，也可以是某个区域或某个国家层次的，还可以是某个国家内行业部门（或协会）、地方或企业层次的。显而易见，不同层次标准化活动的协商一致程度是不同的，所制定标准的适用范围也是不同的。

---

[1] 国家质量技术监督局，1998 年 12 月 24 日发布。

依据制定标准的参与者所涉及的范围，也就是标准的适用范围，可将标准分为：国际标准、国家标准、行业标准、地方标准、企业标准等。

1. 国际标准 international standard

国际标准是指“国际标准化组织（ISO）、国际电工委员会（IEC）和国际电信联盟（ITU）以及ISO确认并公布的其他国际组织[1]制定的标准”［引自GB/T 20000.2—2009，定义3.1］。

ISO确认并公布的其他国际组织主要包括：国际计量局（BIPM）、国际原子能机构（IAEA）、国际海事组织（IMO）、联合国教科文组织（UNESCO）、世界卫生组织（WHO）等49个国际标准化机构，见附录一（附录一还给出了区域标准化机构和其他开展相关活动的国际或区域组织）。

ISO、IEC、ITU三大国际标准组织以制定国际标准为主要职能，国际标准中的大部分都是由这三大组织发布的；ISO公布的其他国际标准化机构虽不以制定标准为主要职能，但都发布类似于标准的规范性文件。我们所说的“国际标准”包括了这些机构发布的标准或规范性文件。国际标准发布后在世界范围内适用，作为世界各国进行贸易和技术交流的基本准则和统一要求。

在国际标准的应用实践中，人们对于“国际标准”有着不同的理解。在一些专业领域中，某些知名、权威机构发布的标准在世界范围具有广泛的影响，它们不仅代表着该领域的先进技术，左右着国际市场的技术格局，而且已经被众多国家和产业界广泛应用，我们称这些标准为“事实上的国际标准”。发布这些标准的机构有历史悠久、技术权威性高的某些国家的专业协会，例如美国材料与试验协会（ASTM）、美国机械工程师协会（ASME）、德国工程师协会（VDI）；有由掌握某类技术及专利并主导国际市场的大企业组成的联盟，例如DVD联盟；有掌握独特专有技术并在全球市场具有垄断地位的大公司，例如微软公司。这些机构制定标准的运作模式与传统的国际标准化机构有所区别，在协商一致过程及技术方案选择结果上并不意味着全球接受，有些可能还会成为贸易争端的焦点。本书述及的采用国际标准的方法（见第六章）并不适用于采用“事实上的国际标准”。

2. 国家标准 national standard

国家标准是指“由国家标准机构通过并公开发布的标准”［引自GB/T 20000.1—2002，定义2.3.2.1.3］。

对我国而言，国家标准是指由国务院标准化行政主管部门组织制定，并对全国国民经济和技术发展有重大意义，需要在全国范围内统一的标准。

国家标准由全国专业标准化技术委员会负责起草、审查，并由国务院标准化行政主管部门统一审批、编号和发布。

国家标准按照实施力度的约束性分为强制性标准和推荐性标准。为了保障国家安全，保护人民生命和健康，保障动植物的生命和健康，保护环境，防止欺诈行为，满足国家公共管理的需求，需要在全国范围内统一技术要求而制定的标准为强制性标准；其余为推荐性标准。

3. 行业标准 branch standard

行业标准是指在国家的某个行业通过并公开发布的标准。

对我国而言，行业标准是对没有国家标准而又需要在全国某个行业范围内统一的技术要求所

---

[1] ISO公布的其他国际标准化机构的名单可在ISO世界标准服务网（http://www.wssn.net/WSSN/index.html）上查到。该名单实时更新，一般每年在名单中会增加两三个国际组织，个别国际组织也有可能被调整出名单之外。

制定的标准。

行业标准的发布部门须由国务院标准化行政主管部门审查确定。凡批准可以发布行业标准的行业，由国务院标准化行政主管部门公布行业标准代号、行业标准的归口部门及其所管理的行业标准范围。

行业标准由行业标准归口部门审批、编号和发布。行业标准发布后，行业标准归口部门应将已发布的行业标准送国务院标准化行政主管部门备案。

4. 地方标准　provincial standard

地方标准是指“在国家的某个地区通过并公开发布的标准”[引自 GB/T 20000.1—2002，定义 2.3.2.1.4]。

对我国而言，地方标准是针对没有国家标准和行业标准，而又需要在省、自治区、直辖市范围内统一的技术要求所制定的标准。

地方标准由省、自治区、直辖市标准化行政主管部门统一编制计划、组织制定、审批、编号和发布。

地方标准发布后，省、自治区、直辖市标准化行政主管部门应分别向国务院标准化行政主管部门和有关行政主管部门备案。

5. 企业标准　company standard

企业标准是针对企业范围内需要协调、统一的技术要求、管理要求和工作要求所制定的标准。企业标准是企业组织生产、经营活动的依据。企业标准虽然只在某企业适用，但在地域上可能会影响多个国家。

企业标准由企业制定，由企业法人代表或法人代表授权的主管领导批准、发布，由企业法人代表授权的部门统一管理。企业标准大多是不公开的。然而，作为组织生产和第一方合格评定依据的企业产品标准发布后，企业应将企业标准报当地标准化行政主管部门和有关行政主管部门备案。

企业标准是规范企业内部生产经营活动的各种要求的规范性文件。企业标准中大部分是“过程”标准，主要是对各类人员，例如开发设计人员、工艺技术人员、测试检验人员、销售供应人员、经营管理人员等如何开展工作作出规定；企业标准中少部分是“结果”标准，主要是针对“物”，例如采购的原材料、半成品、最终产品等的技术要求作出规定。

（二）按照标准涉及的对象类型划分

标准涉及的对象类型不同，反映到标准的文本上体现为其技术内容及表现形式的不同。

从不同的角度可以对标准化对象进行不同的区分。ISO、IEC 将标准化对象概括为产品、过程或服务，据此可以把标准分为产品标准、过程标准和服务标准三大类。WTO 关心的是贸易和交流，它将贸易分为货物贸易和服务贸易，实际上是把 ISO、IEC 所指的产品、过程或服务中的产品和服务两项合并为一项，与过程（交流）对应。根据 WTO 的原则，可以更简单地把标准分为过程标准和结果标准两大类。

在实际使用中，为了使用方便有时还需要比较详细的分类。按照标准涉及的对象经常使用的分类结果有：术语标准、符号标准、试验标准、产品标准、过程标准、服务标准、接口标准等等。

1. 术语标准　terminology standard

术语标准是指“与术语有关的标准，通常带有定义，有时还附有注、图、示例等”[引自

GB/T 20000.1—2001,定义 2.5.2]。

术语标准是按照专业范围划分的,包含了某领域内某个专业的许多术语。术语标准的主要技术要素为术语条目,通常由条目编号、术语和定义几部分内容组成,包含术语和相应定义的术语标准,其名称为《×××词汇》,如果仅有术语没有定义,则名称为《×××术语集》。

术语条目应包括:条目编号、首选术语、英文对应词、定义。根据需要可增加:许用术语、符号、拒用和被取代术语、概念的其他表述方式(包括图、公式等)、参见相关条目、示例、注等。

术语标准中的条目一般按照概念体系排列。为了检索方便需在标准中给出索引,包括按汉语拼音字母顺序的索引,以及按英文对应词的字母顺序的索引。

术语标准界定的是人们交流需要的最基本的内容——术语,如果术语不统一,人们将无法无障碍地进行交流。因此可以说,术语标准中规范的术语是人类活动,尤其是科学技术活动中相互交流的基础。

2. 符号标准 symbol standard

符号标准是指与符号有关的标准。符号是"表达一定事物或概念,具有简化特征的视觉形象"[引自 GB/T 15565.1—2008,定义 2.3]。通常分为文字符号和图形符号。文字符号又可分为字母符号、数字符号、汉字符号或它们组合而成的符号;图形符号又可分为产品技术文件用、设备用、标志用图形符号。

对上述内容进行规定的标准就是符号标准,例如 GB/T 1418—1995《电信设备通用文字符号》,GB/T 10001.1—2006《标志用公共信息图形符号 第1部分:通用符号》等。

符号标准的正文中,一般应给出符号编号、符号、符号名称(含义)、符号说明等内容,这些内容通常以表的形式列出,表的纵向栏从左到右分别为编号栏、符号栏、名称栏、说明栏等。符号标准应给出索引,包括符号名称(或含义)的索引,以及符号名称(或含义)的英文对应词索引。

3. 试验标准 testing standard

试验标准是指"与试验方法有关的标准,有时附有与测试有关的其他条款,例如抽样、统计方法的应用、试验步骤"[引自 GB/T 20000.1—2001,定义 2.5.3]。

试验标准是规定试验过程的标准,是典型的过程标准。试验标准规定了标准化的试验方法。在规定结果的产品标准中,所要求的结果需要通过试验来检验。一般来讲,每项要求都应有其对应的试验方法。因此试验标准的数量较多,是被其他标准引用频率较高的标准。

试验标准的主要技术内容是规定详细的操作步骤,结果的计算方法,有效性的验证方法以及安全警示等内容。至于方法原理、反应方程、试剂与材料、仪器与设备都是从操作步骤中提取出来的,是为了便于交流和事先为试验做好准备工作。有时试验标准附有与测试有关的其他内容,例如简便的抽样方法、统计方法的应用说明。当在一个样品上进行几项试验时,会说明各项试验之间的次序。

4. 产品标准 product standard

产品标准是指"规定产品应满足的要求以确保其适用性的标准"[引自 GB/T 20000.1—2001,定义 2.5.4]。

按照 ISO 对标准化对象的划分,产品标准是相对于过程标准和服务标准而言的一大类标准,与产品有关的标准都可以划入这一类别。产品标准可分为不同类别的标准,例如尺寸类标准、材料类标准等。

产品标准的主要内容是规定产品应该满足的要求，主要包括适用性的要求。这些要求通常用性能特性表示。此外，为了验证是否满足各项要求，还需要有针对每项要求的试验方法，通过试验方法的测试，才能得到用于比较的数据，来判断各项要求是否满足。另外，产品标准还可以根据需要规定其他方面的内容，例如术语、包装和标签等，有时还可包括工艺要求。在产品标准中不应写入属于合同要求的内容。

在计划经济时期，产品标准是国家组织企业进行现代化生产的依据；在市场经济中，产品标准主要为贸易和交流提供依据。产品标准不应给贸易和交流制造不必要的障碍。随着市场经济的发展，贸易和交流中离不开产品标准，产品标准越来越成为人们关注的焦点。

5. 过程标准 process standard

过程标准是指“规定过程应满足的要求以确保其适用性的标准”［引自 GB/T 20000.1—2001，定义 2.5.5］。

按照 ISO 对标准化对象的划分，过程标准是相对于产品标准和服务标准而言的一大类标准，与过程有关的标准都可以划入这一类别。过程标准主要是写如何做的标准。人类的活动中大多经历的是过程，因而标准化活动中制定的标准大部分也是过程标准。

组织生产的过程中需要大量的过程标准，例如指导产品设计人员进行设计的设计规程，指导工人加工产品的工艺规程，指导试验人员做试验的试验标准，指导安装人员安装设备的安装规程等都是写如何做的过程标准。

供具体操作人员使用的操作标准多数是规定要求的过程标准。这类标准对于执行过程是要检查的，例如供工人用的工艺规程。但是，相当数量的过程标准是推荐惯例或程序的，是向技术人员、管理人员等推荐首选方案的，这类过程标准在使用中有选择的余地。

过程标准中可以规定具体的操作，也可以推荐首选的惯例。因此，过程标准中的推荐型条款比产品标准中的要多。产品标准以规定要求型条款为主，而过程标准既有规定要求的条款，也有推荐惯例的条款。

6. 服务标准 service standard

服务标准是指“规定服务应满足的要求以确保其适用性的标准”［引自 GB/T 20000.1—2001，定义 2.5.6］。

按照 ISO 对标准化对象的划分，服务标准是相对于产品标准和过程标准而言的一大类标准，与服务有关的标准都可以划入这一类别。从上述定义中可看出，将产品标准定义中的“产品”换成了“服务”，就成为服务标准的定义。服务标准与产品标准有许多共同之处，服务标准的主要内容是规定服务应该满足的要求，目的是要保证服务这一产品的适用性。

服务指为满足顾客的需要，供方和顾客之间接触的活动以及供方内部活动所产生的结果。服务作为产品除了具有与其他产品相同的商品特性外，还具有以下特点：服务大多具有无形性；服务的生产和消费常常是同时的，基本是一次性的；服务不能贮存，也不能运输；服务一般具有不可逆性。由于服务所具有的上述特点，使得有些服务标准规定过程要比规定结果更加具有可检验性。

服务具有无形性，它的形式可以是完全的劳务，即无形产品，例如律师服务、股票交易、咨询和培训等，但它的表现形式又往往与有形产品的制造和提供结合在一起，例如餐馆提供的食物和饮料、汽车租赁和车辆销售的汽车等。由于服务的表现形式所具有的这一特点，有必要区分服务标准与服务业领域的标准。首先，由于服务主要存在于服务业，但并不局限于服务业，因此规范其他产业中的服务活动的标准也应属于服务标准。其次，与非服务业中也有服务活动类似，服务业中的活动也并不都是服务活动，例如餐馆提供的“食物和饮料”的生产活动就不属于服务活动，因此，规范这类产品的标准不应属于服务标准。

服务标准可以在诸如洗衣、饭店管理、运输、汽车维护、远程通信、保险、银行、贸易等领域内制定。

7. 接口标准 interface standard

接口标准是指“规定产品或系统在其互连部位与兼容性有关的要求的标准”［引自 GB/T 20000.1—2001，定义 2.5.7］。

从上述定义可看出，接口标准针对的是一个产品与其他产品连接使用时，其相互连接的界面的标准化问题。通过接口标准的规定，保证产品或系统与其他产品或系统连接后的兼容性。这类标准经常涉及几何外形的尺寸要求。例如，鞋子的号型标准就是尺寸匹配的标准，它规定了不同号型鞋子的尺寸，是为了使鞋与人脚相互配合。在多数情况下，产品只是几何外形的尺寸适合而性能不匹配是不能使用的。因此接口标准往往涉及两个方面的要求，即尺寸匹配要求和性能匹配要求。例如，大容量用电器如果插入了小容量的电源插座，长期使用可能会引起火灾，这就是由于尺寸匹配而性能不匹配造成的。为了避免这种情况，接口标准需同时考虑尺寸匹配和性能匹配两方面的要求。将大容量用电器与外界相连的插销规定了相对大的尺寸，同时对大容量的插座的插孔也规定了稍大的尺寸，以便匹配大容量插销的尺寸。这样的规定就是同时考虑了尺寸匹配和性能匹配两方面的需求。

接口标准是在产品标准这个大类下的一个小类，它的内容与产品有关。随着时代的发展，市场上的商品，尤其是电子产品(例如接入计算机的数字产品)越来越丰富，品种也越来越多。在这种情况下，接口标准显得越来越重要了。

（三）按照标准的要求程度划分

按照标准中技术内容的要求程度进行划分，可以将标准分为规范、规程和指南。这三类标准中技术内容的要求程度逐渐降低，标准中所使用的条款及表现形式也有差别，编写要求也会不同。

1. 规范 specification

规范是指“规定产品、过程或服务需要满足的要求的文件”［引自 GB/T 1.1—2009，定义 3.1］。

从上述定义可以看出，几乎所有的标准化对象都可以成为“规范”的对象，无论是产品、过程还是服务，或者是其他更加具体的标准化对象。这类文件的内容有一个共同的特点，即它规定的是各类标准化对象需要满足的要求。在适宜的情况下，规范最好指明可以判定其要求是否得到满足的程序，也就是说规范中应该有由要求型条款组成的“要求”一章，其中所提出的要求，一旦声明符合标准是需要严格判定的。因此，规范中需要同时指出判定符合要求的程序。

2. 规程 code of practice

规程是指“为设备、构件或产品的设计、制造、安装、维护或使用而推荐惯例或程序的文件”［引自 GB/T 20000.1—2002，定义 2.3.5］。

从上述定义可以看出，规程所针对的标准化对象是设备、构件或产品。规程与规范的区别是多方面的：规程的标准化对象较规范来说更加具体；规程的内容是“推荐”惯例或程序，规范是“规定”技术要求；规程中的惯例或程序推荐的是“过程”，而规范规定的是“结果”；规程中大部分条款是由推荐型条款组成，规范必定有由要求型条款组成的“要求”。因此，从内容和力度上来看，“规程”和“规范”之间都存在着明显的差异。

3. 指南 guideline

指南是指“给出某主题的一般性、原则性、方向性的信息、指导或建议的文件”[引自 GB/T 1.1—2009,定义 3.3]。

从上述定义可以看出,指南的标准化对象较广泛,但具体到每一个特定的指南,其标准化对象则集中到某一主题的特定方面,这些特定方面是有共性的,即一般性、原则性或方向性的内容。指南的具体内容限定在信息、指导或建议等方面,而不会涉及要求或程序。可见,“指南”的内容与“规范”和“规程”有着本质的区别。

三、采用国际标准

采用国际标准是我国标准的重要编写方法之一,因此应熟悉和掌握与之有关的概念,从而在采用国际标准编写我国标准时,能够准确地运用这些概念编写我国的采标标准。

1. 采用 adoption

采用是指“〈国家标准对国际标准〉以相应国际标准为基础编制,并标明了与其之间差异的国家规范性文件的发布”[引自 GB/T 20000.2—2009,定义 3.2]。

通过上述定义可以看出,采用是以国际标准为基础制定本国标准的一种文本转化形式。采用有两种情况,一种为国家标准与国际标准在技术内容和文本结构上相同;另一种为国家标准与国际标准的技术内容存在差异或文本结构发生变化,这种技术性差异被明确标示和说明,文本结构变化有清楚的比较。如果技术性差异在国家标准中没有标示和说明,文本结构变化没有比较,或者国家标准的内容与国际标准差异太大(国家标准仅保留了国际标准的少部分条款或不重要的条款),则不属于“采用”的范畴。整个文本转化的过程要经过我国标准制定程序直至最终发布,才算完成。

采用的概念指标准间文本的转化关系,与标准的“应用”概念有区别。标准的“应用”是指标准在生产、贸易等方面的使用[引自 GB/T 20000.1—2002,定义 2.10.2]。在多数情况下,各国产业界不将国际标准转化成他们的协会标准或公司标准,而是直接按国际标准组织生产或提供服务。这就是对国际标准的直接应用,它没有文本转化的过程。如果将国际标准采用为各国的国家标准、协会标准或公司标准之后,企业再使用这些标准,可以说企业间接地应用了国际标准。

2. 编辑性修改 editorial change

编辑性修改是指“〈国家标准对国际标准〉在不变更标准技术内容条件下允许的修改”[引自 GB/T 20000.2—2009,定义 3.3]。

通过上述定义可以看出,编辑性修改的核心是所修改的内容不能导致技术上的差异,要不变更、不增加或不删除国际标准的技术内容。编辑性修改包括,为了与现有的标准系列一致改变国际标准的名称,增加资料性要素(例如,引言、资料性附录),用小数点符号“.”代替小数逗点符号“,”,用“本标准”代替“本国际标准”,页码改变等最小限度的编辑性修改,还包括删除或修改国际标准的资料性要素(例如,资料性附录、条文的注和脚注),删除或替换国际标准的参考文献中的文件等其他编辑性修改。

不是 ISO 或 IEC 官方语言的国家,或不是使用签署认可法[见第六章第二节“二、”中的(三)]采用国际标准的国家,在采用国际标准时不可避免地要做出编辑性修改。

3. 技术性差异 technical deviation

技术性差异是指“〈国家标准与国际标准〉国家标准与相应国际标准在技术内容上的不同”[引

自 GB/T 20000.2—2009，定义 3.4]。

通过上述定义可以看出，技术性差异主要指技术上的改变，包括修改、增加或删除技术内容，例如，改变标准的范围，改变标准的技术要素(例如，技术要求、规范性附录)等。

为了适应国内气候、地理等自然条件和解决基本技术问题，在采用国际标准时可能需要对国际标准的技术内容做出调整。

4. 结构　structure

结构是指"〈标准的〉章、条、段、表、图和附录的排列顺序"[引自 GB/T 20000.2—2009，定义 3.5]。

通过上述定义可以看出，结构主要指标准层次的排列顺序。因此，结构的改变包括顺序前后调整、删除或增加标准中的章、条、段、表、图或附录等。

由于结构的改变会影响国家标准与国际标准内容的比较，所以采用国际标准应尽量减少结构的变动。

第二节　支撑标准制修订工作的基础性国家标准体系

在对标准化工作的基本概念有了一个初步认识之后，对于标准化工作者，无论是从事标准制修订还是从事标准审查或管理，都有必要了解和掌握支撑标准制修订工作的基础性国家标准的体系框架。

到 2006 年底，我国已经形成了由标准化工作导则、指南、编写规则等基础标准构成的与标准制修订工作密切相关的基础性国家标准体系。随着标准化工作的深入，在这一体系的基础上，我们将逐步建立起由标准化工作导则、指南、编写规则、特定内容起草等四项标准构成的支撑标准制修订工作的新的基础性国家标准体系。

一、已经建立的标准体系

1999 年起，我国开始建立以 GB/T 1 为核心的《标准化工作导则》(GB/T 1)、《标准化工作指南》(GB/T 20000)和《标准编写规则》(GB/T 20001)等与标准制修订工作密切相关的基础性国家标准体系。截止到 2006 年底，上述三项标准共发布了 13 个部分：

1. GB/T 1　标准化工作导则

已经发布了两个部分：

——GB/T 1.1—2000　标准化工作导则　第 1 部分：标准的结构和编写规则 [ISO/IEC Directives，Part 3：1997，NEQ]

——GB/T 1.2—2002　标准化工作导则　第 2 部分：标准中规范性技术要素内容的确定方法 [ISO/IEC Directives，Part 2：1992]

2. GB/T 20000　标准化工作指南

已经发布了七个部分：

——GB/T 20000.1—2002　标准化工作指南　第 1 部分：标准化和相关活动的通用词汇(ISO/IEC Guide 2：1996，MOD)

——GB/T 20000.2—2001　标准化工作指南　第 2 部分：采用国际标准的规则(ISO/IEC

Guide 21:1999,MOD)

——GB/T 20000.3—2003　标准化工作指南　第3部分:引用文件

——GB/T 20000.4—2003　标准化工作指南　第4部分:标准中涉及安全的内容(ISO/IEC Guide 51:1999,MOD)

——GB/T 20000.5—2004　标准化工作指南　第5部分:产品标准中涉及环境的内容(ISO Guide 64:1997,NEQ)

——GB/T 20000.6—2006　标准化工作指南　第6部分:标准化良好行为规范(ISO/IEC Guide 59:1994,MOD)

——GB/T 20000.7—2006　标准化工作指南　第7部分:管理体系标准的论证和制定(ISO Guide 72:2001,MOD)

3. GB/T 20001　标准编写规则

已经发布了四个部分:

——GB/T 20001.1—2001　标准编写规则　第1部分:术语(ISO 10241:1992,NEQ)

——GB/T 20001.2—2001　标准编写规则　第2部分:符号

——GB/T 20001.3—2001　标准编写规则　第3部分:信息分类编码

——GB/T 20001.4—2001　标准编写规则　第4部分:化学分析方法(ISO 78-2:1999,MOD)

上述标准体系中的三项标准的分类依据是其对应的国际文件,GB/T 1 对应 ISO/IEC 导则,GB/T 20000 对应 ISO/IEC 指南,GB/T 20001 对应国际标准或属于完全自主研制。

二、正在建立的新标准体系

上述支撑标准制修订工作的基础性国家标准体系的建立,对我国标准编写质量的提高,乃至我国标准整体水平的提高起到了巨大的作用。但是,随着该体系中各个标准的相关部分的发布以及标准的实施,体系中的一些缺点和不足逐渐显露。例如,GB/T 20000《标准化工作指南》由多个部分组成,随着时间的推移,构成该标准的部分越来越多,包含了确立标准化活动的基本概念与原则、规范某些类型标准的编写、指导标准特殊内容的确定等多方面的内容,过于杂乱。不同的内容都由一项标准来规范,不利于标准的管理和使用。

为了解决这个问题,需要创新思维,协调理顺各个部分之间的关系,对该标准进行适当修改,以便更好地指导我国各类标准的制修订工作。通过研究,我们初步确立了新的体系结构,见表1-1。

表1-1　支撑标准制修订工作的基础性国家标准体系

类别	标准编号	标准名称	代替标准编号	对应的国际标准、导则或指南
导则	GB/T 1.1—2009	标准化工作导则　第1部分:标准的结构和编写	GB/T 1.1—2000、GB/T 1.2—2002	ISO/IEC Directives—Part 2:2004(第五版)
	GB/T 1.2—200×	标准化工作导则　第2部分:标准制定的工作程序	GB/T 16733—1997	ISO/IEC Directives—Part 1:2008(第六版)
指南	GB/T 20000.1— 200×	标准化工作指南　第1部分:标准化和相关活动的通用词汇	GB/T 20000.1—2002	ISO/IEC Guide 2:2004
	GB/T 20000.2—2009	标准化工作指南　第2部分:采用国际标准	GB/T 20000.2—2001	ISO/IEC Guide 21-1:2005
	GB/T 20000.3 —200×	标准化工作指南　第3部分:采用其他类型的国际文件	—	ISO/IEC Guide 21-2:2005

表 1-1（续）

类别	标准编号	标准名称	代替标准编号	对应的国际标准、导则或指南
指南	GB/T 20000.4—200×	标准化工作指南 第4部分：标准在技术法规中的应用	GB/T 20000.3—2003	ISO/IEC Guide 15:1977
	GB/T 20000.6—2006	标准化工作指南 第6部分：标准化良好行为规范	—	ISO/IEC Guide 59:1994
编写规则	GB/T 20001.1—2001	标准编写规则 第1部分：术语	—	ISO 10241:1992
	GB/T 20001.2—2001	标准编写规则 第2部分：符号	—	—
	GB/T 20001.3—2001	标准编写规则 第3部分：信息分类编码	—	—
	GB/T 20001.4—2001	标准编写规则 第4部分：化学分析方法	—	ISO 78-2:1999
	GB/T 20001.5—200×	标准编写规则 第5部分：产品	—	—
	GB/T 20001.×—200×	标准编写规则 第×部分：管理体系标准的论证和制定	GB/T 20000.7—2006	ISO/IEC Guide 72:2001
特定内容的起草	GB/T 20002.1—2008	标准中特定内容的起草 第1部分：儿童安全	GB/T 13433—1992	ISO/IEC Guide 50:2002
	GB/T 20002.2—2008	标准中特定内容的起草 第2部分：老年人和残疾人的需求	—	ISO/IEC Guide 71:2001
	GB/T 20002.×—200×	标准中特定内容的起草 第×部分：安全	GB/T 20000.4—2003	ISO/IEC Guide 51:1999
	GB/T 20002.×—200×	标准中特定内容的起草 第×部分：产品标准中涉及环境的内容	GB/T 20000.5—2004	ISO/IEC Guide 64:2008

从表 1-1 可看出，新体系由四项标准构成：GB/T 1《标准化工作导则》、GB/T 20000《标准化工作指南》、GB/T 20001《标准编写规则》和 GB/T 20002《标准中特定内容的起草》。其中，《标准化工作导则》对制定标准的程序以及标准结构和编写的总规则进行规定，主要与 ISO/IEC 导则相对应；《标准化工作指南》将对标准化活动的通用方法和原则给予指导，主要依据 ISO/IEC 指南制定；《标准编写规则》将规范各类标准的编写，其中主要依据我国标准的特点和研究成果进行制定；而《标准中特定内容的起草》将规范标准中涉及的某些特殊内容，例如安全、环境等（但标准本身又不是这类标准）的编写，主要依据 ISO/IEC 指南制定。

与原体系相比，新体系中各项标准的归类原则发生了变化。原体系主要根据所依据的国际文件来归类，而新体系则主要根据所规范的内容来归类。新体系的变化主要体现在以下三点（见表 1-1）：

第一，新增加了 GB/T 20002《标准中特定内容的起草》；

第二，对原来三项标准的内容进行了调整，变动较大的是 GB/T 20000《标准化工作指南》。根据新的分类原则，GB/T 20000 中的一些部分将调整到 GB/T 20001 和 GB/T 20002，例如 GB/T 20000.7将调整到 GB/T 20001，GB/T 20000.4 和 GB/T 20000.5 将调整到GB/T 20002；

第三，在 GB/T 20000 和 GB/T 20001 两项标准中还将增加新的部分。

经过上述调整、补充和完善，最终将建成以 GB/T 1 为核心，由 GB/T 1《标准化工作导则》、GB/T 20000《标准化工作指南》、GB/T 20001《标准编写规则》和 GB/T 20002《标准中特定内容的起草》等四项基础性国家标准共同构成的支撑标准制修订工作的国家标准体系。

第三节 标准化对象的确定

确定标准化对象是在具体编写标准之前要完成的工作之一。标准化对象决定了标准的名称、范围以及标准技术要素的选择。一旦标准化对象确定下来，标准的名称（标准名称的主体要素即是标准所涉及的对象）就可基本确定，标准的范围的主要框架也随之确定。当然，在标准的编写过程中，标准的名称将会随着标准内容的进一步明确而调整得更加准确，标准的范围也将随着标准内容的完成而得到补充完善。另外，标准化对象也是决定标准技术要素选择的因素之一。

一、标准化对象

在具体确定标准化对象之前，首先要明确什么是标准化对象，并且要了解标准化对象与标准的发布机构、立法对象以及标准的公开程度之间的关系。

（一）标准化对象的界定

标准化对象是指“需要标准化的主题”[引自 GB/T 20000.1—2002，定义 2.1.2]。从这一定义中可以看出除了把术语“标准化对象”中的“对象”改为定义中的“主题”外，定义比术语只多了两个字——“需要”。也就是说，在众多的“主题”中，只有“需要”标准化的，才能成为标准化对象。可见“需要”是标准化对象定义中的核心。然而，定义中没有指明“需要”的主体，没有指明是“谁”需要。

根据市场经济的规律，贸易的双方都需要使用标准。因此，标准用户的需要就成为“需要”的一部分。然而，标准是由公认的标准机构发布的，如果标准机构认为没有必要，标准就不会被发布。显然，标准发布机构的需要就成为“需要”的另一部分。所以，“需要标准化的主题”中“需要”的主体，应该包括反映客观需要的主体——用户和市场，以及反映主观需要的主体——标准发布机构。

客观需要是一个“主题”之所以能成为标准化对象的基础。如果没有用户和市场对标准化对象的客观需要，即使标准机构主观上认为有需要，标准发布后也会出现无人问津、无人使用的现象。出现这种现象的原因，是由于这些标准只是满足了标准发布机构主观上的需要。

反之，如果客观上有需要，而标准机构主观上还没有认识到这种需要，这种用户或市场的需要仅仅是单方面的需要。由于标准机构认为没有相应的需要，则这一“需要标准化的主题”就不能被标准机构立项、组织制定，标准也就无从发布，其结果是没有标准可供使用。

因此，只有用户和市场的客观需要充分反映给标准机构，并被标准机构认可，成为其主观需要，“需要标准化的主题”才有可能成为标准化对象，标准机构才会组织制定标准、发布标准，贸易双方才会有标准使用，也只有标准机构确立的标准能够满足客观需要，标准才会被使用。总之，只有客观需要和主观需要有机地结合，标准才能得以发布，而发布的标准才能被用户和市场使用。

（二）标准化对象与标准发布机构

每一项标准都是由具体的标准发布机构发布的。每个机构发布的标准都使用该机构的标准代号（例如 ISO、GB/T 等）。一个机构发布的标准所涉及的标准化对象与该机构所涉及的领域有关，也与该机构的法律地位有关。

1. 与标准发布机构涉及的领域有关

绝大多数标准发布机构只发布该机构所涉及领域内的标准。换言之，标准发布机构只对其感兴趣的标准化对象组织制定标准、发布标准。例如：IEC 主要发布电工领域的国际标准，ITU 主要发布通信领域的国际标准；ISO 主要发布传统制造领域的国际标准，ISO、IEC 与 ITU 被认为是国际层面的标准化组织，然而它们发布的国际标准并没有完全覆盖"需要标准化的主题"，并没有涉及食品、卫生、农业等方面的标准化对象。

但是，国家标准机构发布的标准涉及的领域比较广泛，覆盖到一个国家经济社会的所有领域，关注的是需要在一国范围内统一的标准化对象。

2. 与标准发布机构所处的法律地位有关

绝大多数标准发布机构依法成立，要在所在地政府主管部门注册登记并受当地法律管辖。因此，它们发布的标准也理所当然地受所在地法律管辖，涉及的标准化对象不应与所在地法律、法规，尤其是技术法规的内容相抵触。

然而，国际标准组织的情况则不同。大多国际标准组织属于国际性的非政府组织（例如 ISO、IEC、ITU），它们发布的标准是供其成员国进行国际贸易和交流使用的。由于各成员国的法律、法规，尤其是技术法规的内容各不相同，国际标准组织发布的标准无法考虑与各国法律、法规的衔接问题。因此，各国际标准组织在所涉及领域内发布的标准，其标准化对象的有些内容有可能涉及各成员国法律、法规中规定的内容（例如环境保护方面的内容，各国法律、法规，尤其是技术法规可能有不同的要求）。

（三）标准化对象与立法对象

标准的使用应符合当地的法律、法规，尤其是技术法规。无论是国际标准（例如 ISO 标准、IEC 标准）、区域标准（例如 EN 标准）还是国家标准（例如 GB/T），只要双方同意，在贸易合同中都可以被纳入。但是，国际标准、区域标准或国家标准中不符合进口国或出口国当地法律的条款，尤其是与当地的技术法规抵触的条款，各国均执行各自的技术法规，而不是按照贸易合同中约定的标准。所以标准化对象与立法对象的关系非常密切。

立法对象与标准化对象具有相似的共同使用和重复使用的特点。法律规定的条文在国家范围内是共同使用的，在下一次修订前是重复使用的。法律条文代表国家的意志，由国家行政机关强制实施，因此，法律是强制性的。标准是由没有立法权的公认机构发布的。虽然标准中的条文也具有共同使用和重复使用的特点，但是标准规定的条文是供大家自愿选用的，不具有强制力。标准是通过第一方的声明符合或合同甲乙双方认可后才需要实施。

立法对象，尤其是技术法规的立法对象与标准化对象的关系非常密切。技术法规是规定技术要求的法规，它或者直接规定技术要求，或者通过引用标准、技术规范或规程来规定技术要求，或者将标准、技术规范或规程的内容纳入法规中。立法机构确定立法对象具有优先权。标准发布机构确定标准化对象时，需要考虑现行的技术法规，只有技术法规所覆盖的对象以外的或技术法规认为需要由标准来补充的内容，才可成为标准化对象。所以，标准化对象与技术法规的立法对象是互补的关系。

我国曾经将标准作为技术法规来执行。实际上当时的标准化对象就是技术法规的立法对象。

注：1979 年国务院颁发的《中华人民共和国标准化管理条例》第十八条规定：标准一经批准发布，就是技术法规，各级生产、建设、科研、设计管理部门和企业、事业单位，都必须严格贯彻执行，任何单位不得擅自更改或降低

标准。

改革开放后，我国开始将标准分为强制性标准和推荐性标准。强制性国家标准是技术法规的一种形式。“保障人体健康，人身、财产安全的标准和法律、行政法规规定的强制执行的标准是强制性标准，其他标准是推荐性标准”的分类原则，是一个非此即彼的界定原则。所以，强制性标准（技术法规）与推荐性标准的标准化对象是互补的关系。

注：1988 年 12 月发布的《中华人民共和国标准化法》第七条规定：国家标准、行业标准分为强制性标准和推荐性标准。保障人体健康，人身、财产安全的标准和法律、行政法规规定的强制执行的标准是强制性标准，其他标准是推荐性标准。

（四）标准化对象与标准的公开程度

根据标准的公开程度可以将标准分为：可公开获得的标准和其他标准。由于公开程度的不同，涉及的标准化对象也有差异。

1. 可公开获得的标准

可公开获得的标准是指：国际标准、区域标准、国家标准、行业标准和地方标准。这些标准公开出版，发行不受限制，任何人都可以购买并使用。

随着科学技术的发展，对于不断涌现的新技术、新产品、新工艺背后的知识产权的保护力度也在加强。期望在可公开获得的标准中获取新技术、新工艺的可能性越来越小，这是因为有些新技术、新产品、新工艺属于知识产权保护的范围，不宜作为可公开获得标准的标准化对象。

2. 其他标准

除了可公开获得的标准以外，企业标准、公司标准、集团标准等都属于不可公开获得的其他标准。凡是在可公开获得的标准中属于不宜作为标准化对象的，需要对知识产权保护的内容，都可以作为其他标准的标准化对象。因此，含有自主知识产权的新技术、新产品、新工艺可作为企业标准的标准化对象或成为企业标准的内容。

二、确定标准化对象需要考虑的内容

标准化对象的确定是标准制定工作的第一项任务。只有确立了标准化对象，才能谈得上编制标准。另外，标准技术内容的确定一方面取决于编制标准的目的（见第三章第二节的“一、”），另一重要方面取决于标准所针对的对象，标准化对象不同，标准的内容也会不同。确定标准化对象时，需要从以下四方面的内容进行考虑。

（一）分析需求

前文已经谈到标准化对象是需要标准化的主题，“需要”是确定标准化对象的关键所在。如何衡量哪些对象需要标准化是一个十分重要的问题。只有建立对需求迫切性的评估程序，使需求分析做得充分到位，才能使标准准确及时地反映市场需求，使发布的标准具有较高的利用率。以下给出了评定产品标准必要性时宜考虑的内容，它们对于其他标准也有着较强的借鉴意义。

1. 标准化项目的目的和用途

例如，是否能够：

——促进贸易？

——保护消费者权益?
——保证接口、互换性、兼容性或相互配合?
——改善安全和健康?
——保护环境?

2. 实施标准的可行性

例如,实施标准的结果:
——是促进还是限制竞争或新技术的发展?
——是增加还是减少使用者的选择性?
——是有益于贸易和涉及的其他方面,还是相反(例如为了改善安全性而导致成本增加)?

3. 制定标准的适时性

能否证实目前是制定标准的恰当时间?是否已经充分估计了相应技术的预期发展,因而能够按照预定日程完成标准制定工作?

进行上述需求分析后,标准建议者可根据需求分析的结果选择提出标准制定项目建议提案,交各全国专业标准化技术委员会审议,提出制修订标准项目建议书。国家标准化主管部门对项目建议进行初审后,将会向社会公开征求意见,然后确定标准制修订项目。

(二)考察是否具备标准的特点

从本章第一节标准的定义可知,标准需要具备"共同使用"和"重复使用"两个特点,所以应考察所确立的标准化对象是否同时具备了这两个特点。只具备"共同使用",但不具备"重复使用"的文件(例如仅适用于一次性大型活动的文件),不适宜作为标准发布。

(三)了解本领域的技术发展状况

应随时掌握本领域的技术发展动向,尤其是新技术、新工艺、新发明,为确定标准化对象做好充分的技术储备。

(四)考虑与有关文件的协调

要考虑到新项目与现行有关标准、法规或其他文件的关系,并评估它们涉及的特性和水平,判断是否需要在技术上进行协调。在此基础上决定是否开展新的标准项目。

如果现有标准能够满足需要就不必开展新的标准制定项目,如果只需在现有标准的基础上进行修改,则只应开展标准修订工作,而不必制定新的标准。

第四节 编写标准的方法和规则

标准化对象确立后,我们面临的工作就是编制标准了。在正式编写标准之前,了解编写标准的方法和规则,对具体标准的编写工作无疑有着十分重要的意义。

一、编写标准的方法

编写标准的方法主要有两种,即自主研制标准和采用国际标准。自主研制标准按照 GB/T 1.1 的规定进行编写;采用 ISO、IEC 标准的我国标准的编写除了遵照 GB/T 1.1 的规定外,还要按照

GB/T 20000.2 的规定进行编写。

（一）采用国际标准

我国加入世界贸易组织时，承诺我国的标准要符合《WTO/TBT 协议》的规定。《WTO/TBT 协议》附件 3 的 F 条规定“当国际标准已经存在或即将完成时，各标准化机构应以它们或其有关的部分，作为正在起草标准的基础，除非这些国际标准或其有关的部分是无效的或不适用的，例如，因为保护程度不够，或因为基本气候或地理因素，或基本技术问题等原因。”

各国起草标准要以国际标准为基础，我国也不例外。采用国际标准已成为我国标准化工作的一项重要政策，《中华人民共和国标准化法》第四条规定“国家鼓励积极采用国际标准。”

随着我国市场经济的发展，我国的经济已经逐渐融入世界经济体系。在采用国际标准时，注重分析研究国际标准的适用性是十分必要的。

1. 关注国际标准的版权

在计划经济时代，采用国际标准时很少考虑到国际标准的版权问题。我国加入 WTO 以后，关于知识产权保护的规定也同步实施了。因此采用国际标准时，需要关注各个国际标准组织有关出版物的版权、版权使用权和销售的政策文件规定。

WTO 提倡以国际标准为基础起草本国的国家标准，没有提出“采用”的概念。“采用”国际标准的概念来源于 ISO/IEC 指南 21。该指南对成员团体如何采用 ISO、IEC 发布的国际标准及出版物给予了指导。

ISO 关于 ISO 出版物的版权、版权使用权和销售的政策和程序（ISO POCOSA 2005）的原则是：在世界上最大限度地传播 ISO 标准；ISO 标准的文本使用权属于 ISO；各成员团体要保护 ISO 标准版权的完整性；各成员团体要预防非法复印和（或）非法销售现象的发生。ISO 通过把 ISO 标准转化为各国国家标准的方式把文本使用权转让给成员团体。我国作为 ISO 的成员团体，将 ISO 发布的标准采用为国家标准是免费的。

ISO、IEC 只能规定各自的版权政策，它们无权对其他国际标准组织发布的标准和出版物的版权作出规定。因此，我国在采用 ISO、IEC 之外的其他国际标准组织发布的标准或出版物时，需要关注相关组织有关出版物的版权、版权使用权和销售的政策文件规定。

2. 关注国际标准的特殊用途

ISO、IEC 发布的标准或出版物，绝大部分是提供给成员团体使用的，成员团体可以将它们转化为国家标准。但是 ISO、IEC 发布的文件中有一些是为满足它们自身开展工作的需要制定的，也有一些是为其他组织专门制定的，这些都不适合转化为我国标准。所以，采用国际文件之前需要认真研究和分析国际文件的特殊用途。

3. 关注国际标准内容的性质

ISO、IEC 是国际性的非政府组织，它们发布的标准中的有些内容，在我国可能属于强制性国家标准的内容。因此，在采用时需要特别注意国际标准的内容：凡是相应的内容在其他强制性国家标准中已经明文规定的，在采用国际标准的我国推荐性国家标准中，不论指标如何都不应再保留，实施时应按照强制性国家标准的规定执行；只有在强制性国家标准中没有规定的，即我国法律、法规不涉及的内容，在采用国际标准的我国推荐性国家标准中可以结合国情采用。

4. 采用国际标准编写我国标准的必要步骤

采用国际标准编写我国标准需要采取以下步骤：

(1) 准确翻译

在采用国际标准编制我国标准时，首先应准备一份与原文一致、正确的译文。译文的准确性在这一阶段需要重点把握。因此，翻译要以原文为依据，力求正确传达原文的意图，并保证没有小的差错。

(2) 分析研究

有了一份与原文一致、正确的译文，我们就可以以此为基础结合我国国情进行研究。研究的重点集中在国际标准对我国的适用性，如原标准中的指标、规定对我国是否适用，必要时要进行实验验证。在《WTO/TBT协议》规定的正当目标[1]范围以内的内容，结合国情做出的修改是合理、合法和必须的；在《WTO/TBT协议》规定的正当目标范围以外的内容，也可以结合国情做出相应的修改。

在分析研究的基础上，要确定出以国际标准为基础制定的我国标准与相应国际标准的一致性程度。也就是说，要按照GB/T 20000.2的规定确定是等同、修改采用国际标准，还是非等效于国际标准。

这里需要强调的是，在采用国际标准的程度方面，等同与修改没有谁优谁劣之分。修改采用国际标准形成的我国标准并不意味着其水平比国际标准差，有些修改后的技术指标完全可能比国际标准高。因此，不应简单地从等同、修改判断标准的技术水平，要看标准中的具体技术指标。

(3) 编写标准

在分析研究的基础上，应以译文为蓝本按照GB/T 1.1和GB/T 20000.2的规定编写我国标准。编写的我国标准应符合GB/T 1.1的规定，有关采用国际标准的规则应符合GB/T 20000.2的规定。本书在“第六章”中详细介绍了采用国际标准的我国标准的编写方法。

（二）自主研制标准

自主研制标准是指我国标准的编写不是以国际标准为蓝本，标准的文本结构框架不以任何一个国际文件为基础。然而，在编写标准之前，收集国内、国外的相关标准、资料是必需的。标准中的一些指标、方法参考一些国际标准、资料也是很正常的事情。因此，只要我国标准文本不是以翻译的国际标准文本为基础形成的，只是其中的一些内容参考了一些国际标准，在标准编写中仍然需要使用自主研制标准的方法。自主研制标准需要采取以下步骤：

1. 明确标准化对象

自主研制标准一般是在标准化对象已经确定的背景下开始的，也就是说标准的名称已经初步确定。在具体编制之前，首先要讨论并进一步明确标准化对象的边界。其次，要确定标准所针对的使用对象：是第一方、第二方还是第三方；是制造者、经销商、使用者，还是安装人员、维修人员；是立法机构、认证机构还是监管机构中的一个或几个适用对象。

上述所有事项都应该事先论证、研究、确定，使标准编写组的每一个成员都清楚将要编写的标准是一个什么样的标准。在编写过程中应经常检查修正，不应脱离预定的目标、想到什么就写什么，也不要认为大家都同意的内容就可以写进标准草案，要辨别一下是否属于预定的内容。

---

1 指国家安全，防止欺诈行为，保护人类健康和安全，保护动植物生命和健康以及保护环境等。

2. 确定标准的规范性技术要素

在明确了标准化对象后，需要进一步讨论并确定制定标准的目的。根据标准所规范的标准化对象、标准所针对的使用对象，以及制定标准的目的，确定所要制定的标准的类型是属于规范、规程还是指南。标准的类型不同，其技术内容会不同，标准中使用的条款类型以及标准章条的设置也会不同。在此基础上，标准中最核心的规范性技术要素也会随之确定。(见第三章第二节)

3. 编写标准

标准的规范性技术要素确定后，就可以着手具体编写标准了。

首先应从标准的核心内容——规范性技术要素开始编写。在编写规范性技术要素的过程中，如果根据需要[见第二章第二节“六、”中的(一)]准备设置附录(规范性附录或资料性附录)，则进行附录的编写。

上述内容编写完毕之后，就可以编写标准的规范性一般要素，该项内容应根据已经完成的内容加工而成。例如，规范性技术要素中规范性引用了其他文件，这时需要编写第 2 章“规范性引用文件”，将标准中规范性引用的文件以清单形式列出。将规范性技术要素的标题集中在一起，就可以归纳出标准的第 1 章“范围”的主要内容。

规范性要素编写完毕，需要编写资料性要素。根据需要可以编写引言，然后编写必备要素前言。如果需要，则进一步编写参考资料、索引和目次。最后，则需要编写必备要素封面。

请注意，这里阐述的标准要素的编写顺序十分重要，标准要素的编写顺序不同于标准中要素的前后编排顺序。编写标准时，规范性技术要素的编写在前，其他要素在后，这是因为后面编写的内容往往需要用到前面已经编写的内容，也就是其他要素的编写需要使用规范性技术要素中的内容。各要素具体如何编写详见“第三章”和“第四章”，这两章内容的前后顺序就是按照自主研制标准的编写顺序安排的。

二、基本规则

确定了标准化对象，选择了编写标准的方法后，就要开始着手编写标准了。具体编写标准需要掌握许多知识。首先，在起草标准之前要清楚地认识到制定标准所需要遵循的基本原则。只有这样才能使制定出的标准真正起到应有的作用。

(一) 目标及要求

制定标准最直接的目标就是编制出明确且无歧义的条款，并且通过这些条款的使用，促进贸易和交流。为了达到这个目标，编制出的标准应符合下述要求。

1. 内容完整

这里的内容完整是指在“范围”一章所规定的界限内标准的内容按照需要力求完整，也就是说完整是有界限的。

标准的范围一章划清了标准所适用的界限，在这个界限内，应将所需要的内容在一项标准内规定完整。不应只规定一部分内容，而另一部分需要的内容却没有规定，或将它们规定在其他的标准中。这种做法破坏了标准的完整性，不利于标准的实施。假如标准使用者按照标准的范围所划定的界限去查找和使用标准，但由于标准内容不完整而不能完全满足使用者的需要，这无疑是标准制定工作的失误。

此外，这项要求还有另一层含义，即“按照需要”。也就是说，需要什么，规定什么；需要多少，规定多少。并不是越多越好，将不需要的内容加以规定，同样也是错误的。

2. 表述清楚和准确

标准的条文应用词准确、条理清楚、逻辑严谨。

清楚通常指标准文本的表述要有很强的逻辑性，用词禁忌模棱两可，防止不同的人从不同的角度对标准内容产生不同的理解。

标准文本的表述仅仅做到清楚还只是第一步，作为一项标准，其中的任何要求都应十分准确，要给相应的验证提供可依据的准则。

3. 充分考虑最新技术水平

在制定标准时，所规定的各项内容都应在充分考虑技术发展的最新水平之后确定。这里强调的是对最新技术水平要“充分考虑”，并不是要求标准中所规定的各种指标或要求都是最新的、最高的。但是所规定的内容应是在对最新技术发展水平进行充分考虑、研究之后确定的。

4. 为未来技术发展提供框架

起草标准时，不但要考虑当今的“最新技术水平”，还要为未来的技术发展提供框架和发展余地。因为，即使目前标准中的内容是考虑最新技术水平的结果，但是经过一段时间，有时是相对较短的时间，某些技术（例如信息技术）就有可能落后。这时，如果要符合标准，就得搁置新技术，采用落后技术，这种现象的发生，实际上就是标准中的规定阻碍了技术的发展。所以，起草标准的条款时，要避免发生这种情况。在标准中从性能特性角度提出要求，并且尽量不包括生产工艺的要求［见第三章第二节“二、”中的（一）］，是避免阻碍技术发展的方法之一。

5. 能被未参加标准编制的专业人员所理解

这里包含两层意思。首先，标准中的条款是给有关专业人员使用的，因此标准中的内容要使相应的专业人员能够理解，但并不要求所有人都能理解。其次，要使未参加标准编制的专业人员能够很好地理解标准中规定的条款。这是因为，对于未参加标准编制的人员来说，虽然他们是相关领域的专业人员，但如果标准的内容表述得不十分清楚，他们也未必能够很容易地理解，有时甚至还可能造成误解。

参与标准编制的人员，对标准草案反复进行过多次讨论，非常熟悉标准中所规定的技术内容。这种情况下，容易忽视标准中具体条文的措辞是否表述得十分清楚。往往标准起草者认为表述得很清楚的内容，未参加标准讨论的人员有可能不能够准确地理解其内容。为了使标准使用者易于理解标准的内容，在满足对标准技术内容的完整和准确表达的前提下，标准的语言和表达形式应尽可能简单、明了、易懂，还应注意避免使用口语化的措辞。起草标准时，时刻注意满足下文“（二）统一性”的要求，也能够避免误解和歧义。

（二）统一性

统一性是对标准编写及表达方式的最基本的要求。统一性强调的是内部的统一，这里的“内部”有三个层次：第一，一项单独出版的标准或部分的内部；第二，一项分成多个部分的标准的内部；第三，一系列相关标准构成的标准体系的内部。无论是上述三个层次中的哪一层次，统一的内容都包括三个方面，即标准的结构、文体和术语。三个层次上三个方面的统一将保证标准能够被使用者无歧义地理解。

1. 结构的统一

标准的结构即是标准中的章、条、段、表、图和附录的排列顺序。标准结构的统一适用于上述三个层次中的第二、三个层次，在起草分成多个部分的标准中的各个部分或系列标准中的各项标准时，应做到：

(1) 各个标准或部分之间的结构应尽可能相同。例如：GB/T 16902.1 和 GB/T 16903.1 都属于《图形符号表示规则》系列标准中的标准，它们的结构均设置为："范围、规范性引用文件、术语和定义、设计程序、设计……应用、注册"等。这种设置符合了系列标准中的不同标准之间的结构尽可能保持相同的原则。

(2) 各个标准或部分中相同或相似内容的章、条编号应尽可能相同。例如，如果系列标准的一项标准中"设计原则"设在了第 5 章，那么，其他相应标准中的"设计原则"也应尽可能设在第 5 章。

2. 文体的统一

文体的统一适用于上述全部三个层次。在每个部分、每项标准或系列标准内，类似的条款应由类似的措辞来表达；相同的条款应由相同的措辞来表达。示例 1-1 给出了同属于《图形符号表示规则》系列标准的两项标准在表述上存在着文体不统一缺陷的例子；示例 1-2 给出了表述符合统一性要求的例子。

【示例 1-1】

GB/T 16902.1—1997 中第 4 章的表述为：

> **4　设计程序**
>
> 设计图形符号时应遵守 GB/T 16900—1997 第 5 章的程序及以下规定：
>
> a)　进行图形符号设计之前应首先在 GB/T 16273 及 GB/T 5465.2 中查找是否已有相应的图形符号；
>
> b)　没有现成的图形符号时，按本标准下述规定进行具体图形符号的设计。

而 GB/T 16903.1—1997 中第 4 章的表述为：

> **4　设计程序**
>
> 设计图形符号时应遵守 GB/T 16900—1997 第 5 章的程序及下述规定：
>
> a)　设计图形符号之前应首先在 GB 10001 中查找是否已有相应的符号；
>
> b)　按本标准下述各章的规定进行具体图形符号的设计。

仔细分析示例 1-1 可看出：

——两个文件的第 4 章的标题符合上述"结构统一"的要求，均为"设计程序"；

——条文的表述不符合"文体统一"的要求。其中两个文件中的 a) 为类似条款，b) 为相同条款，可见它们的表述没有符合"类似的条款应由类似的措辞来表达；相同的条款应由相同的措辞来表达"的规定。

【示例 1-2】

GB/T 1.1—2009 中 7.3.1 的规定为：

“如果用图提供信息更有利于标准的理解，则宜使用图。每幅图在条文中均应明确提及。”

GB/T 1.1—2009 中 7.4.1 的规定为：

“如果用表提供信息更有利于标准的理解，则宜使用表。每个表在条文中均应明确提及。”

可见，示例 1-2 符合“类似的条款应由类似的措辞来表达；相同的条款应由相同的措辞来表达”这一规则。

3. 术语的统一

与文体的统一一样，术语的统一也适用于上述全部三个层次。在每个部分、每项标准或系列标准内，对于同一个概念应使用同一个术语。对于已定义的概念应避免使用同义词。每个选用的术语应尽可能只有惟一的含义。

例如，在 GB/T 1.1—2009 中，凡是指“规范性文件内容的表述方式”时，我们均使用“条款”这一术语，符合了“某一给定概念应使用相同的术语”这一原则。同样，标准中我们已经界定了“陈述”这一概念，因此，我们仅使用“陈述”这一术语，而不使用“叙述”、“阐述”等同义词来表示同一概念。

另外，对于某些相关标准，虽然不是系列标准，也应考虑术语的统一问题。

上述要求对保证标准的理解将起到积极的作用，“结构、文体和术语”的统一将避免由于同样内容不同表述而使标准使用者产生的疑惑。另外，从标准文本自动处理的角度考虑，统一性也将使文本的计算机处理，甚至计算机辅助翻译更加方便和准确。

（三）协调性

统一性强调的是一项标准或部分的内部或一系列标准的内部，而协调性是针对标准之间的，它的目的是“为了达到所有标准的整体协调”。这里，我们是将标准系统作为一个“整体”来看，如果从企业的角度，那么所有的企业标准应是协调的；如果从行业的角度，那么所有的行业标准应是协调的；推而广之从国家的角度，那么所有的国家标准应是协调的。标准是成体系的技术文件，各有关标准之间存在着广泛的内在联系。标准之间只有相互协调、相辅相成，才能充分发挥标准系统的功能，获得良好的系统效应。

为了达到标准系统整体协调的目的，在制定标准时应注意和已经发布的标准进行协调。这种协调包括以下三个层面。

1. 普遍协调

普遍协调是任何标准都需要进行的协调。也就是说，每项标准都应遵循现有基础通用标准的有关条款，尤其涉及下列有关内容时，需要与相应的现行标准相协调：

——标准化原理和方法；
——标准化术语；
——术语的原则和方法；
——量、单位及其符号；
——符号、代号和缩略语；
——参考文献的标引；
——技术制图和简图；
——技术文件编制；
——图形符号。

2. 特殊协调

特殊协调是针对特定领域的标准需要进行的协调。除了上述协调的内容外，在某些技术领域，标准的编写还应遵守涉及下列内容的现行标准的有关条款：

——极限、配合和表面特征；

——尺寸公差和测量的不确定度；

——优先数；

——统计方法；

——环境条件和有关试验；

——安全；

——电磁兼容；

——符合性和质量。

本书的附录二给出了编写标准常用基础标准的详细目录。起草标准时要注意查阅有关的标准，以便遵守这些基础标准的规定，并与这些标准相协调。

3. 本领域协调

制定标准时，除了与上述标准协调外，还要注重与同一领域的标准进行协调，尤其要考虑本领域的基础标准的情况，注意采用已经发布的标准中作出的规定。

（四）适用性

适用性指所制定的标准便于使用的特性。这里强调两个方面：第一，标准中的内容应便于直接使用；第二，标准中的内容应易于被其他标准或文件引用。

1. 便于直接使用

任何标准只有最终被使用才能发挥其作用。在制定标准时就应考虑到标准中的条款是否适合直接使用。为此标准中的每个条款都应是可操作的。

另外，标准中某些要素的设置也是出于适用性的考虑，如第 2 章“规范性引用文件”的设置，极大地方便了标准的使用者。

如果标准中的某些内容拟用于认证，则应将它们编为单独的章、条，或编为标准的单独部分。这样将有利于标准的使用。

2. 便于引用

标准的内容不但要便于实施，还要考虑到易于被其他标准、法律、法规或规章等引用。

GB/T 1.1—2009 规定的标准编写规则中的许多条款实际上都是为了便于被引用而制定的。例如有关下述内容的规定：

——条：如果标准中的段有可能被其他标准所引用，则应考虑改为条。[参见第二章第二节“三、”中的（三）]

——段：标准中应避免出现悬置段的规定，也是为了在其他文件引用这些悬置段时，不会造成混乱。（参见第二章第二节中的“四、”）

——列项：在编写列项时，应考虑它们是否会被其他标准所引用，如果被引用的可能性很大，则应考虑对列项进行编号（包括字母编号、数字编号）。[参见第二章第二节“五、”中的（三）]

——其他内容:标准中的每条术语,每个图、表、附录都应有编号,这些都是考虑了便于被其他文件所引用。

(五)一致性

一致性指起草的标准应以对应的国际文件(如有)为基础并尽可能与国际文件保持一致。

1. 保持与国际文件一致

起草标准时,如有对应的国际文件,首先应考虑以这些国际文件为基础制定我国标准,在这一前提下,还应尽可能保持与国际文件的一致性。

2. 明确一致性程度

如果所依据的国际文件为ISO或IEC标准,则应按照GB/T 20000.2的规定,确定与相应国际文件的一致性程度,即等同、修改或非等效。这类标准的起草除应符合GB/T 1.1—2009的规定外,还应符合GB/T 20000.2—2009的规定。

(六)规范性

规范性指起草标准时要遵守与标准制定有关的基础标准以及相关法律、法规。我国建立的支撑标准制修订工作的基础性系列国家标准体系见第二节。实现规范性要做到以下三个方面。

1. 预先设计

在起草标准之前,应首先按照GB/T 1.1有关标准结构的规定,确定标准的预计结构和内在关系,尤其应考虑内容和层次的划分(见第二章),以便对相应的内容进行统一的安排。如果标准分为多个部分,则应预先确定各个部分的名称。

2. 遵守制定程序和编写规则

为了保证一项标准或一系列标准的及时发布,起草工作的所有阶段均应遵守GB/T 1.1规定的编写规则以及GB/T 1.2[1]规定的标准制定程序。根据所编写标准的具体情况还应遵守GB/T 20000、GB/T 20001和GB/T 20002相应部分的规定。

起草标准时,还需要遵守与标准制定有关的法律、法规及规章,例如:国家标准管理办法、行业标准管理办法、地方标准管理办法、企业标准化管理办法等。附录三给出了我国发布的与标准化工作有关的部分法规性文件目录。

3. 特定标准的制定须符合相应基础标准的规定

在起草特定类别的标准时,除了遵守GB/T 1以外,还应遵守指导编写相应类别标准的基础标准。例如,术语(词汇、术语集)标准、符号(图形符号、标志)标准、方法(化学分析方法)标准、产品标准、管理体系标准的技术内容确定、起草、编写规则或指导原则应分别遵守GB/T 20001.1、GB/T 20001.2、GB/T 20001.4、GB/T 20001.5[2]和GB/T 20000.7的规定。

---

[1] 正在制定中的GB/T 1.2《标准化工作导则 第2部分:标准制定程序》。

[2] 规划中的GB/T 20001.5《标准编写规则 第5部分:产品》。

第二章 标准的结构

标准是一种规范性文件，这种规范性文件必须在符合各种条件之后才能成为标准。规范性文件的结构虽然是该文件的外在形式，但却是十分重要的，因为形式往往是由内容决定的，是内容的外在反映。标准内容的特殊性决定了其形式的独特性，它与科技图书、文学作品的结构完全不同，与设计文件、工艺文件，甚至与法律、法规等规范性文件也有着明显的区别。这种形式上的独特性使得我们从一个标准的文本上就可一目了然地辨认出它是标准，而不是其他的文件。

由于标准涉及的领域十分广泛，标准化对象种类繁多，所以不同的标准之间具有很大差异，我们很难针对所有的标准分别给出其各自的结构。然而，标准又是有其共性的，因此，可以针对标准的这些共同特点，总结出适合大多数标准的结构划分原则。我们可以从两个不同的角度对标准的结构进行分类，即按照标准的内容划分和按照标准的层次划分。

标准的结构是一个标准的骨架，标准骨架搭建的完好与否决定了最终标准文本的质量。因此，从内容和层次两个方面熟练掌握标准的结构，是起草一个好的标准的前提。只有从标准的技术内容出发规划标准的结构，才有可能在此基础上顺利展开标准的技术内容，并最终编制完成一个高质量的标准文本。

第一节 按照内容划分

在确定了标准化对象之后，一般情况下，需要将标准化对象的所有内容编制在一个独立的标准中，并且作为整体出版。作为整体出版的单独的标准[1]是标准最常见的形式。在特殊情况下，针对一个标准化对象的不同方面，可以在同一个标准顺序号下将一项标准分成若干个单独的部分[2]，每个部分都可以单独出版，从而形成由多个部分组成的一项标准。标准分成部分后，具有一个明显的特点，即每一部分可根据需要单独修订。另外，标准化对象的不同方面也可编制成若干项单独的标准，从而形成一组系列标准。

综上所述，针对一个标准化对象，可以制定成一项标准，也可以制定成一组系列标准；而一项标准又有两种形式，即作为整体出版的单独标准和分为几个部分出版的标准。

无论是一项单独的标准还是标准中的各个部分，由于它们都是单独出版的，所以在内容划分上应遵循同样的原则。也就是说，起草标准的每一个部分时，应按照起草单独标准的内容划分规则去做。因此，以下所介绍的内容，同样适用于标准和部分。那么，一项标准或一个部分中的内容是如

[1] 目前我国国家标准中，单独的标准约占65%。

[2] 目前我国国家标准中，将标准分成单独的部分这种形式发布，约占35%。

何划分的呢？按照标准的内容可以将标准划分成不同的要素，而要素是由条款构成的，条款可以采取不同的表述形式。

一、要素

虽然不同标准的标准化对象不同，范围各异，内容或多或少，但它们都是由各种要素构成的。根据不同的原则可将标准中的要素划分为不同的类别，以下将介绍几种常用并且具有实际意义的划分方法。

（一）按照要素的性质划分

根据标准中要素的规范性或资料性的性质，可将一项标准中的要素划分为两大类："规范性要素"和"资料性要素"。

1. 规范性要素

规范性要素是"声明符合标准而需要遵守的条款的要素"。规范性要素在标准中存在的目的是要让标准使用者遵照执行，一旦声明某一产品、过程或服务符合某一项标准，就须符合标准中的规范性要素的条款。也就是说，要遵守某一标准，就是要遵守该标准中的所有规范性要素中所规定的内容。

2. 资料性要素

资料性要素是"标示标准、介绍标准、提供标准附加信息的要素"。资料性要素在标准中存在的目的是提供一些附加信息或资料，当声明符合标准时，这些要素中的内容无须遵守。虽然资料性要素不需要遵守，但是它们在标准中的存在是有着特殊意义的，一些资料性要素起到了提高标准适用性的作用，有些要素（例如封面、前言）还是必备的要素。

按照要素的性质对标准中的要素进行划分的目的就是要区分出：在声明符合标准时，标准中的哪些要素是应遵守的要素，哪些要素是不必遵守的，只是为了符合标准而提供帮助的要素。将一项标准中的所有要素进行这样的区分后，声明符合一项标准意味着并不需要符合标准中的所有内容，只需要符合其中的规范性要素即可，而其余的资料性要素无须使用者遵照执行。

（二）按照要素的性质和在标准中的位置划分

如果不但按照要素的性质（即规范性或资料性），还要按照要素在标准中所处的位置进行划分，可将标准中的要素进一步分为四个类型：

1. 资料性概述要素

这类要素的性质是资料性的，是位于正文之前的四个要素，即：封面、目次、前言、引言。要素的作用是"标示标准，介绍内容，说明背景、制定情况以及该标准与其他标准或文件的关系"。

2. 资料性补充要素

这类要素的性质同样是资料性的，是位于标准正文之后除了规范性附录之外的三个要素，即：资料性附录、参考文献、索引。要素的作用是"提供附加信息，以帮助理解或使用标准"。

3. 规范性一般要素

这类要素的性质是规范性的，是位于正文之中靠前的三个要素，即：名称、范围、规范性引用文件。要素的作用是“描述标准的名称、范围，给出对于标准的使用必不可少的文件清单等”。

4. 规范性技术要素

这类要素的性质是规范性的，是标准的核心部分，通常有“术语和定义、符号、代号和缩略语、要求、……规范性附录”等要素。要素的作用是“规定标准技术内容”。

图 2-1 表明了按这种方法划分后得到的各个要素类型、各类型中包含的具体要素以及它们之间的关系。

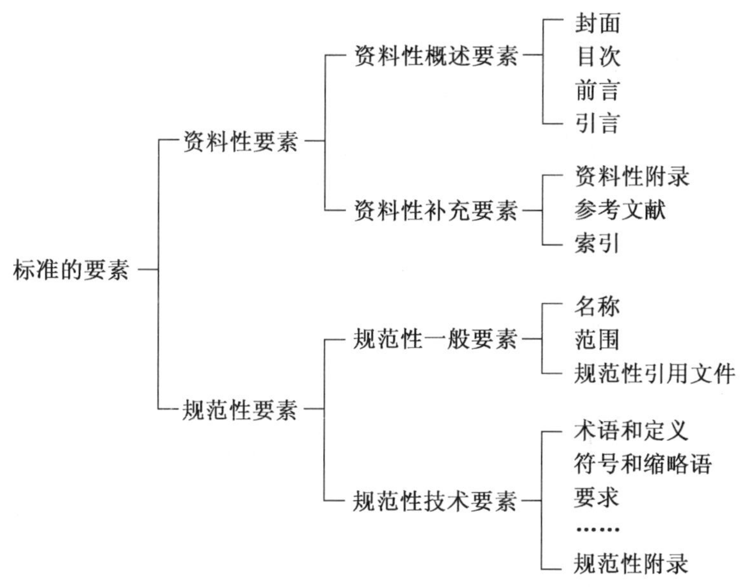

图 2-1　按照要素的性质及其在标准中的位置划分的结果

（三）按照要素必备的和可选的状态划分

按照要素在标准中是否必须具备这样一个状态来划分，可将标准中的所有要素划分为两大类。

1. 必备要素

必备要素是在标准中必须存在的要素。标准中的必备要素包括：封面、前言、名称、范围。

2. 可选要素

可选要素是在标准中非必须存在的要素，其存在与否视标准条款的具体需要而定。也就是那些在某些标准中可能存在，而在另外的标准中就可能不存在的要素。例如：在某一标准中可能具有“规范性引用文件”这一要素；而在另一个标准中，由于没有规范性地引用其他文件，所以标准中就不存在这一要素。因此，“规范性引用文件”这一要素是可选要素。标准中除了“封面、前言、名称、范围”这四个要素之外，其他要素都是可选要素。图 2-2 表明了按照这种方法划分后的要素类型和包含的具体要素。

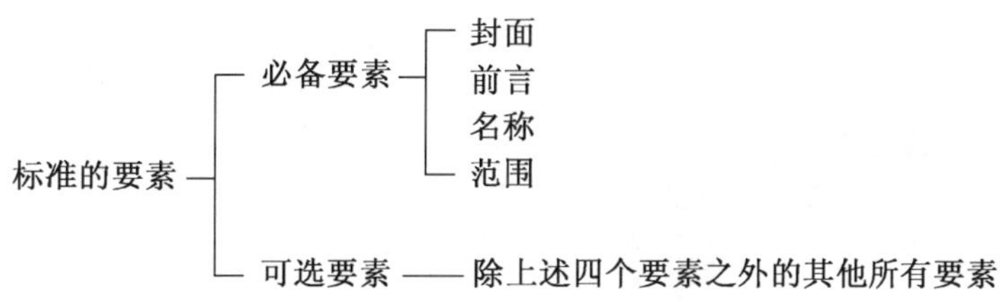

图 2-2　按照要素的必备和可选的状态划分的结果

（四）要素的编排以及允许的表述方式

表2-1给出了综合上述各种划分方法后，标准中各种要素的类型及具体要素的典型编排，表中还列出了每个要素所允许的表述形式。

表2-1　标准中要素的典型编排

要素类型	要素[a]的编排	要素所允许的表述形式[a]
资料性概述要素	**封面**	**文字**（标示标准的信息）
	目次	文字（自动生成的内容）
	前言	**条文** 注 脚注
	引言	条文 图 表 注 脚注
规范性一般要素	**标准名称**	**文字**
	范围	**条文** 图 表 注 脚注
	规范性引用文件	文件清单（规范性引用） 注 脚注
规范性技术要素	术语和定义 符号、代号和缩略语 要求 …… 规范性附录	条文 图 表 注 脚注
资料性补充要素	资料性附录	条文 图 表 注 脚注
规范性技术要素	规范性附录	条文 图 表 注 脚注

表 2-1（续）

要素类型	要素[a]的编排	要素所允许的表述形式[a]
资料性补充要素	*参考文献*	*文件清单(资料性引用)* *脚注*
	索引	*文字(自动生成的内容)*
注：表中各类要素的前后顺序即其在标准中所呈现的具体位置。		
[a] 黑体表示“必备的”；正体表示“规范性的”；斜体表示“资料性的”。		

需要说明的是，表中的资料性概述要素、资料性补充要素和规范性一般要素中的具体要素都已明确，而规范性技术要素却是不确定的。在起草一项标准时，表中所列的规范性技术要素不一定都要包括，表中没有列出的其他规范性技术要素也可包括在所起草的标准中。规范性技术要素的构成及其在标准中的编排顺序要根据所起草的标准的具体情况而定。例如，一项标准可能没有表中术语和定义、符号、代号和缩略语、要求、……规范性附录等要素中的某一个或几个要素，也可能这些要素都没有，但可能包含了设计程序、设计、几何形状、尺寸、颜色、应用等表中没有的规范性技术要素。

在标准中，要素由各种条款构成(见本节的“二、”)，而条款内容根据需要有其不同的表述形式，主要包括：条文、图、表、注、脚注和示例(见本节中的“三、”)。

（五）各类标准中要素的编排实例

表 2-2 给出了各类标准中要素的编排实例。从表 2-2 可以看出，标准类型不同，其规范性技术要素中包括的具体要素明显不同。

表 2-2 各类标准中要素的编排实例

标准类型	标准实例来源	资料性概述要素	规范性一般要素	规范性技术要素	资料性补充要素
术语标准	GB/T 20000.1—2002《标准化工作指南 第1部分：标准化和相关活动的通用词汇》	封面、目次、前言、引言	名称、范围	术语和定义	索引
符号标准	GB/T 10001.1—2006《标志用公共信息图形符号 第1部分：通用符号》	封面、前言	名称、范围、规范性引用文件	术语和定义、图形符号、应用	索引
分类标准	GB/T 271—2008《滚动轴承 分类》	封面、前言	名称、范围、规范性引用文件	术语和定义、滚动轴承结构类型分类、滚动轴承尺寸大小分类、附录A 滚动轴承综合分类结构图、附录B 常用滚动轴承结构类型分类	—
试验标准	GB/T 1034—2008《塑料 吸水性的测定》	封面、前言、引言	名称、范围、规范性引用文件	原理、仪器、试样、实验条件和步骤、结果表示、精密度、试验报告	附录A 验证试样的吸水性与费克(Fick)扩散定律的相关性、附录B ISO 62:2008 附录B关于精密度的描述、附录C 本标准与GB/T 1034—1998 试样的主要差异

表 2-2（续）

标准类型	标准实例来源	资料性概述要素	规范性一般要素	规范性技术要素	资料性补充要素
产品标准	GB/T 19812.1—2005《塑料节水灌溉器材 单翼迷宫式滴灌带》	封面、前言	名称、范围、规范性引用文件	术语和定义、分类、标记、材料、要求、试验方法、检验规则、包装、标志、运输、贮存	—
过程标准	GB/T 19451—2004《运输包装设计程序》	封面、前言	名称、范围、规范性引用文件	术语和定义、基本要求、设计程序、试验分析、设计鉴定	—
服务标准	GB/T 14308—2003《旅游饭店星级的划分与评定》	封面、前言、引言	名称、范围、规范性引用文件	术语和定义、符号、总则、星级的划分条件、星级的评定规则、服务质量要求、管理制度要求、附录 A 设施设备及服务项目评分表、附录 B 设施设备维修保养及清洁卫生评定检查表、附录 C 服务质量评定检查表	附录 D 服务与管理制度评价表
接口标准	GB/T 19705—2005《水文仪器信号与接口》	封面、前言	名称、范围、规范性引用文件	术语和定义、分类、技术要求（通用技术要求、传感器、显示记录或数传设备）、实验条件及方法	—
管理体系标准	GB/T 19001—2008《质量管理体系 要求》	封面、目次、前言、引言	名称、范围、规范性引用文件	术语和定义、质量管理体系、管理职责、资源管理、产品实现、测量分析和改进	附录 A GB/T 19001—2008 与 GB/T 24001—2004 之间的对照、附录 B GB/T 19001—2000 与 GB/T 19001—2008 之间的变化、参考文献
规范类标准	GB 19197—2003《卡丁车场建设规范》	封面、前言	名称、范围、规范性引用文件	术语和定义、卡丁车场的分类、场地要求、卡丁车场的质量检验、附录 C 室外卡丁车场弯道缓冲区形状和理论面积的计算、附录 D 轮胎墙构筑时轮胎的连接方法	附录 A 跑道界限石、附录 B 室外竞赛型卡丁车场地封闭区标准布局及面积示意图
规程类标准	GB/T 16911—2008《水泥生产防尘技术规程》	封面、前言	名称、范围、规范性引用文件	术语和定义、厂址选择和厂房设计的防尘要求、工艺设计的防尘要求、车间防尘措施、产尘工序防尘措施、个体防护、防尘管理	—
指南类标准	GB/T 7291—2008《图形符号 基于消费者需求的技术指南》	封面、目次、前言、引言	名称、范围、规范性引用文件	术语和定义、国内相关标准化技术委员会、前期考虑因素、新图形符号的设计、相关国家标准和国际标准、安全标志（含产品安全标签）和公共信息图形符号的易理解性评价	附录 A 标准化图形符号和安全标志示例、参考文献

二、条款

标准的要素是由条款构成的，条款是规范性文件内容的表述方式，一般采取要求、推荐或陈述等表述形式。在标准中根据条款所起的作用可将其分为三种类型，每种类型的条款有其独特的表述形式。

（一）条款的类型及表述

标准中的条款分为如下三种类型：

——陈述：表达信息的条款；

——推荐：表达建议或指导的条款；

——要求：表达如果声明符合标准需要满足的准则，并且不准许存在偏差的条款。

在标准编制过程中，上述三种不同类型的条款是通过使用不同的汉语句式或助动词来表达的。在使用标准时，也可以通过不同的汉语句式或助动词区分出标准中的条款是哪种类型的条款。

1. 陈述型条款的表述

陈述型条款可以通过汉语的陈述句或利用助动词来表述。

（1）利用一般陈述句提供信息。例如“章是标准内容划分的基本单元。”就是使用陈述句解释“章”的含义，便于相互理解。

（2）利用助动词“可”或“不必”，表示在标准的界限内允许的行为或行动步骤。如“一个层次中有两个或两个以上的条时才**可**设条”，表明只有符合条件（具有两个或两个以上的条）才“允许”设条；又如“**不必**每项标准都含有标记体系”，表明标准中“允许不”含有标记体系。

（3）利用助动词“能”或“不能”，表示由材料的、生理的或某种原因导致的能力。例如“在空载的情况下，机车的速度**能**达到 200 km/h”，表示了机车在速度方面所具有的“能力”。又如“如果在特殊情况下，**不能**避免使用商品名，则应指明其性质”，表示不具有避免使用商品名的“能力”。

（4）利用助动词“可能”或“不可能”表示由材料的、生理的或某种原因导致的可能性。例如“标准的某些内容**可能**被法规引用”，表示标准有被法规引用的可能性。又如“只有在**不可能**使用 5.1 给出的试验方法时，才选用附录 B 给出的可选试验方法”，陈述某种条件，即仅“不可能性”存在时，才使用。

2. 推荐型条款的表述

推荐型条款利用助动词“宜”或“不宜”表述，通常表示：

——在几种可能性中推荐特别适合的一种，不提及也不排除其他可能性；

——某个行动步骤是首选的但未必是所要求的；

——不赞成但也不禁止某种可能性或行动步骤（使用否定形式）。

例如“每个表**宜**有表题”，表示在有表题和无表题两种可能性中，特别推荐有表题，但没有提及无表题，同时也没有排除无表题这种可能性，这里使用“宜”强调的是结果。又如“测定该溶液的 pH 值**宜**采用滴定法”，表示采用滴定法这个行动是首选的，但并不是所要求的，这里使用“宜”强调的是过程。

例如“温度**不宜**高于 25 ℃”，表示在温度高于 25 ℃和低于 25 ℃这两种可能性中，高于 25 ℃是我们不赞成的，但同时也不禁止这种可能性，这里使用“不宜”强调的是结果。又如“在对样品进行分解时，**不宜**使用水溶法”，表示使用水溶法这种行动是不赞成的，但也没有禁止这种行动，这里使用"不宜"强调的是过程。

3. 要求型条款的表述

要求型条款可以通过汉语的祈使句或利用助动词来表述。

(1) 利用祈使句直接表示指示。例如"开启记录仪",表示涉及试验方法中所采取的步骤时,命令标准实施者须完成的行为或行动步骤,并且不准许打折扣。利用祈使句表明的要求,通常适用于对过程或方法的要求。

(2) 利用助动词"应"或"不应",表示声明符合标准需要满足的要求。例如"每幅图均**应**有编号",表示标准中的图要有编号,这是一个要求,如果标准中存在着没有编号的图,则可判定该标准不符合 GB/T 1.1。又如"部分**不应**再分成分部分",表示这是一个要求,如果标准中的某个部分又进一步分成了分部分,则可判定它不符合 GB/T 1.1。

(二) 条款表述所用的助动词

1. 助动词及其等效表述

从前文的介绍我们可看出,使用不同的助动词可以表示不同类型的条款。通常使用的助动词有五类。表 2-3 给出了表述不同类型的条款使用的助动词以及在特殊情况下使用的等效表述形式。

表 2-3　各类条款使用的助动词及其等效表述

条款	助动词	在特殊情况下使用的等效表述	功　　能
要求	**应**	应该 只准许	表达要求型条款,表示声明符合标准需要满足的要求
	不应	不得 不准许	
	表示直接的指示时(例如涉及试验方法所采取的步骤),使用祈使句。例如:"开启记录仪。"		
推荐	**宜**	推荐 建议	表达推荐型条款,表示在几种可能性中推荐特别适合的一种,不提及也不排除其他可能性,或表示某个行动步骤是首选的但未必是所要求的,或(以否定形式)表示不赞成但也不禁止某种可能性或行动步骤
	不宜	不推荐 不建议	
陈述——允许	**可**	可以 允许	表达陈述型条款,表示在标准的界限内所允许的行动步骤
	不必	无须 不需要	
陈述——能力	**能**	能够	表达陈述型条款,陈述由材料的、生理的或某种原因导致的能力
	不能	不能够	
陈述——可能性	**可能**	有可能	表达陈述型条款,陈述由材料的、生理的或某种原因导致的可能性
	不可能	没有可能	
在"允许"的情况下,不使用"可能"或"不可能"。 在"允许"的情况下,不使用"能"代替"可"。 **注:**"可"是标准所表达的许可,而"能"指主、客观原因导致的能力,"可能"则指主、客观原因导致的可能性。			

标准中表达不同的规范性内容时,通常应使用相关的助动词,例如"应"、"不应"、"宜"、"不宜"、

"可"、"不必"、"能"、"不能"、"可能"、"不可能"等等；只有在特殊的情况下，才可使用助动词的等效表述形式，例如，用于表述规范性内容的条款所处的语境（语言环境，上、下文的衔接）决定了不能使用首选助动词时，可使用它们的等效表述形式。

2. 五种助动词的比较

为了对五种助动词有更深入地了解，以下给出了在同一个句子里，使用不同的助动词所产生的不同结果：

——目次**应**自动生成：表示一种要求，只有自动生成目次，才认为符合标准；

——目次**宜**自动生成：表示一种建议，目次最好自动生成；

——目次**可**自动生成：表示一种允许，标准许可自动生成目次；

——目次**能**自动生成：陈述一种事实，一种客观的能力，目次能够自动生成；

——目次**可能**自动生成：表达一种可能性，目次有可能被自动生成。

（三）助动词含义辨析

1. "宜"和"可"——推荐型条款与陈述型条款

标准中的条款使用了"应"，则表明该条款是要求型条款，一旦使用者声明符合该项标准，则该条款必须严格地遵守；而标准中的条款使用了"宜"或"可"，则该条款不是一定要遵守的，那么，"宜"和"可"的区别在哪里呢？我们说它们的不同体现在以下方面：

(1) 表示的条款类型不同："宜"表示的是推荐型条款，而"可"表示的是陈述型条款。基于这一点，标准中不准许出现"宜"的要素中，"可"的出现将不受限制。例如，标准中的要素"前言"的特点决定了其中不可能出现推荐型条款，所以一旦在前言中出现了助动词"宜"则一定出现了某种错误；而"可"表示的是陈述型条款，所以在前言这类不准许出现"宜"的要素中，出现助动词"可"是十分正常的。

(2) 表示标准起草者的愿望不同：使用"宜"往往表示虽然由于种种原因，标准中不能要求标准使用者去执行标准中的规定，只能以推荐的方式表述，但标准起草者主观上非常希望标准使用者按照"宜"所推荐的去做。然而，标准中使用"可"有时表示的却是标准起草者主观上并不想让标准使用者去做标准中允许的内容，但是由于种种原因又不得不允许标准使用者去做。"可"被用来表示在标准的界限内所允许的行动步骤。这里"在标准界限内"通常表示标准范围所划定的界限，但是，如果标准起草者并不希望使用者去做，经常还要增加新的限定。例如："对于规范性的引用，根据引用某文件的目的，在可接受该文件将来的所有改变时，才**可**不注日期引用文件。"这里在允许不注日期引用文件的同时，给出了一个限定条件："在可接受该文件将来的所有改变时"。

2. "不应"和"不能"——要求型条款与陈述型条款

GB/T 1.1 规定"不应"表示的是要求型条款，而"不能"表示的是陈述型条款。但在日常生活中"不应"与"不能"却常常混用，例如"你不能这样做！"往往表示的是"你不应这样做"。反映到标准的编写中，常会出现在应该使用"不应"的地方，却不经意地使用了"不能"。虽然是一字之差，但条款的性质却发生了改变，由要求型条款变成了陈述型条款。例如："终结线应排在标准的最后一个要素之后，**不能**另起一面编排。"这里的"不能"实际上要表述的是"不应"，也就是不准许终结线单独另起一面。如果使用"不能"，按照助动词使用规则，表示如果终结线单独另起一面，客观上是实现不了的。这显然不正确，因为另起一面不是客观上"不能"，而是标准要求"不应"，不准许另起一面。

所以说，这里的“不能”应改为“不应”，成为“终结线应排在标准的最后一个要素之后，**不应**另起一面编排”。

3.“应”和“必须”——不要用“必须”强调要求

在有些推荐性标准中的条款中，标准起草者为了强调某种要求，往往使用“必须”代替“应”。但是这种代替是错误的，因为用“必须”提出的要求具有强制性，它强调的是法定责任。对于推荐性标准，只有在标准使用者声明符合标准后，才能要求他“应”怎样去做，或“应”符合的内容，而不是强迫他“必须”符合某些要求。因此，推荐性标准不应使用“必须”强调要求，以免将标准的要求与外部的法定责任相混淆。

4.“应”和“宜”——不要将推荐型条款写成要求型条款

将推荐型条款写成要求型条款的情况，在采用国际标准制定我国标准时表现得尤其突出。在国际标准中，一些条款使用了助动词“should”，表明该条款是推荐型条款，应将其译为“宜”、“推荐”或“建议”。但在制定我国标准的过程中，许多标准将其译为“应”，也就是将推荐型条款写成了要求型条款。造成这一问题往往有两方面的原因：一是没有意识到“should”和“shall”的不同，不重视助动词的使用规则；二是觉得使用“宜”不如使用“应”读起来顺畅。但是，一字之差所表现的含义却是完全不同的，国际标准中的“should”表示的是推荐型条款，国家标准中的“应”表示的是要求型条款，将“宜”误译成“应”，导致了国家标准与国际标准之间存在技术性差异，使得标准中增加了原国际标准不包含的要求型条款，将一些没有必要严格要求的内容，也变成了“要求”。

5.“不应”的等效表述中没有“不可”

在条款表述时，不要使用“不可”代替“不应”来表示禁止。“不可”的含义实际上与“不应”是等效的，但由于“可”在标准中用来表达陈述型条款，表示允许的意思，而“可”字面上的简单否定是“不可”，因此，表示要求型条款的助动词“不应”的等效表述形式中没有列入“不可”，以免和陈述型条款相混淆。“不应”的等效表述形式只有“不得”和“不准许”。所以，标准中不应出现“不可”这一词语。

6.“可”不表示“可能”

“可”的含义是允许，表示的是“可以”，不是“可能”；“可能”表示的是一种“可能性”。因此，“可”的等效表述不是“可能”，而是“可以”。

7.“可”的否定形式不是“不可”

“可”的否定形式不是“不可”，而是“不必”，也可说是“可不”。因为“可”表示的是允许，“不可”实际上是“不应”的意思。所以，不应用“不可”作为“可”的否定，而“不必”或“可不”才是“可”的否定形式。例如，“其他标准的编写可参照使用”，其否定形式应该为“其他标准的编写不必(可不)参照使用”。

8.“可能”不是“能”的等效表述形式

在英文中“can”既表示“能力(capability)”，又表示“可能性(possibility)”，而在中文中助动词“能”只表示“能够”，不表示“可能性”；而“可能”表示能成为事实的属性，表示的是“可能性”。因此，“可能”不是“能”的等效表述形式。

（四）标准中助动词的使用

1. 特定要素中的助动词

由于标准中某些要素的性质及内容决定了在这些要素中只能包含或不可能包含某些条款，所以在这些要素中是否存在代表相应条款的助动词，就成为相应要素表述正确与否的标志之一。

前言：前言的资料性概述要素的性质以及前言所陈述的内容，决定了在前言中不应该包含要求和推荐的条款。所以，前言中不应含有“应”、“不应”、“宜”和“不宜”以及它们的等效表述。

引言：由于引言是资料性概述要素，在引言中不应包含要求型条款，所以，引言中不应含有“应”和“不应”及其等效表述。

范围：由于范围所包含的内容决定了不应有要求型条款，所以，范围中不应包含“应”和“不应”及其等效表述。

术语和定义：由于定义不应采取要求的形式，也不应包含要求，所以，术语和定义一章中不应使用“应”和“不应”及其等效表述。

要求：“要求”这一要素应由要求型条款组成，因此要包含助动词“应”、“不应”或其等效表述形式。如果没有相应的助动词或等效表述形式，就会混淆要求型条款与陈述型条款。例如，如果在“要求”这一要素中出现“预应力钢绞线的捻距为钢绞线公称尺寸直径的 12 倍～16 倍”就是犯了这类错误。由于在该条款中找不到助动词“应”，所以只能认定为陈述型条款，但是，该条款是“要求”要素中的条款，本意要表达一种要求，因此应在上述句子中加入“应”这一助动词，以便使其成为要求型条款。

2. 要素的特定内容中的助动词

由于条文中的注、脚注、图注、表注等的性质都是资料性的，所以，其中不应有要求型条款，也就是不应使用“应”、“不应”及其等效表述。

标准中的示例也是资料性的，同样不应包含“应”、“不应”及其等效表述，除非示例内容本身就包含要求型条款，或者就是要给出与要求条款有关的示例。

（五）条款涉及的对象

每条条款所涉及的对象一般可以分为两类：一类是针对标准的使用者（人），规定其具体的活动（例如具体的动作或步骤），它告诉标准的使用者具体怎么做，但不规定这种活动将会产生什么结果；另一类是针对标准化的对象（物），规定其结果具有什么性能或可能性，它告诉标准的使用者标准要求达到什么样的结果，但不规定标准使用者的活动以及采取什么样的措施。

三、条款内容的表述形式

标准中的要素是由各种条款构成的，在表述条款的内容时，根据不同的情况可采取不同的形式。在表 2-1 的最后一栏“要素所允许的表述形式”中给出了如下一些表述形式。

1. 条文

条文是条款的文字表述形式，也是表述条款内容时最常使用的形式。

标准中的文字应使用规范汉字。凡已有规范简化汉字的，不得使用繁体字。经国务院批准，国家语言文字工作委员会于 1986 年 10 月 10 日重新发布的《简化字总表》应成为标准中使用简化汉字的依据。该《简化字总表》是在对1964年5月发布的《简化字总表》中的个别字做了调整后重新发布的，共包括三个表：

第一表为“不作简化偏旁用的简化字”，其中收录了简化字350个，这些简化字都不得作简化偏旁使用。第二表为“可作简化偏旁用的简化字和简化偏旁”，其中收录了简化字132个和简化偏旁14个。第三表为“应用第二表所列简化字和简化偏旁得出来的简化字”，其中收录了简化字1 753个。

标准条文中使用的标点符号，应符合GB/T 15834《标点符号用法》的规定。

2. 注和脚注

注和脚注是条款的辅助表述形式，通过较广泛的解释性或说明性文字，对条款的理解和使用提供帮助。注和脚注通常使用文字形式表述。条文中的注和脚注的内容是资料性的。

3. 示例

示例是条款的另一种辅助表述形式，通过现实或模拟的具体例子，帮助文件使用者尽快地掌握条款的内容。多数情况下示例用文字形式表述，但给出图、表示例也不少见。示例的内容是资料性的。

4. 图

图是条款的一种特殊表述形式，可以说它是条款内容的一种“变形”。当用图表述所要表达的内容比文字表达得更清晰易懂时，图这种特殊的表述形式成为了一个理想的选择，这时，我们将文字的内容“变形”为图。在对事物进行空间描述时，使用图往往会收到事半功倍的效果。

5. 表

表也是条款的一种特殊表述形式，也可以说是条款内容的另一种“变形”。同样，当用表表述所要表达的内容比文字表达得更简洁明了时，表这种特殊的表述方式也将是一个理想的选择，这时，我们将文字的内容“变形”为表。在需要对大量数据或事件进行对比、对照时，表的优势显而易见。

第二节　按照层次划分

上一节阐述了按照标准内容对标准进行划分后所得出的不同类型的要素。本节我们将介绍按照层次对标准进行划分后，各个层次的内容。从标准的内容和标准的层次两个角度认识标准，会对标准的结构有一个全方位的掌握。

根据标准化对象的特点，标准的层次划分和设置采用部分、章、条、段、列项和附录等形式。表2-4给出了标准各个层次的具体名称以及相应的编号示例。

表2-4　层次及其编号示例

层　次	编　号　示　例
部分	××××.1
章 条 条 段 列项	5 5.1 5.1.1 ［无编号］ 列项符号；字母编号a）、b）和下一层次的数字编号1）、2）
附录	附录A

表 2-4 所示的层次是一项标准可能具有的所有层次。具体标准所具有的层次及其设置应视标准篇幅的多少、内容的繁简而定。但无论什么样的标准，标准中至少要有章、条、段三个层次，它们是标准的必备层次。除了章、条、段，其余的层次都是可选的，例如，有些标准没有分成“部分”，有些标准没有列项、不设附录等等。

一、部分

正如前文所述，根据所要规范的标准化对象的内容，可以将标准作为一个整体单独出版，也可以将标准化对象的不同方面分别制定成一项标准的不同部分，每个部分单独出版。这样划分出的部分，就构成了标准的一个层次。

部分是标准中十分重要的一个层次。众所周知，ISO 标准、IEC 标准和我国标准（例如国家标准或行业标准）编号中的顺序号只是一个流水号，并不体现标准的类别，这给标准的管理和使用造成了不便。因此，ISO、IEC 在起草国际标准时，十分重视利用部分这一层次，通过把标准划分成部分将同一个标准化对象的各个方面或内容放在同一个标准顺序号之下的不同部分中，这样既方便了标准的管理，又方便了标准的使用。我国标准也应借鉴 ISO、IEC 的这一做法，重视标准中部分的使用。

为了发挥标准中部分的作用，熟练掌握划分部分的方法以及与部分的编写有关的知识是非常必要的。部分的编写除了应遵守 GB/T 1.1 对编写单独标准所规定的规则外，还要遵守单独适用于编写部分的规定。

（一）部分的概念

部分是一项标准被分别起草、批准发布的系列文件之一。一项标准的不同部分具有同一个标准顺序号，它们共同构成了一项标准。

这里，有一个概念需要澄清：虽然部分这一概念在国际标准中一直存在，但在我国往往将部分视作独立的标准，它被认为是组成系列标准的文件之一，或称为分标准、子标准。实际上，部分不是独立的标准，也不是系列标准中的标准，它是一项标准的内部结构，是标准内的组成成分，是标准的一个层次。

那么，还有没有系列标准的概念呢？回答是肯定的。系列标准是指标准顺序号不同的族标准，这些标准是相互关联的，例如：

GB/T 19000—2008　质量管理体系　基础和术语

GB/T 19001—2008　质量管理体系　要求

GB/T 19004—2000　质量管理体系　业绩改进指南

（二）部分的划分原则

在前文中已经介绍，一个标准化对象的内容既可以制定成一项独立的标准，又可以制定成一项标准的不同部分。那么，在什么情况下我们将标准划分成部分，又是如何将一项标准划分成部分呢？以下给出了一些供考虑的原则。

1. 根据标准的具体情况

一项标准分成若干个单独的部分时通常有其特殊需要和情况，针对下述情况可考虑将标准划分为部分：

——标准篇幅过长；

——后续的内容相互关联；
——标准的某些内容可能被法规引用；
——标准的某些内容拟用于认证。

在上述情况下，我们将标准划分成部分出版，可以使制定的标准便于被其他标准或法规引用，或者方便认证工作。这样做还有另外一个好处，即如果标准需要修订时，每一个部分都能被单独修订。

2. 依照使用方的需求

当标准化对象的不同方面有可能分别引起不同相关方（例如：生产者、认证机构、立法机关等）的关注时，应清楚地区分这些不同方面，最好将它们分别编制成一项标准的若干个单独的部分。这些不同方面可能有：

——健康和安全要求；
——性能要求；
——维修和服务要求；
——安装规则；
——质量评定。

3. 按照使用的方式

按照不同的使用方式，可以对一个标准化对象进行不同的划分，由此可形成不同的系列部分。通常可以使用两种方式，这两种方式划分的结果会不同，主要区别在于划分出的各部分能否单独使用。

（1）按照标准化对象的特定方面划分部分

将标准化对象分为若干个特定方面，针对这些方面分别制定成一项标准的几个部分。每个部分涉及标准化对象的一个特定方面，并且能够单独使用。

【示例 2-1】
第 1 部分：词汇
第 2 部分：要求
第 3 部分：试验方法
第 4 部分：……
上述示例中将标准化对象的词汇、要求、试验方法等方面分别制定成一项标准的不同部分。

【示例 2-2】
第 1 部分：词汇
第 2 部分：谐波
第 3 部分：静电放电
第 4 部分：……
上述示例中将标准化对象的词汇、谐波、静电放电等方面分别制定成一项标准的不同部分。

（2）按照标准化对象的通用和特殊两个方面划分部分

将标准化对象分为通用和特殊两个方面，并且将通用方面作为标准的第 1 部分，将特殊方面作为其他各部分。由于特殊方面可能修改或补充通用方面，因此在这类标准中，只有综合了通用方面和特殊方面的内容才能表达全面的要求，所以各个部分都不能单独使用。例如在涉及具体产品时，仅有通用要求,没有特殊要求不完全;反之,仅有特殊要求,没有通用要求也不完整。

【示例 2-3】

第 1 部分:一般要求

第 2 部分:热学要求

第 3 部分:空气纯净度要求

第 4 部分:声学要求

【示例 2-4】

第 1 部分:通用要求

第 21 部分:电熨斗的特殊要求

第 22 部分:离心脱水机的特殊要求

第 23 部分:洗碗机的特殊要求

【示例 2-5】

第 1 部分:试验方法总则

第 2 部分:弯梁试样的制备和应用

第 3 部分:U 型弯曲试样的制备和应用

第 4 部分:单轴加载拉伸试样的制备和应用

第 5 部分:C 型环试样的制备和应用

第 6 部分:预裂纹试样的制备和应用

第 7 部分:慢应变速率试验

在示例 2-3 和示例 2-4 中实际上是将标准化对象的一个方面,即"要求"分为一般要求和特殊要求(例如热学要求、空气纯度要求、声学要求;电熨斗的特殊要求、离心脱水机的特殊要求、洗碗机的特殊要求),而示例 2-5 也是将标准化对象的一个方面"试验方法",分为试验方法总则和各种特定试样的制备和应用。

(三)部分的编号

部分的编号应位于标准顺序号之后,使用阿拉伯数字从 1 开始编号。部分的编号与标准顺序号之间用下脚点相隔,例如:9999.1,9999.2 等。

按照"部分"是一项标准的层次之一的观点,9999.1 和 9999.2 中的 9999 为标准的顺序号,而".1"、".2"只是部分的编号,并不是标准顺序号的组成成分。部分的编号和章条编号一样,是一项标准的内部编号,只是将它放在了标准编号中。

部分可以连续编号(见上述示例 2-3 和示例 2-5),也可以分组编号(见上述示例 2-4)。以下给出了采取分组形式的部分编号示例:

GB/T ××501.1、GB/T ××501.2、GB/T ××501.3;GB/T ××501.10、GB/T ××501.11、GB/T ××501.12;GB/T ××501.20、GB/T ××501.21、GB/T ××501.22、GB/T ××501.23、GB/T ××501.24 等。

部分不应再分成分部分。例如,不应将 GB/T 16901.1 再分成 GB/T 16901.1.1、GB/T 16901.1.2 等。

(四)部分的名称

部分的名称应与第三章第一节中所介绍的标准名称的组成方式相同。一项标准如果分成多个部分发布,则单独发布的各个部分的名称上应具有"部分"的特点。

1. 部分的名称只能使用分段式

部分的名称只能使用分段式，至少要由主体要素和补充要素两段组成。

2. 引导要素和主体要素须相同

同一标准中各个部分名称的引导要素(如果有的话)和主体要素应是相同的，以使用相同的引导要素和主体要素表明虽然各个部分是单独出版的，但它们属于同一个标准化对象，也就是说这些部分属于同一项标准。可以将不同部分的名称中相同的引导要素和主体要素看作是各部分所属的那个标准的标准名称，既然标准名称相同，就表明它们属于同一项标准。

3. 补充要素应不同

各个部分的名称中的补充要素应不同。由于补充要素表明的是标准化对象的特殊方面，所以，在具备相同的引导要素和主体要素的部分名称中，补充要素代表的是同一项标准的特定部分，不同的补充要素用来区分同一项标准中的各个部分。

4. 应包含“第×部分:”

在每个部分的名称中，补充要素前均应标明“第×部分:”，其中×为与部分编号完全相同的阿拉伯数字。例如“第 1 部分:”、“第 2 部分:”等，不应写作“第一部分:”、“第二部分:”等。

在名称的补充要素前加入“第×部分:”，使得该名称作为部分的名称的特点更加明显。由此我们可以从同为“三段式”或“两段式”的名称中，通过查看是否含有“第×部分:”分辨出哪些是标准名称，哪些是部分名称，从而也就分辨出哪些是独立的标准，哪些是分成部分的标准的某个部分。

(五) 部分的前言

标准分为若干单独部分时，每个部分的前言应与单独标准的前言有所区别。每个部分的前言一开始就应明确说明标准的结构，这是其他不分为部分的标准中所不具备的内容。

具体来说，在标准的第 1 部分的前言的开头应有标准预计结构的说明，并且在标准的每一部分的前言中，应列出所有已经发布或计划发布的其他部分的名称，而不必说明标准的结构[见第四章第二节“二、”中的(一)]。

二、章

章是标准内容划分的基本单元，是标准或部分中划分出的第一层次，因而章构成了标准结构的基本框架。

(一) 章的编号

每一章都应编号。章的编号使用阿拉伯数字从 1 开始编写。在每项标准或每个部分中，章的编号从“范围”开始一直连续到附录之前。附录中章的编号遵循另外的规则[见本节“六、”中的(五)]。

(二) 章的标题

章的标题是必需的，即每一章都应有章标题，并置于编号之后。章的标题与其编号一起单独占一行，并与其后的条文分行。

标准正文中的各章构成了标准的规范性要素，而规范性一般要素(除了“标准名称”)通常为标准的前两章。标准中常见的章的标题及其编号见示例 2-6。

【示例 2-6】

1 范围
2 规范性引用文件
3 术语和定义
4 符号和缩略语
5 ……
…………

三、条

条是对章的细分。凡是章以下有编号的层次均称为“条”。条的设置是多层次的，第一层次的条可分为第二层次的条，第二层次的条还可继续分为第三层次的条，需要时，可以分到第五层次。虽然允许将标准中条的层次分到第五层，但编写标准时，为了便于引用、叙述和检索，尽量不要将条的层次划分得过多。

（一）条的编号

条的编号使用阿拉伯数字加下脚点的形式，即层次用阿拉伯数字，每两个层次之间加下脚点。条的编号在其所属的章内或上一层次的条内进行，例如第 6 章内的条的编号：第一层次的条编为 6.1，6.2……，第二层次的条编为 6.1.1，6.1.2……，一直可编到第五层次，即 6.1.1.1.1.1，6.1.1.1.1.2……。

（二）条的标题

条的标题是可以选择的，可根据标准的具体情况决定是否设置标题。如果设置了标题，则位于条的编号之后，条的标题与编号一起单独占一行，并与其后的条文分行。如果不设标题，则在条的编号后紧跟着条的内容。

1. 第一层次条的标题

每个第一层次的条最好设置标题。第二层次的条可根据情况决定是否设置标题。

2. 条标题设置的统一

虽然条标题的设置是可选择的，但在某一章或条中，其下一个层次上的各条有无标题应统一。例如：如果第 10 章的下一层次 10.1 有标题，则处于同一层次上的 10.2、10.3 等也应有标题；如果 10.2 条的下一层次 10.2.1 有标题，则 10.2.2、10.2.3、10.2.4……亦应有标题；同样，如果 10.2.3.1 无标题，则 10.2.3.2、10.2.3.3 等也应无标题。

对于不同的章中的条或不同条中的条，虽然处于同一层次，标题的设置可以不一致。例如：在示例 2-7 中，虽然 5.2.1、5.2.2、5.2.3；5.5.1、5.5.2、5.5.3；6.2.1、6.2.2 都属于第二层次的条，但 5.5.1、5.5.2 和 5.5.3 有标题，其他条没有标题，这种情况是允许的。这是因为 5.5.1、5.5.2、5.5.3 与 6.2.1、6.2.2 分属不同的章，而 5.5.1、5.5.2、5.5.3 与 5.2.1、5.2.2、5.2.3 虽然在同一章中，但它们却不在同一条中，前者在 5.5 条，后者在 5.2 条。只有在某一章或条的内部，才要求其下一个层次上的各条的标题设置与否要统一。

【示例 2-7】

> 5　设计
>
> …………
>
> 5.2　构形
>
> 5.2.1　×××××××××××××××××××××××××××××××××××××××
> ×××××××××××××××。
>
> 5.2.2　×××××××××××××××××××××××××××××××××××××××
> ×××
> ××××。
>
> 5.2.3　×××××××××××××××××××××××××××××××××××××××
> ×××××××××××××××××××××××××××。
>
> …………
>
> 5.5　组合
>
> 5.5.1　一般规定
>
> …………
>
> 5.5.2　复合组件的图形符号
>
> …………
>
> 5.5.3　包含流向的图形符号
>
> …………
>
> 6　应用
>
> …………
>
> 6.2　取向调整
>
> 6.2.1　×××××××××××××××××××××××××××××××××××××××
> ×××
> ××××。
>
> 6.2.2　××××××××××××××××××××××××××。
>
> …………

3. 无标题条的主题

对于无标题的条，如果需要强调各条所涉及的主题，可将无标题条首句中的关键术语或短语标为黑体，通过突出显示的方式引起对相关主题的注意。

和条的标题的设置一样，无标题条中关键词的强调也应考虑统一性，即在某一条中，其下一个层次上的各无标题条是否强调关键词应是统一的。

无标题条中用黑体标出的术语或短语不应在目次中列出；如果有必要列入目次，则不应采取这种形式，而应选用有标题条的形式，将相应的术语或短语作为条标题。

（三）条的划分原则

在某一章或某一条中，我们可以将相应的内容编写成几个段落，也可以分成几条编写。那么，什么情况下分条编写，什么情况下编写为几个段落呢？以下给出了一些供考虑的原则。

1. 内容明显不同

这是我们分条的主要依据。如果段与段之间所涉及的内容明显不同，为了便于区分，则需要将它们分成彼此独立的条。

2. 具有被引用的可能性

当某章或条的几段内容中的某段有可能被本标准或其他标准所引用时，尤其本标准内部就需引用时，应考虑设立条。这样通过直接引用相应的条编号就可实现准确引用的目的。

例如在起草 GB/T 1.1—2000 的过程中，曾经将 6.6.9.1.2 条，即“在曲线图的坐标轴上和表的表头中尤其适合使用如下数值表示法：$\frac{v}{\text{km/h}}$、$\frac{l}{\text{m}}$和$\frac{t}{\text{s}}$或 $v/(\text{km/h})$、l/m 和 t/s”作为 6.6.9.1 条中的段处理。由于 GB/T 1.1—2000 的 6.6.5.4 条中需要引用该段的内容，因此在该标准起草过程中曾经使用“(见 6.6.9.1 中的最后一段)”的表述方式。在标准定稿时，为了方便引用并保证准确性，将 6.6.9.1 条进一步划分为 6.6.9.1.1 和 6.6.9.1.2，这样 6.6.5.4 条就可以直接引用 6.6.9.1.2 条。

3. 存在两个或两个以上的条

同一层次中有两个或两个以上的条时才可设条，标准中不应在章或条中存在单独一个下一层次的条。例如，在 9.2 中至少要有 9.2.1 和 9.2.2 两条时，才可将 9.2 进一步划分为第二层次的条。也就是说，如果没有 9.2.2，则不应将 9.2 中的条文给予 9.2.1 的编号。

4. 无标题条不应再分条

如果某一条没有标题，就不应在该条下再设下一层次的条。这是因为，在这种情况下假如对该条再进一步细分成下一层次的条，则就会出现“悬置条”(见示例 2-8)，这给引用造成了困扰。假如另一标准需要引用示例 2-8 中紧跟 5.2.3 后的内容时(不包括 5.2.3.1 和 5.2.3.2 的内容)，如果指明“按照 5.2.3 的规定”就会产生混淆，因为，在这种情况下 5.2.3 还包括了 5.2.3.1 和 5.2.3.2。因此，无标题条不应再进一步细分条。

【示例 2-8】

5.2.3 ×× (悬置条)

5.2.3.1 ××

5.2.3.2 ××

四、段

段是对章或条的细分。段没有编号，这是区别段与条的明显标志，也就是说段是章或条中不编号的层次。

为了不在引用时产生混淆，应避免在章标题或条标题与下一层次条之间设段(这样的段称为“悬置段”)，如示例2-9的左侧所示。

【示例2-9】

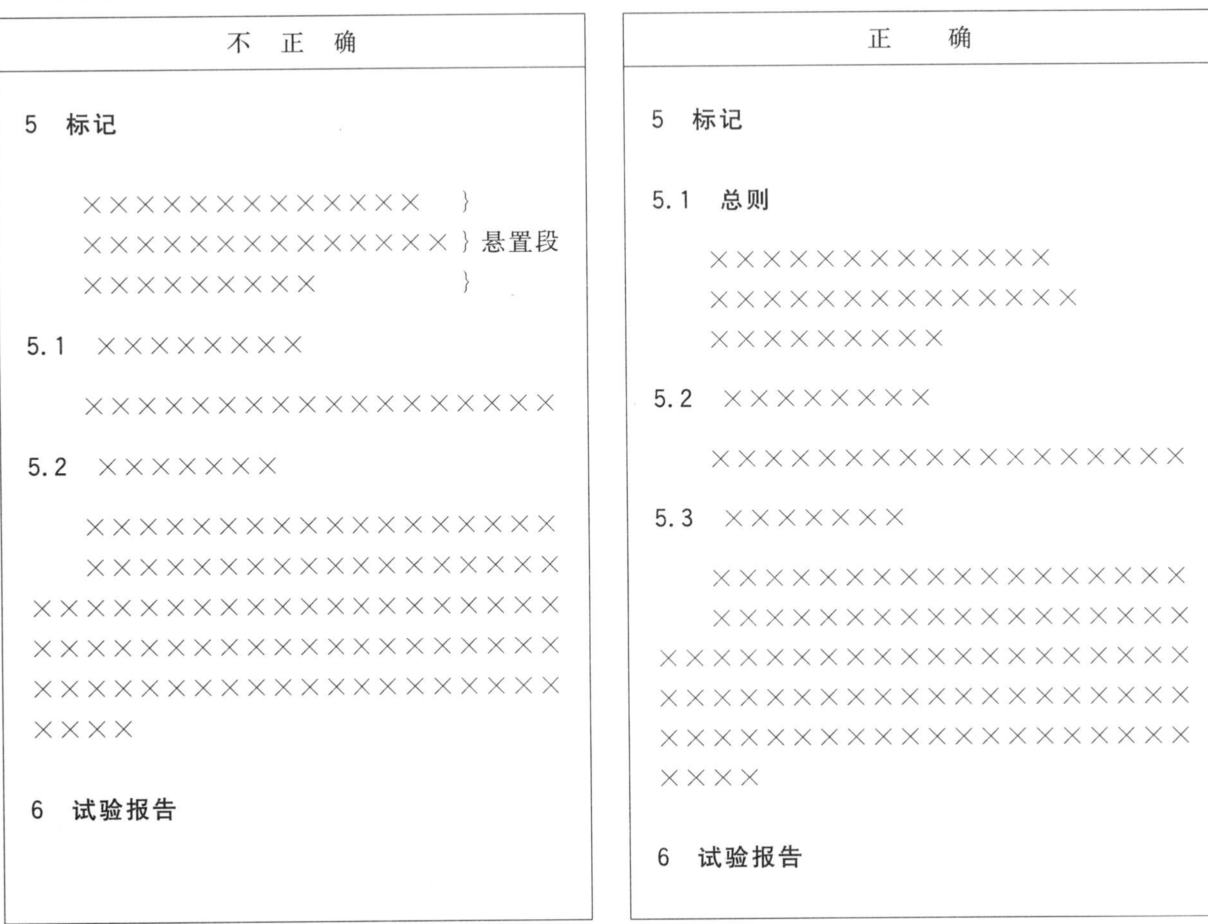

不　正　确

5　标记

××××××××××××× }
×××××××××××××× } 悬置段
××××××××× }

5.1　××××××××

××××××××××××××××××

5.2　×××××××

××××××××××××××××××
××××××××××××××××××
××××××××××××××××××××
××××××××××××××××××××
××××××××××××××××××××
××××

6　试验报告

正　　确

5　标记

5.1　总则

×××××××××××××
××××××××××××××
×××××××××

5.2　××××××××

××××××××××××××××××

5.3　×××××××

××××××××××××××××××
××××××××××××××××××
××××××××××××××××××××
××××××××××××××××××××
××××××××××××××××××××
××××

6　试验报告

在示例2-9的左侧，当需要引用第5章中悬置段的内容时，如果指明“按照第5章的规定进行标记”，就会在理解上产生混淆：有人认为只引用了悬置段，而另一些人则会认为还包含5.1和5.2。实际上，不应只将所标出的悬置段看作“第5章”，因为按照隶属关系5.1和5.2也属于第5章。为了避免这类问题，如示例2-9右侧所示，应将未编号的悬置段编为5.1并增加标题，即“5.1　总则”(也可给出其他适当的标题)，并且将现有的5.1和5.2重新编号。在这种情况下，避免混淆的其他方法还包括将悬置段移到别处或删除。一般来说，悬置段作为条处理后，原悬置段中凡是规定了规则的内容或要求的内容，可以使用“总则”、“通则”、“一般要求”等作为条的标题；凡是给出陈述或说明的内容，可以使用“概述”作为条的标题。

编写标准时，避免设置悬置段的规定使得标准中段的编写，以及标准之间或标准内部的引用更加规范。目前，在我国的现有国家标准文本中，还存在着这类悬置段。因此，在对相应标准修订时，应根据引用的可能性对其进行相应的调整。在采用国际标准编写我国标准时，也常遇到按照1997版以前的ISO/IEC导则编写的国际标准，其中经常出现悬置段。对于这类国际标准，如果我们不是等同采用，就应视需要对这些悬置段进行处理。

另外，标准中一些引导语在不会被引用的情况下可以处于悬置状态。例如术语和定义一章，在具体给出术语前要有一段引导语，这些引导语是不会被引用的，所以可以处于悬置状态。

五、列项

在标准条文中常常使用列项的方法阐述标准的内容。列项可以说是“段”中的一个子层次，它可以在标准的章或条中的任意段里出现。

（一）列项的作用

列项通常是将一个包含并列成分的长句，采用分列的形式表述；列项也可由并列的句子构成。采用列项的形式能起到如下作用：

1. 突出并列的各项

由于列项的形式具有独特、醒目的特点，因此，将本来可在段中叙述的内容以列项的形式展现，能够使列项中各项表述的内容更加醒目，同时也更加突出了列项中各项的并列关系。

2. 强调各项的先后顺序

通过对列项中的各项进行编号可以强调并列各项的先后顺序，使本来无先后顺序的平行的各项，通过编号获得了先后顺序。

（二）列项的形式

列项的形式具有其独特性，即列项要由一段后跟冒号的文字（称为引语）引出并列的各项。只有同时具备两个要素，即引语和被引出的并列各项，列项才是完整的。引语可以是一个句子（见示例 2-10），也可以是一个句子的前半部分（见示例 2-11）。当由一个句子的前半部分作为引语时，该句子的其余部分由列项中的各项来完成。无论使用哪一种引出形式，都应在引语的末尾加上冒号。一般情况下，除最后一个列项的末尾使用句号外，其他各项的末尾使用分号。

【示例 2-10】

下列各类仪器不需要开关：

——在正常操作条件下，功耗不超过 10 W 的仪器；

——在任何故障条件下使用 2 min，测得功耗不超过 50 W 的仪器；

——用于连续运转的仪器。

【示例 2-11】

仪器中的振动可能产生于：

- 转动部件的不平衡；
- 机座的轻微变形；
- 滚动轴承；
- 气动负载。

（三）列项的编号

1. 无编号列项

无编号列项是列项最常见的表现形式。这种情况下，在列项的各项之前使用“破折号”或“圆点”符号（见示例 2-10、示例 2-11）。需要注意的是，在一项标准同一层次的列项中，使用破折号还是圆点应统一。也就是说，一项标准的列项如果使用破折号，则全部使用破折号，反之则全部使用圆点；或者，第一层次的列项使用破折号，第二层次的列项使用圆点，全文统一。

2. 有编号列项

有编号列项是在列项的各项之前使用字母编号[后带半圆括号的小写拉丁字母，即 a)、b)、c)等]的列项（见示例 2-12）。

3. 无编号列项的细分

如果需要将无编号的列项再细分成新的列项，则只能继续细分成无编号的列项，不可细分成有编号的列项。如果第二级的列项需要识别，则应将第一级列项改为字母形式的有编号列项，然后再使用数字编号作为第二级列项的编号（见下文的“4.”）。

4. 有编号列项的细分

在字母编号的列项中，如果需要对某一项进一步细分成有编号的若干分项，则应使用数字编号[后带半圆括号的阿拉伯数字，即 1)、2)、3)等]在各分项之前进行标示（见示例 2-12）；如果细分出的若干分项不需要识别，则可细分成无编号的列项（见示例 2-13）。

【示例 2-12】

图形标志与箭头的位置关系遵守以下规则：

a) 图形标志与箭头采用横向排列：
   1) 箭头指左向（含左上、左下）时，图形标志应位于右侧；
   2) 箭头指右向（含右上、右下）时，图形标志应位于左侧；
   3) 箭头指上向或下向时，图形标志宜位于右侧。
b) 图形标志与箭头采用纵向排列：
   1) 箭头指下向（含左下、右下）时，图形标志应位于上方；
   2) 其他情况，图形标志宜位于下方。

【示例 2-13】

一项标准的要素，可按下列方式进行分类：

a) 按要素的性质划分，可分为：
   - 资料性要素；
   - 规范性要素。
b) 按要素的性质以及它们在标准中的具体位置划分，可分为：
   - 资料性概述要素；
   - 规范性一般要素；
   - 规范性技术要素；
   - 资料性补充要素。
c) 按要素的必备的或可选的状态划分，可分为：
   - 必备要素；
   - 可选要素。

5. 列项中编号的选择

前文介绍了各种形式的列项，主要分为有编号列项和无编号列项，两类列项进一步细分的子项也包含有编号和无编号两类。那么，什么情况下需要编号，什么情况下不需要编号呢？

(1) 对列项编号

只有在下述两种情况下，才需要对列项进行编号。

① 为了便于引用

如果列项中的项需要识别，例如，列项中的某一项或某些项有可能被引用(见第三章第七节)，特别是标准本身就需要引用本标准的某个列项中的某一项，这时就需要对列项进行编号，以方便引用［例如：见 4.3.2 a)］。同理，如果列项中的子项也需要识别(例如需要引用)，则也应对其进行编号，以方便引用［例如：见 5.3.4.2 b) 3)］。

② 表明先后顺序

如果列项中各项的先后顺序需要强调，则可使用编号。例如，一些设计程序、试验过程，使用编号可以表明设计或试验是按照 a)、b)、c)……的顺序进行的。所以说，在某些情况下，有编号的列项表明了列项中的各项是有先后顺序的；而无编号的列项可以理解为，各项是无先后顺序的。示例 2-14 中的列项即属于有先后顺序的情况。

【示例 2-14】

> **5　标准化程序**
>
> 在设计图形符号并对其标准化时应遵循以下程序：
>
> a)　调查需求：调查待传递信息的客观需求，并论证确需用图形符号传递该信息；
> b)　确定应用领域：按照第 4 章中的图形符号分类，确定待设计图形符号的应用领域；
> c)　描述对象：清晰明确地描述图形符号所表示的对象以及图形符号的功能和含义；
> d)　收集资料：查找并收集现行国家标准、行业标准、国际标准、国外标准以及其他相关资料中已有的表示相似对象的图形符号；
> e)　采用现行标准：如现行国家标准中已存在表示同一对象的图形符号，且其设计符合 GB/T 16901、GB/T 16902 或 GB/T 16903 的要求，则应直接采用；
> f)　设计方案：如现行国家标准中不存在表示同一对象的图形符号或者未能采用现行标准，则应按照 GB/T 16901、GB/T 16902 或 GB/T 16903 的要求设计表示该对象的图形符号方案；
> g)　测试：对图形符号方案的易理解性和理解度进行测试；
> h)　确定图形符号：根据测试情况可直接确定标准图形符号，也可对图形符号方案进行修改直至获得满意的方案；
> i)　注册：向相关标准化技术委员会登记注册。

［选自 GB/T 16900—2008《图形符号表示规则　总则》］

(2) 不对列项编号

除了前文(1)所述的两种情况外，大多数的列项是为了突出列项中各项的并列关系，因此，最原始和简单的做法就是在各项之前加上“破折号”或“圆点”。

(四) 列项中各项的主题

在列项的各项中，为了标明各项所涉及的主题，可将其中的关键术语或短语标为黑体。这种情况下，列项中每项的主题都应标明，也就是说，每项中都应有用黑体标出的术语或短语。(见示例 2-15)

这类用黑体标出的术语或短语不应在目次中列出；如果有必要列入目次，则不应使用列项的形式，而应采取条的形式，将相应的术语或短语作为条标题。

【示例 2-15】

前言应视情况依次给出下列内容：

a） 标准**结构**的说明。对于系列标准或分部分标准，在第一项标准或标准的第 1 部分中说明标准的预计结构；在系列标准的每一项标准或分部分标准的每一部分中列出所有已经发布或计划发布的其他标准或其他部分的名称。

b） 标准**代替的全部或部分其他文件**的说明。给出被代替的标准（含修改单）或其他文件的编号和名称，列出与前一版本相比的主要技术变化。

c） 与**国际文件、国外文件关系**的说明。以国外文件为基础形成的标准，可在前言中陈述与相应文件的关系。与国际文件的一致性程度为等同、修改或非等效的标准，应按照 GB/T 20000.2的有关规定陈述与对应国际文件的关系。

…………

（五）编写列项需要注意的问题

编写列项时，需要注意以下一些问题。

1. 引语不应省略

前文已经介绍，列项由引语和分列的各项两个要素组成；因此列项中引语是必需的，不应省略。但是在标准编写中常常出现没有引语的现象，这类问题常常发生在条标题之后，如示例 2-16 所示。

【示例 2-16】

5.2.1 确定设计参数

a） 内装物的计量值，如质量、容积、数量、形状尺寸等；

b） 预留容积或允许偏差；

c） 根据内装物特点需确定的其他参数；

…………

［选自 GB/T 19451—2004《运输包装设计程序》］

由于示例 2-16 的各分项之间是并列关系，所以，只要在列项之前增加一个引语就可以形成符合规定的列项。

2. 条或段不应表述成列项的形式

在编写标准时，有些内容本来应该分条或分段表述，但却错误地使用了列项的形式。这类问题也常常发生在条标题之后，如示例 2-17 所示。

【示例 2-17】

5.4.8.4 贮存

a） 必要时应规定贮存要求。特别是对有毒、易腐、易燃、易爆等类产品应规定各种相应的特殊要求；

b） 贮存要求的内容包括：

 1） 贮存场所，指库存、露天、遮篷等；

 2） 贮存条件，指明温度、湿度、通风、有害条件的影响等；

…………

[选自GB/T 1.3—1997《标准化工作导则　第1单元：标准的起草与表述规则　第3部分：产品标准编写规定》]

列项的特征是要有引语，并且引语所引出的内容应是并列的关系，具体列项可用a)、b)、c)等标识；而条要有由阿拉伯数字和下脚点组成的编号。

示例2-17是典型的将条或段的内容表述成列项的例子。该示例中既没有引语，a)和b)的内容也不是并列关系，因而不应用列项的形式进行表述。在这种情况下，即使在a)之前增加了引语，它也不是列项。针对该示例中的这类问题，可将a)、b)按以下两种方法之一进行修改：

——作为两条处理，分别改为5.4.8.4.1和5.4.8.4.2；

——删去a)、b)，直接作为两段处理。

3. 引语引导的内容与列项中的内容应相符

引语引导的内容与分列各项的内容不应出现不一致，甚至矛盾的现象。如果引语中的表述为："……应符合下述要求："，则分列的各项中应全部都是要求，不应出现推荐的分项。

又如示例2-18。在该示例中存在如下问题：引出列项的引语表明，列项中所列都是搪玻璃表面的缺陷，但实际列出的不全是缺陷，例如"搪玻璃表面色泽均匀"就不是缺陷。

【示例2-18】

在距搪玻璃表面600 mm处用100 W手灯以正常视力观察，不应有以下缺陷：

——搪玻璃表面不应有裂纹、局部剥落等缺陷；

——搪玻璃表面色泽均匀，没有明显的擦伤、暗泡、粉瘤等缺陷；

——搪玻璃表面应没有妨碍使用的烧成托架痕迹，搪玻璃面修理和修补痕迹；

——每平方米搪玻璃面上的杂粒不得超过3处，每处面积应小于4 mm^2，且相互间距不得小于100 mm。

4. 引语与列项的内容不应相互重复

引语中已经出现的词语，分列各项中不应重复出现。例如：引语中已经使用了"不应"，分列各项中就不应再出现"不应"。

示例2-18中，引语中已有"搪玻璃表面"、"不应"和"缺陷"等词语，但分列的各项中却多次重复。

鉴于示例2-18的列项中存在着"引语引导的内容与实际列项中的内容不相符"以及"引语与列项的内容相互重复"等问题，我们有必要对该列项进行修改。示例2-19只做了较少修改，示例2-20做了较大改动，形成了一个比较简洁、理想的列项。

【示例2-19】

在距离600 mm处用100 W手灯以正常视力观察，搪玻璃表面：

——不应有裂纹、局部剥落等缺陷；

——应色泽均匀，没有明显的擦伤、暗泡、粉瘤等缺陷；

——不应有妨碍使用的烧成托架痕迹，以及修理和修补痕迹；

——每平方米的杂粒不得超过3处，每处面积应小于4 mm^2，且相互间距不得小于100 mm。

【示例2-20】

在距离600 mm处用100 W手灯以正常视力观察，搪玻璃表面应色泽均匀，并且不应有以下缺陷：

——裂纹、局部剥落等；

——明显的擦伤、暗泡、粉瘤等；

——妨碍使用的烧成托架痕迹，以及修理和修补痕迹；

——每平方米超过 3 处，每处面积大于 4 mm^2，且相互间距小于 100 mm 的杂粒。

六、附录

附录是标准的层次之一。从表 2-4 中可以看出，“附录”和“部分”都用一条表线将其与其他的层次分隔开来。这是由于这两个层次与其他的层次相比有其特殊性，即它们都可以进一步划分成章、条、段、列项等。“部分”虽然隶属于“标准”，但它是一个独立的文件，还可以包含自己的“附录”；而“附录”只能隶属于“标准”或“部分”，不可能成为独立的文件。附录中章、条、图、表等的编号前，要有附录编号中表明顺序的大写字母。

（一）附录的作用

在起草标准时，什么情况下我们会用到附录这一层次呢？这实际上涉及了在标准中附录发挥什么作用的问题。通常情况下附录的作用包括以下五个方面。

1. 合理安排标准的结构

起草标准时，如果某些内容与其他相关章条相比，篇幅较大（例如，几个试验方法中某个试验方法非常复杂，或与技术要求相比试验方法所占篇幅较多），影响了标准结构的整体平衡，这种情况下，为了合理地安排标准的整体结构，可考虑将这些内容编写在一个“附录”中。GB/T 1.1—2009 的“附录 E　标准化项目标记”即属于这类附录，在标准的 6.3.5 中规定“如果包含有关标记的要求，应符合附录 E 的规定”，从而将全部内容写进了附录。

为了合理安排标准的结构，还可将正文中涉及某项内容的部分规定写进附录，使附录起到对标准中某些条款进一步补充或细化的作用。GB/T 1.1—2009 的“附录 D　标准名称的起草”和“附录 F　条款表述所用的助动词”即属于这类附录。在“6.2.1　标准名称”中，首先规定了总体要求，然后进一步规定“起草标准名称的详细规则见附录 D”；同样，在“7.1.2　条款表述所用的助动词”中，规定了总体要求后，规定“各类条款所使用的助动词见附录 F 中各相应表的第一栏”。可见，这两类附录都起到了对标准中某些条款进一步补充或细化的作用。

2. 安排标准中的附加技术内容

在编写标准时，经常遇到有些内容不是正在起草的标准的主要技术内容，而是一些附加的但又是必须涉及的内容，也就是说，这些内容是规范性的要素，但它却是附加的。这种情况下，为了突出标准的主要技术内容，保持标准行文的流畅，可以考虑将这些内容安排在规范性附录中。

GB/T 1.1—2009 的“附录 C　专利”即属于这类附录。GB/T 1.1 主要规定如何编写标准，而专利问题并不是编写标准本身的问题，但如果标准涉及专利，它们之间的关系又是必须处理清楚的，而处理标准和专利关系的过程或结果，需要在标准的不同要素中有所体现。“附录 C　专利”中的内容就是规定在标准的“封面”、“前言”和“引言”中如何反映标准涉及专利的情况。这些内容和编写标准有关，但又不是标准的主要技术内容，因此，适合编入规范性附录。

3. 给出正确使用标准的示例

为了方便使用者对标准中部分技术内容的进一步理解，标准中常常给出简单的示例。如果给出的某些示例较为详细或复杂，则通常应编为资料性附录。例如 GB/T 1.1—2009 的“附录 B 层次编号示例”和“附录 H 标准条文编排示例”即属于这类情况。

4. 提供资料性的信息

为了方便使用者更好地实施标准，在标准中给出一些资料性的信息是十分有益的。这类资料性信息的提供也应编为资料性附录。例如 GB/T 1.1—2009 的“附录 A 部分基础标准清单”即属于这类附录。

另外，当我们在编写标准的某一条款时，如果认为有必要对该条款作一些解释或说明，一般需要采用“注”或“脚注”这一形式。假如我们需要解释或说明的内容很多，篇幅较大，使用“注”或“脚注”就显得不太合适。这时，使用资料性附录这一形式是较为恰当的。

5. 给出与国际标准的技术性差异或结构变化情况

如果编制的我国标准是以国际标准为基础起草的，并且与国际标准的一致性程度为修改采用，则需要在前言中列出与国际标准的技术性差异和文本结构变化的情况。如果技术性差异或文本结构变化较多时，宜编排附录（资料性附录）进行说明（见第六章）。因此，附录具有给出与采用的国际标准的详细技术性差异或文本结构变化情况这一功能。

（二）附录的性质

附录和标准中的要素一样，按其性质划分可分为“规范性附录”和“资料性附录”。这两类附录都为可选要素，需要根据标准的具体条款来确定是否设置有关附录。“规范性附录”和“资料性附录”都是标准中的要素，但是这两类要素与其他要素（如前言、范围、要求等）不同。其他要素中的每一个要素都有其特定的内容，在形式上是不可分割的；而不管是“规范性附录”还是“资料性附录”都可能分成多个附录，每个附录各有其编号和标题。也就是说，“规范性附录”和“资料性附录”这两个要素分别是两类附录的总称。

1. 规范性附录

规范性附录中给出标准正文的附加或补充条款。请注意，规范性附录中给出的是“条款”。虽然这种条款是“附加或补充”的，但附录的内容是构成标准整体的不可分割的组成部分，也就是说，标准使用者在声明符合标准时，这些条款也应遵守。

这里需要解释的是“附加条款”和“补充条款”。附加条款是标准中要用到的，但不属于标准涉及的主要技术内容的条款，这些附加技术内容往往在特定情况下才会用到。补充条款是对标准正文中某些技术内容进一步补充或细化的条款。

从前文（一）的介绍中可看出，在起草标准时，可以考虑将下述内容设成规范性附录：

——标准中的某些技术内容的补充、细化，或标准中一些技术内容的全部（目的为合理安排标准的结构）；

——标准中用到的附加技术内容。

因此，在起草标准时，如果从标准的结构考虑，或者从需要规范的内容本身考虑，认为某些内容放在正文不合适，但这些内容又是标准使用者声明符合标准所应遵守的条款，这种情况下，就应将这些内容编写在一个“规范性附录”中。

2. 资料性附录

资料性附录中给出有助于理解或使用标准的附加信息。从前文(一)的介绍中可看出，资料性附录中通常提供如下三个方面的信息或情况：

——正确使用标准的示例、说明等；

——标准中某些条文的资料性信息；

——给出与采用的国际标准的详细技术性差异或文本结构变化情况。

因为资料性附录提供的是附加信息，所以不应包含要求，但在某些情况下，资料性附录可以包含可选要求。由于这些要求是可选的，因此在声明符合标准时，并不需要符合这些要求。

例如，试验方法通常由祈使句写成，祈使句是没有助动词“应”的要求型条款，它表达的是行为动作方面的要求。换句话说，只要是试验方法就少不了由祈使句构成的要求型条款，也就包含了要求。假如，标准中包含了一个可选的试验方法，由于该试验方法是可选的，其中的要求在声明符合标准时也就无须遵守，只有在特定情况下选择使用该可选的试验方法时，才需要按照试验方法所规定的要求进行试验。因此，可以将该试验方法作为标准的资料性附录。由于试验方法本身含有要求，所以这时资料性附录中也就包含了要求，但是这些要求却是声明符合标准时无须遵守的可选要求。

（三）附录的提及

标准的附录不是孤立存在的，是和正文紧密联系的，因此标准中的任何一个附录都应在正文或前言的相关条文中明确提及。通常标准的编写都是从正文开始的，在编写标准的过程中，如果认为将某些内容编为一个附录更合适，那么就应当在原来要编写这些内容的位置用一句话引出相关附录。另外，如前文(一)中的“5.”所述，如果在前言中引出了包含“与采用的国际标准的详细技术性差异或文本结构变化”的资料性附录时，也应在前言中相应的位置用一句话指出对应的附录。引出规范性附录或资料性附录的提及方式应有所不同[见下文的(四)]。

如果某个标准中存在着正文或前言没有提及的附录，则说明该标准的编写存在着问题：不是在正文或前言中该提及附录的位置忘记了提及，就是附录本身就没有存在的必要。这种情况下，应加以检查、修正，根据情况，或者在正文或前言的适当位置提及，或者删去无关的附录。总之，凡是标准正文或前言中没有提及的附录就没有存在的理由。

（四）附录性质的明确

附录分为“规范性附录”和“资料性附录”，而“规范性附录”是声明符合标准必须要遵守的，因此，编写标准时应明确附录的性质，以便使标准使用者能够迅速区分出哪个附录或哪几个附录是在使用标准时应遵守的。在具体标准中通过如下三种做法明确附录的性质。

1. 文中提及的措辞方式

在前文的(三)中已经谈到“标准中的任何一个附录都应在正文或前言中明确提及”。无论是标准的正文还是前言，在提及附录时，都应同时对附录的性质表明其态度，即通过提及附录时使用的措辞方式，表明附录是应遵守的，还是供参考的。

这里需要说明的是，附录的性质并不是由附录本身决定的，而是由正文决定的。如前文所述，编写标准都是从正文开始的，在编写某些内容时，如果认为将这些内容编为一个附录更合适，才需要设置附录，所以附录的性质应与它原本在正文中的性质密切相关。也就是说，原本在正文中是规范性的内容，放在附录中就应编写成规范性附录；原本在正文中是资料性的内容，放在附录中就只能编写成资料性附录。因此，在正文中涉及附录的位置提及附录的时候，就应通过提及时的措辞方式明确附录的性质，可以说，附录的性质在标准条文第一次提及时就已经确定下来。

在编写标准时可以使用以下一些措辞方式：提及规范性附录可写成“按附录 A 中规定的试验方法进行试验”、“遵照附录 C 的规定”、“附录 D 给出了起草标准名称的详细规则”或“……的编写细则见附录 B”等；提及资料性的附录可写成“参见附录 C”、“层次编号示例参见附录 B”等。

在正文或前言中提及附录时，根据具体提及的内容不同，有两种方式：

——提及整个附录，例如“层次的详细编号示例参见附录 B”；

——提及附录及附录中的具体内容：如果第一次提及某个附录时就需要直接提及附录中的具体内容，则需要指明附录的编号和其中具体章条的编号，例如“标准征求意见稿和送审稿的封面显著位置应按附录 C 中 C.1 的规定”。

2. 在附录编号下标明

附录的性质应在每个附录的附录编号下的圆括号中标明［见下文中的(五)］，如示例 2-21 所示。

【示例 2-21】

附　录　B
（规范性附录）
负载杂散损耗的测定

3. 在目次中标示

在目次中列出附录时，附录的性质应在附录编号后的圆括号中标明(见第四章的第五节)，如示例 2-22 所示。

【示例 2-22】

目　　次

（五）附录的编写

1. 附录的标识

每一个附录的前三行是附录的标识，它为我们提供了识别附录的信息。见示例 2-21。

（1）附录的编号

每个附录都应有一个编号。附录的第一行为附录的编号。附录编号由文字“附录”及随后表明附录顺序的大写拉丁字母组成，字母由“A”开始，例如：“附录 A”、“附录 B”、“附录 C”等。

附录的顺序应按在条文（从前言算起）中提及的先后次序编排。也就是说两类附录（规范性附录、资料性附录）有可能混在一起编排，因为附录的前后顺序只取决于在标准中被提及的先后顺序。当只有一个附录时仍应编为“附录 A”。

请注意，修订标准的前言中，在说明与前一版本相比的主要技术变化时，有可能涉及标准的附录。这种情况下提及的附录，不作为编排附录顺序的依据。

（2）附录的性质

附录的第二行，也就是附录编号的下一行，应标明附录的性质，即“（规范性附录）”或“（资料性附录）”。

（3）附录的标题

附录的第三行为附录标题。每个附录都要设标题，以标明附录规定或陈述的具体内容。

附录的标题应与标准条文中所要表述或提及的内容相一致。例如，标准条文中提及“基础国家标准参见附录 B”，但如果附录 B 的标题设置为“标准文献”就不恰当，应将附录标题改为“基础国家标准”。

附录的标题应与附录的具体内容相一致。例如：附录标题为“基础国家标准”，但如果附录的内容不但包括了基础国家标准，还列出了有关行业标准、国际标准等，就是犯了“文不对题”的错误。

2. 附录的章、条、图、表和数学公式的编号

每个附录中章、图、表和数学公式的编号均应重新从 1 开始，编号前应加上附录编号中表明顺序的大写字母，字母后跟下脚点，例如：

——附录 A 中的章用“A. 1”、“A. 2”、“A. 3”……表示；

——附录 B 中第一个出现的图的编号为“图 B. 1”，以后依次为“图 B. 2”、“图 B. 3”……；

——附录 C 中第一个出现的表的编号为“表 C. 1”，以后依次为“表 C. 2”、“表 C. 3”……；

——附录 D 中第一个出现的公式，如需编号，则编为“（D. 1）”，以后依次为“（D. 2）”、“（D. 3）”……。

当附录只有一幅图或一个表也应对其编号，例如对于附录 B，这时编号应为“图 B. 1”、“表 B. 1”；当附录中只有一个公式时，如果需要编号，则这时应编为“（B. 1）”。

七、层次编号

标准所具备的层次的具体编号见图 2-3“层次编号示例”。

从图 2-3 以及前文的介绍中可以看出，标准的具体内容是按照隶属关系编排的。部分编号是在标准顺序号之后，它隶属于标准顺序号；章的编号统管所有章编号相同的条，即同一章下所有的条编号都隶属于该章；每下一层条的编号隶属于其上一层条的编号，以此类推。因此，标准中的编号是具有隶属关系的。

章的编号
条的编号
规范性
一般要素
范围
规范性引用文件
1
2
3
4
5
6
7
8
9
10
11
12
13
14
15
16
6.1
6.2
6.3
6.4
6.5
6.6
6.7
6.4.1
6.4.2
6.4.3
6.4.4
6.4.5
6.4.6
6.4.7
6.4.8
6.4.9
规范性
技术要素
13.1
13.2
13.3
13.4
13.5
13.3.1
13.3.2
13.3.3
13.3.3.1
13.3.3.1.1
13.3.3.1.1.1
13.3.3.1.1.2
13.3.3.1.2
13.3.3.1.2.1
13.3.3.1.2.2
13.3.3.2
附录A（规范性附录）A.1
A.2
A.3
资料性
补充要素
附录B（资料性附录）B.1
B.2
B.3
B.1.1
B.1.2
B.1.2.1
B.1.2.2
B.1.2.3
B.1.2.4
B.1.2.5
B.1.2.6
B.1.2.7
B.1.2.8
B.1.2.9
B.1.2.10
B.1.2.11
规范性
技术要素
附录C（规范性附录）

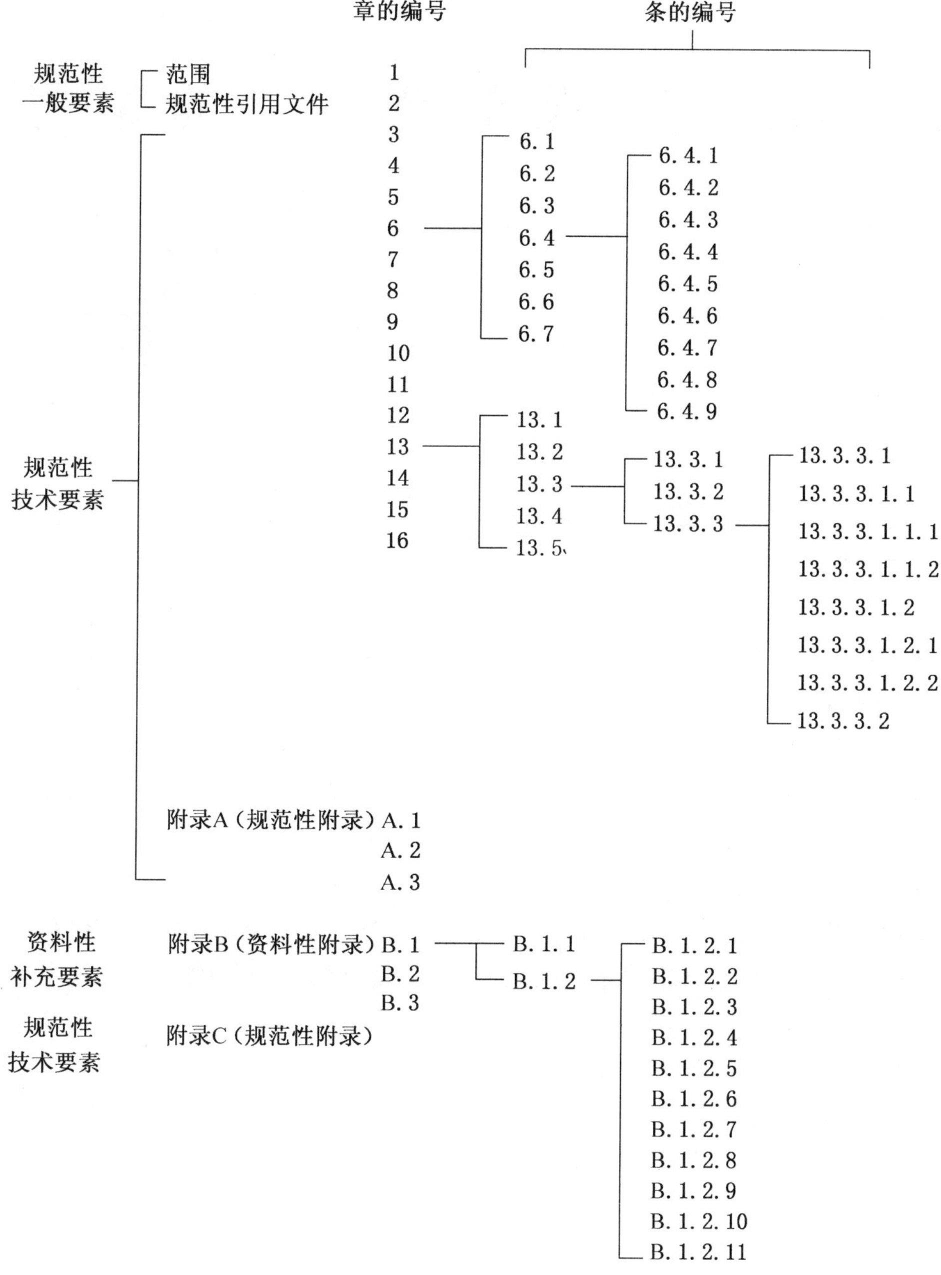

图 2-3 层次编号示例

第三章 规范性要素的编写

上一章从内容、层次两个方面对标准的结构进行了介绍和剖析。掌握了这些知识之后，我们开始深入了解如何具体编写标准。

一个标准化对象确立后，编写标准往往是从规范性要素入手。规范性要素分为规范性一般要素和规范性技术要素。规范性要素的“核心”是与标准化主题有关的规范性技术要素，这些要素是每一个标准最重要的、属于标准实质内容的核心要素。编写规范性要素首先应从规范性技术要素中的“核心”内容入手，确定并编写标准的“核心”内容；然后编写其他规范性技术要素，例如分类标记和编码、术语和定义、符号、代号和缩略语等；在此基础上，进一步加工编写规范性一般要素中的规范性引用文件、范围；最后完成全部规范性要素的起草。

规范性一般要素中的全部三个要素（“标准名称”、“范围”、“规范性引用文件”）和规范性技术要素中的两个要素（“术语和定义”、“符号、代号和缩略语”）在各类标准中都有可能用到，我们称它们为通用要素。通用要素能够给标准使用者提供方便，它是对标准中其他规范性技术要素中的有关内容进行再加工后形成的，要素所要表达的内容和内容的表达形式相对固定。通用要素的选择取决于其他规范性技术要素中有没有需要再加工的素材，也就是说通用要素的内容大部分来源于其他技术要素。例如，如果条文中没有规范性引用其他文件，就不需要选择“规范性引用文件”这一要素。这就是为什么编写标准首先要从规范性技术要素的“核心”内容入手，然后再编写通用的规范性技术要素，最后编写规范性一般要素了。

第一节 标准名称

标准名称是对标准的主题最集中、最简明的概括，它直接表述了标准化的对象，反映了标准的范围。标准名称直接关系到标准信息的传播效果，是读者使用、收集和检索标准的主要判断依据。因此，正确起草标准名称十分重要。

标准名称是标准的规范性一般要素，同时又是必备要素，也就是说，任何标准都必须有标准名称。标准名称应置于范围之前，并且应在标准的封面中标示。在开始起草标准之前，针对所要标准化的对象首先应草拟一个标准名称，在标准起草过程中标准名称还可能作进一步调整。

一、标准名称的起草要求

标准名称的命名是否确切，将直接影响到标准的检索和使用。在起草标准名称时，应仔细斟酌名称的形式和措辞，并做到：

1. 准确：标准名称应能够确切地概括标准的主题，并且达到使该标准与其他标准的主题容易区分的目的。

2. 简洁：在满足准确的前提下，所起草的标准名称要尽可能简练。标准名称不应涉及不必要的细节，必要的补充说明应在范围中给出。

3. 术语统一：标准名称中表达相同概念的术语应保持一致。名称中表示技术特征的用语，应采取专用的统一术语。建议从有关术语标准中选择确切表达有关技术特征的规范化术语，不应随便选用词语或随意自撰。

专门的术语标准，应尽可能使用下述表述方式：如果包含术语和定义，使用“……词汇”；如果仅仅给出术语，使用“……术语集”。

二、标准名称的构成和形式

（一）名称的构成

标准名称可分为几个尽可能短的要素，通常所使用的要素不应多于三种，即引导要素、主体要素和补充要素。在名称中这三个要素的顺序按照由一般到特殊排列，即：引导要素 ＋ 主体要素 ＋ 补充要素。

1. 引导要素

引导要素表示标准所属的领域。如果标准有归口的标准化技术委员会，则可用技术委员会的名称作为依据来起草标准名称的引导要素。如全国人类工效学标准化技术委员会制定的标准可用“人类工效学”作为标准名称的引导要素，例如“人类工效学　工作岗位尺寸　设计原则及其数值”。引导要素是一个可选要素，可根据具体情况决定标准名称中是否有引导要素。

2. 主体要素

主体要素表示在上述领域内所要论述的主要对象。它是一个必备要素，即在标准名称中一定要有主体要素。

3. 补充要素

补充要素表示上述主要对象的特定方面，或给出区分该标准（或部分）与其他标准（或其他部分）的细节。对于单独的标准，补充要素是可选要素，即它是可酌情取舍的。然而，对于分成部分出版的标准的各个部分，补充要素则是一个必备要素。

（二）名称可能具有的形式

由于在标准名称的三要素中只有主体要素是必备要素，其他两个要素都是可酌情取舍的要素，因此，引导要素和补充要素的有无以及它们和主体要素各种组合的结果，会衍生出不同形式的标准名称，可能具有的形式如下：

——一段式：只有主体要素，例如“手术无影灯”；

——两段式：引导要素 ＋ 主体要素，例如“化学试剂　苯”；

　　　　　主体要素 ＋ 补充要素，例如“工业用过硼酸钠　容积密度测定”；

——三段式：引导要素 ＋ 主体要素 ＋ 补充要素，例如“叉车　钩式叉臂　词汇”。

三、标准名称中各类要素的选择

在起草标准名称时，通过恰当地选择标准名称中的各类要素，能够确切地表述标准的主题。因此，准确选择并恰当组合标准名称的三个要素是起草一个好的标准名称的前提。

（一）主体要素必不可少

每个标准的名称都应有主体要素，在任何情况下，主体要素都不应省略。名称中是否有引导要素和补充要素则应视具体情况而定。从本节“二、”中的（二）可以看出，不论标准名称是由一段式、两段式还是三段式构成，其主体要素都是必不可少的。

（二）引导要素的选择

1. 选择引导要素

如果标准名称中没有引导要素，主体要素所表示的对象就不明确时，则应有引导要素。在这种情况下，用引导要素来明确标准化对象所属的专业领域。

【示例 3-1】

正　确：农业机械和设备　散装物料机械　装载尺寸

不正确：　　　　　　　　散装物料机械　装载尺寸

由于名称中的主体要素“散装物料机械”反映不出标准化对象所属的专业领域，因此需要用引导要素“农业机械和设备”来加以明确。

2. 省略引导要素

如果标准名称的主体要素（或主体要素和补充要素一起）能够确切地概括标准所要论述的对象时，则应省略引导要素。

【示例 3-2】

正　确：　　　　　　　　散装牛奶冷藏罐　技术条件

不正确：畜牧机械与设备　散装牛奶冷藏罐　技术条件

由于名称中的主体要素“散装牛奶冷藏罐”不可能是“畜牧机械与设备”以外的其他机械或设备，所以不需要用引导要素“畜牧机械与设备”来界定散装牛奶冷藏罐这个标准化对象的专业领域。

（三）补充要素的选择

1. 用补充要素描述标准化对象的一两个方面

如果标准所规定的内容仅涉及了主体要素所表示的标准化对象的一两个方面，则需要用补充要素来进一步指出标准所具体涉及的那一两个方面。

【示例 3-3】

滚动轴承　分类

塑料　吸水性的测定

劳动防护服　防寒保暖要求

软钎剂　分类与性能要求

2. 在补充要素中用一般性的术语描述标准化对象的几个方面

如果标准所规定的内容涉及了主体要素所表示的标准化对象的几个（不是一两个，但也不是全部）方面，则需要用补充要素描述这些方面，但不必一一列举，而应由诸如“规范”或“技术条件”等一般性的术语来表达。

【示例 3-4】

液压挖掘机　技术条件

起重机械超载保护装置　安全技术规范

模拟计数率表　特性和测试方法

3. 省略补充要素

如果标准所规定的内容同时具备以下两个条件，则应省略补充要素：

——涉及主体要素所表示的标准化对象的所有基本方面，并且

——是有关该标准化对象的惟一标准（而且今后仍打算继续保持惟一标准这种状态）。

【示例 3-5】

正　确：咖啡研磨机

不正确：咖啡研磨机　术语、符号、材料、尺寸、机械性能、额定值、试验方法、包装

（四）部分的名称中要素的选择

当标准分成几个部分时，各个部分的名称应满足：

1. 名称中应有补充要素。这时的名称必须采取分段式，可以是“主体要素 + 补充要素”的两段式，也可以是“引导要素 + 主体要素 + 补充要素”的三段式。

2. 在补充要素之前需要加上“第×部分：”。这里“第×部分：”中的“×”应是阿拉伯数字，并且要和部分的编号保持相同。

3. 每个部分的主体要素应保持相同，如果名称中有引导要素，则引导要素也应相同。

从上述三点可看出，一项标准分成不同部分后，各个部分的名称中一定要有补充要素，不同部分的补充要素是不同的，而“主体要素”或“引导要素 + 主体要素”一定要相同。我们可以这样理解，一项标准不同部分名称中的主体要素或引导要素加上主体要素代表的是“标准的名称”，而补充要素代表的是该标准中特定部分的“部分名称”。由于各个部分共同构成了同一项标准，所以标准的名称［也就是各个部分名称的引导要素（如有）和主体要素］应保持相同，而补充要素存在的作用是区分和识别各个部分，因此补充要素须保持不同。

【示例 3-6】

机械安全　进入机器和工业设备的固定设施　第 1 部分：进入两级平面之间的固定设施的选择

机械安全　进入机器和工业设备的固定设施　第 2 部分：工作平台和通道

四、起草标准名称需要注意的方面

标准名称虽然字数不多，但是如果起草时没有很好地掌握其要点，常常会出现一些问题。因此，起草标准名称时应时刻注意以下方面。

（一）准确反映标准的范围

1. 避免限制标准的范围

在标准名称中不应涉及任何不必要的细节，以免无意中限制了标准的范围，出现“小帽子、大内容”的错误。

例如《汽车齿轮碳氮共渗金相检验》标准，如果标准内容不仅适用于汽车齿轮，也适用于拖拉机、通用机械的齿轮，那么标准名称就将标准的适用范围缩小了。

有些标准名称本来不需要补充要素，如果随便添加了补充要素就会限制了标准的范围。假如将示例3-5中的标准名称改为“咖啡研磨机　技术条件”就是犯了这类错误，因为实际上该标准中除了技术条件外，还有许多其他内容。

然而，如果标准仅涉及一个特定类型的产品，这一点应在名称中反映出来。

【示例3-7】

航天　1 100 MPa/235 ℃级单耳自锁固定螺母

2. 避免扩大标准的范围

在标准名称中必要的内容不应省略，以免无意中扩大了标准的范围，出现“大帽子、小内容”的错误。

假如标准名称为“量具包装技术条件”，而实际标准内容并未将各种量具全部包括进去，那么这样的标准名称就是将标准的范围扩大了。

如果将标准名称“手持式金属探测器　技术条件”中的补充要素“技术条件”省略，成为“手持式金属探测器”，那么就是扩大了标准的范围，因为标准本来仅规定了“技术条件”，但从其名称上却会被误认为规定了全部的内容。

（二）无须描述文件的类型

标准名称中无须描述文件的类型，因此不应使用“……标准”、“……国家标准”或“……标准化指导性技术文件”等表述形式。但在实际标准名称的编写中，标准起草者往往想强调该文件是一项国家标准或行业标准而在标准名称后增加“标准”二字。示例3-8中给出了一些现行国家标准的标准名称不规范的示例。

【示例3-8】

GB/T 1583—1979　彩色电视图像传输标准

GB/T 3181—2008　漆膜颜色标准

GB/T 18773—2008　医疗废物焚烧环境卫生标准

由于标准文件中有许多特征（例如编号、封面、格式等）能够反映出它是一项标准，因此无须在标准名称中进一步描述。在标准名称的最后可根据情况使用“规范”、“规程”、“规则”、“规定”等表述形式，例如，GB/T 11821—2002《照片档案管理规范》、GB/T 3242—1982《棉花原种生产技术操作规程》、GB/T 13190—1991《汉语叙词表编制规则》、GB/T 21376—2008《水路散装水泥熟料运输损耗规定》等。

（三）协调各要素的内容

1. 名称各要素的用语在概念上不应重复

简洁是起草标准名称最基本的要求之一，为此由多段构成的标准名称各要素中的词语不应重复，各要素中不同用语的概念也不应重复。然而在已经发布的现行标准中这种语义重复的现象经常发生。

【示例 3-9】

图形符号表示规则　标志用图形符号　第 1 部分：图形标志的形成

图形符号表示规则　标志用图形符号　第 2 部分：图形符号的视觉设计原则

图形符号表示规则　标志用图形符号　第 3 部分：图形符号的制定和测试程序

图形符号表示规则　标志用图形符号　第 4 部分：图形标志应用导则

在示例 3-9 中，“图形符号”一词在三个要素中重复两次，甚至三次；另外，“表示规则”与“原则”、“导则”虽然词语不同，但在概念上也有一定的重复。为了避免这种情况，需要对上述名称做适当的调整，可修改为：

图形标志　第 1 部分：形成

图形标志　第 2 部分：标志用图形符号视觉设计原则

图形标志　第 3 部分：标志用图形符号制定和测试程序

图形标志　第 4 部分：应用导则

2. 名称各要素的位置不应颠倒

标准名称中的各要素的位置有其先后顺序，不应错位。示例 3-10 中不正确的标准名称的主体要素“坡耕地”和补充要素“技术规范”的位置编排错位。另外，名称中各要素的用语存在着相互重复的问题，“治理”和“技术”都分别在名称的两个要素中出现，需要删减。

【示例 3-10】

不正确：水土保持综合治理　技术规范　坡耕地治理技术

正　确：水土保持　坡耕地综合治理　技术规范

（四）起草部分的名称易犯的错误

标准分成部分后，对于各个部分的名称有其特殊的要求。然而，现行的这类标准的名称中常常出现不符合要求的现象，主要表现在以下三个方面。

1. 没有采取分段式的形式

一些分成部分的标准的各个部分的名称没有采取两段或三段的形式，只采取了一段式的名称。这种形式的名称中找不到统一的主体要素，也就是没有一个统一的标准名称。这会给引用整个标准造成不便。

在示例 3-11 中，GB 3102—1993 各个部分的名称没有采取分段式，更谈不上标出“第×部分”，因此从名称中无法找到一个统一的主体要素（虽然在大多数部分中能够找到“量和单位”，但在 GB 3102.11和 GB 3102.12 的名称中却没有“量和单位”）。在引用或提及 GB 3102 整个标准时，无法使用统一的称谓（标准的名称），造成极大的不便。按照 GB/T 1.1 的要求，上述示例中的名称宜统一修改为：量和单位　第×部分：×××××××××。

【示例 3-11】

GB 3102.1—1993　空间和时间的量和单位
GB 3102.2—1993　周期及其有关现象的量和单位
GB 3102.3—1993　力学的量和单位
GB 3102.4—1993　热学的量和单位
GB 3102.5—1993　电学和磁学的量和单位
GB 3102.6—1993　光及有关电磁辐射的量和单位
GB 3102.7—1993　声学的量和单位
GB 3102.8—1993　物理化学和生物物理学的量和单位
GB 3102.9—1993　原子物理学和核物理学的量和单位
GB 3102.10—1993　核反应和电离辐射的量和单位
GB 3102.11—1993　物理科学和技术中使用的数学符号
GB 3102.12—1993　特征数
GB 3102.13—1993　固体物理学的量和单位

示例 3-12 中，GB/T 8321 的标准名称非常清楚，即《农药合理使用准则》，但是缺少了每个部分的名称。另外，名称中的“(一)”到“(八)”是十分不规范的用法。

【示例 3-12】

GB/T 8321.1—2000　农药合理使用准则(一)
GB/T 8321.2—2000　农药合理使用准则(二)
GB/T 8321.3—2000　农药合理使用准则(三)
GB/T 8321.4—2006　农药合理使用准则(四)
GB/T 8321.5—2006　农药合理使用准则(五)
GB/T 8321.6—2000　农药合理使用准则(六)
GB/T 8321.7—2002　农药合理使用准则(七)
GB/T 8321.8—2007　农药合理使用准则(八)

2. 没有规范使用“第×部分：”

部分的名称前应标明“第×部分：”，但在具体起草时常常出现以下错误：

(1) 未标明“第×部分：”

名称的补充要素前未标明“第×部分：”的现象比较多见，由此造成了部分的标识不明显。

示例 3-13 中的 GB/T 10357 的各部分的名称虽然采取了两段式的结构，但在补充要素之前没有给出“第×部分：”。因此，如果没有标准编号，只从标准名称上看不出某文件是分为部分发布的标准中的一个部分，当然更看不出是第几部分。

【示例 3-13】

GB/T 10357.1—1989　家具力学性能试验　桌类强度和耐久性
GB/T 10357.2—1989　家具力学性能试验　椅、凳类稳定性
GB/T 10357.3—1989　家具力学性能试验　椅、凳类强度和耐久性
GB/T 10357.4—1989　家具力学性能试验　柜类稳定性
GB/T 10357.5—1989　家具力学性能试验　柜类强度和耐久性

GB/T 10357.6—1992　家具力学性能试验　单层床强度和耐久性

GB/T 10357.7—1995　家具力学性能试验　桌类稳定性

(2)“第×部分:”中的“×”没有使用阿拉伯数字

在有些分成部分的标准中,名称的补充要素之前的“第×部分”中的“×”使用了汉字,没有按照规定使用阿拉伯数字。

【示例 3-14】

GB/T 5206.1—1985　色漆和清漆　词汇　第一部分　通用术语

GB/T 5206.2—1986　色漆和清漆　词汇　第二部分　树脂术语

GB/T 5206.3—1986　色漆和清漆　词汇　第三部分　颜料术语

GB/T 5206.4—1989　色漆和清漆　词汇　第四部分　涂料及涂膜物化性能术语

GB/T 5206.5—1991　色漆和清漆　词汇　第五部分　涂料及涂膜病态术语

3. 用“第×单元”或“第×节”等不规范用语分隔各要素

由于标准只应划分成部分,而部分不应再分成分部分,任何其他的划分和命名方法都是不正确的。因此标准划分成部分后,起草名称时应注意:第一,补充要素之前只应使用“第×部分:”而不应使用一些不规范的短语,例如“第×单元”、“第×节”、“第一部分”等;第二,不应在主体要素之前使用“第×部分:”或其他不规范的短语。

示例 3-15 和示例 3-16 给出了一些用不规范用语分割要素的例子。示例中的错误在于将标准和书籍相混淆。为了纠正这类错误,可以将示例 3-15 的三个部分分成三项标准,每项标准再划分为部分,而不是划分为“节”;将示例 3-16 的两个单元分成两个标准,每个标准再划分为部分。

【示例 3-15】

GB/T 11299.1—1989　卫星通信地球站无线电设备测量方法　第一部分:分系统和分系统组合通用的测量　第一节:总则

GB/T 11299.2—1989　卫星通信地球站无线电设备测量方法　第一部分:分系统和分系统组合通用的测量　第二节:射频范围内的测量

…………

GB/T 11299.5—1989　卫星通信地球站无线电设备测量方法　第一部分:分系统和分系统组合通用的测量　第五节:噪声温度测量

GB/T 11299.6—1989　卫星通信地球站无线电设备测量方法　第二部分:分系统测量　第一节:概述　第二节:天线(包括馈源网络)

GB/T 11299.7—1989　卫星通信地球站无线电设备测量方法　第二部分:分系统测量　第三节:低噪声放大器

…………

GB/T 11299.10—1989　卫星通信地球站无线电设备测量方法　第二部分:分系统测量　第十节:高功率放大器

GB/T 11299.11—1989　卫星通信地球站无线电设备测量方法　第三部分:分系统组合测量　第一节:概述

GB/T 11299.12—1989　卫星通信地球站无线电设备测量方法　第三部分:分系统组合测量　第二节:4～6 GHz 接收系统品质因数(G/T)测量

…………

GB/T 11299.15—1989　卫星通信地球站无线电设备测量方法　第三部分:分系统组合测量　第五节:天线跟踪和控制

【示例 3-16】

GB/T 1.1—1993　标准化工作导则　第 1 单元:标准的起草与表述规则　第 1 部分:标准编写的基本规定

GB/T 1.2—1996　标准化工作导则　第 1 单元:标准的起草与表述规则　第 2 部分:标准出版印刷规定

GB/T 1.3—1997　标准化工作导则　第 1 单元:标准的起草与表述规则　第 3 部分:产品标准编写规定

GB/T 1.22—1993　标准化工作导则　第 2 单元:标准内容的确定方法　第 22 部分:引用标准的规定

第二节　规范性技术要素的选择

标准中的规范性技术要素是一个核心要素,其他要素的确定都与其有着密不可分的关系,因此规范性技术要素的选择成为编写标准的关键。规范性技术要素的选择主要考虑的因素有三点:一是标准所规范的标准化对象;二是标准所针对的使用对象;三是制定标准的目的。

标准化对象不同,或者标准化对象的某个方面不同,所选择的规范性技术要素就会不同。从第二章中的表 2-2 可看出,虽然标准化对象不同,但标准中的资料性概述要素、资料性补充要素和规范性一般要素一般变化不大。然而,除了术语和定义、符号、代号和缩略语等要素外,随着标准化对象的不同,标准中规范性技术要素的种类和数量的差别是非常大的。

标准化对象相同,但编写标准所针对的使用对象不同,选择的规范性技术要素也会不同。标准针对的是生产者,则会选择性能要求;针对的是管理部门,则可能涉及健康和安全要求;针对的是认证机构,则会选择与质量评定有关的技术要素。

同一个标准化对象,如果编制标准的目的不同,所选择的规范性技术要素也会随之不同。例如,标准化对象是电视机,编制标准的目的可能是产品的适用性,也可能关注的是相互理解。由于目的不同,就可能编制成不同的标准,其标准名称可能分别是《电视机　技术条件》、《电视机　术语》,各标准中的规范性技术要素也会随之不同。

一、目的性原则

确定了需要标准化的对象之后,在对其进行标准化的过程中需要解决三个问题:

a)　对该对象的哪些内容进行标准化;

b)　如何对这些内容进行标准化;

c)　哪些内容可以标准化。

目的性原则就是要解决对需要标准化的对象的哪些内容进行标准化的问题。其他两个问题的解决见本章第三节“要求”。

(一) 概述

每个标准化对象从不同的角度观察,会有许多特性,但不可能把所有的特性都写进一项标准内。特性的选择决定了标准中包含哪些规范性要素,而对一个标准化对象的哪些特性进行标准化,取决于编写标准的目的,这就是目的性原则。

编写标准的目的多种多样。例如:为了产品的销售问题,编写标准的主要目的就是产品的"适用性";为了统一对概念的认识,编写标准的目的就是对术语的"相互理解"。编写标准的目的不同,选择的技术要素也会不同;编写标准的目的越多,需要规范的技术内容也越多。由此可见,标准中的规范性技术要素的选择与确定取决于编制标准的目的。明确了编写标准的目的,标准中的条款以及条款的数量也就随之确定。因此,在标准化对象确定后,技术要素的选择主要与编写标准的目的有关。

目的性原则是对所有标准普遍适用的原则。虽然编写各个标准的具体目的不完全相同,但是每一项标准都有自己的编写目的。无论编写什么标准,都需要考虑最终的标准能否达到预定的目的。为此,要从最终能够达到预期目的的角度出发选择标准中的规范性技术要素。

总之,编写标准首先要确定的是编写标准的具体目的。目的明确了,才能安排规范性技术要素,才知道标准需要写些什么;根据事先确定的具体目的,还可以检查所选择的规范性技术要素是否满足了预期目的。

(二)目的

编写标准的目的各不相同,从大的方面看是为了贸易和交流或组织生产等,从小的方面看则非常具体,例如,对于产品标准最重要的目的是产品的适用性,其次是相互理解、健康、安全、环境保护、资源合理利用、认证、接口、互换性、兼容性、相互配合和品种控制等。编写标准的目的越具体,选择的技术要素针对性越强。编写标准时通常需要考虑如下一些目的。

1. 适用性目的

适用性是指"产品、过程或服务在具体条件下适合规定用途的能力"[引自 GB/T 20000.1—2002,定义 2.2.1]。

适用性往往是编写标准首先需要考虑的目的。为了保证产品的适用性,应在标准中规定需要证实的有关特性(例如外形尺寸、机械、物理、力学、声学、热学、电学、化学、生物学、人类工效学等)的技术要求,以及对应的证实方法(例如试验方法、测定方法、测试方法)和取样方法(例如采样方法、抽样方法等)。对于上述特性、证实方法和取样方法,在产品标准中可以分别选择技术要素"要求"、"试验方法"和"取样"等。

显然,上述特性中列举的内容不可能全部包含在每一项产品标准的"要求"中。每一项产品标准只能根据其产品的特点、行业的惯例以及产品的具体用途,涉及上述特性中列举的一部分技术要求或除上述技术要求之外的其他技术要求。

(1) 根据产品特点选择产品特性

产品特点不同,选择的特性也会不同,例如,化工产品选择的特性以化学特性为主,家用电器选择的特性以家用电器的特征为主。如《化学试剂 氯化钠》标准中的技术要求只包含相关的化学组分(例如纯度、杂质最高含量等),一般不涉及外形尺寸、机械、力学等特性的技术要求。又如,家用电冰箱标准可以包括以下能够满足具体用途的技术要求:

——尺寸的:外形尺寸应确保家用电冰箱能够通过普通房门顺利进"家",内部尺寸决定容积,将涉及储存多少物品。

——热学的:应有具体的制冷和散热效率,以判断冰箱的冷冻、冷藏能力。

——声学的:噪声指标不应太大,否则太吵人。

——电学的:电源要求应符合当地的市电以及低电压时的启动能力。

——化学的:塑料件的稳定性要好,应有足够的低温强度。

——力学的：箱门与箱体连接用的绞链，应能够承受门上贮物的重量而不致变形，开启与关闭要轻松省力。

——人类工效学的：应考虑门的开启方向及把手的形状和安装位置，以便使用者能够舒适地使用。

——生物学的：应考虑保鲜和抑制细菌滋生。

（2）根据行业惯例选择技术要求

产品所处行业的行业惯例对选择技术要素有影响，例如，上述家用电冰箱标准中，根据行业惯例选择的通常只是用户关心的内容，而一些不言而喻的或由设计决定的内容就不一定一一规定。如"家用电冰箱门的开启方向"这一特性，由于在我国大多数人把"左撇子"看成另类，父母发现孩子习惯使用左手时，往往想尽办法进行"同化"，其结果是"用右手握门向右方向开启"成为绝大多数人的习惯。"右开门"成为合乎惯例的处置方式，对于这样的技术要求是不言而喻的，也就没有必要写在标准中；反之如果需要向左开启的左开门电冰箱，则需要特别申明，作"特殊订货"处理。

（3）根据产品具体用途或功能选择技术要求

由于用途不同，同一类产品标准的具体内容也不相同，对产品进行相应的性能分析，将有助于确定标准应该包括哪些性能要求。

例如：20 世纪 70 年代，我国的红双喜牌乒乓球随着乒乓健儿在世界乒坛上的胜利名扬天下，那时国内时兴自己动手做家具，做家具的最后一道工序是涂一层罩光漆。乒乓球与罩光漆看起来没有什么关系，然而它们的原料都是同一种化工产品——硝化棉。

由于乒乓球和罩光漆的用途不同，关注的特性也不同，因此使用的标准也就不相同。做乒乓球用的标准称为《赛璐珞用硝化棉》，而做罩光漆用的标准称为《涂料用硝化棉》。两个标准对性能要求也不尽相同：做乒乓球的硝化棉，"白度"是主要指标；做涂料的硝化棉，"溶液的透光度"是主要指标。如果在《赛璐珞用硝化棉》中没有"白度"指标，或在《涂料用硝化棉》中没有"溶液的透光度"指标，那么这两项标准均不能使产品满足其具体用途。这样的标准显然没有达到编写标准的目的。

如果将两项标准合并成一项标准《硝化棉》，在具体使用中就会发现有些特性是多余的。如果将标准《硝化棉》作为制造乒乓球的依据，那"溶液的透光度"就成为多余的指标；如果将该项标准作为制造涂料的依据，那"白度"就成为多余的指标。对于产品生产来说，多满足一项特性就会增加相应的成本。标准中规定的特性要适度，特性少了不行，多了也没有必要，够用就好。

2. 保障健康、保证安全、保护环境或促进资源合理利用的目的

安全是指"免除了不可接受的损害风险的状态"[引自 GB/T 20000.1—2002，定义 2.2.5]。标准化考虑产品、过程或服务的安全问题时，通常着眼于实现包括诸如人类行为等非技术因素在内的若干因素的最佳平衡，把损害人身和物品的可避免的风险消除到可接受的程度。保护环境是指"保护环境，使之免受由产品、过程或服务的影响和作用造成的不可接受的损害"[引自 GB/T 20000.1—2002，定义 2.2.6]。

除了考虑适用性的目的外，保障健康、保证安全、保护环境或促进资源合理利用往往会成为编写标准时需要考虑的目的。虽然这些目的涉及的是产品、过程或服务适用性之外的特性，但是如果不考虑其中某些目的，尽管适用性符合了要求，但由于诸如健康、安全等原因也会导致产品或服务的总体质量差，甚至出现严重问题。

另外，保护环境或促进资源合理利用的目的虽然和产品或服务没有直接的关系，但是这些内容是政府关注的，而且往往被各个国家的法律法规所规制，因此更需要给予特别的考虑。为了便于被法律法规所引用，相应的要求应尽量编制成单独的标准、单独的部分或单独的章。如果标准只涉及

保障健康、保证安全、保护环境或促进资源合理利用的要求，那么相应的标准属于强制性标准，但相应的试验方法(曾在相应要求中提及的)应另行制定单独的推荐性标准，以方便其他用户使用。

为了健康、安全、环境保护或资源合理利用的目的，编写标准时可选择相应的技术要求。例如，考虑上述目的后：

——食品标准中可能涉及亚硝酸盐含量、细菌总数、大肠杆菌、黄曲霉毒素等要求；

——汽车标准中可能涉及安全带、防抱死系统(ABS)、稳定性、尾气排放等要求；

——涂料标准中可能涉及挥发性有机化合物(VOC)、游离甲醛、重金属、苯系物以及眼刺激、皮肤刺激等要求；

——玩具标准中可能涉及零件的结合强度、填充物的异味等要求；

——家用电器标准中可能涉及能耗、绝缘性以及对地漏电流等要求。

这些要求可选择带有极限值(如最大值、最小值)的某些特性或严格尺寸的某些特性，有时还可能包含结构细节(如保证安全的连锁装置、轿车后备箱内的通气孔、防错装结构等)。在确定极限值大小时应尽可能考虑进一步降低风险的程度。

3. 接口、互换性、兼容性或相互配合的目的

接口、互换性、兼容性或相互配合的含义：

——接口是指系统、分系统、设备在组件或零件中互连部分的兼容性；

——互换性是指“某一产品、过程或服务代替另一产品、过程或服务并满足同样要求的能力”[引自 GB/T 20000.1—2002，定义 2.2.3]，功能方面的互换性称为“功能互换性”，量度方面的互换性称为“量度互换性”；

——兼容性是指“在具体条件下，诸多产品、过程或服务一起使用，各自满足相应要求，彼此间不引起不可接受的相互干扰的适应能力”[引自 GB/T 20000.1—2002，定义 2.2.2]；

——相互配合是指一些产品在具体条件下，一起使用能互相协调动作，满足预定的要求的能力。

现代化生产是大规模的专业化生产，专业之间的协调、配合是必不可少的。当今世界任何产品都不可能独立使用。因此，产品标准如果仅考虑适用性，以及保障健康，保证安全，保护环境或促进资源合理利用的目的是远远不够的，还要考虑产品和其他产品或设备一起使用的情况。因此，接口、互换性、兼容性或相互配合就有可能成为编写标准的目的，以便实现零件、部件、设备、总成、分系统、系统之间的协调与配合。

由于接口、互换性、兼容性或相互配合等要求可能成为影响产品能否正常使用的决定性因素，因此在编写产品标准时可为达到上述目的提出一些要求。这些要求可能成为产品标准中要求的一部分，也可能专门为上述某个目的制定单独的标准，例如，为了保证鞋的“接口”功能，专门编写鞋的号型标准，以满足鞋与脚的接口要求。当编制标准的目的是为了保证互换性时，则关于产品的尺寸互换性和功能互换性均应予以考虑。

4. 品种控制的目的

品种控制是指“为了满足主导需求，对产品、过程或服务的规格或类型的最佳数量的选择”[引自 GB/T 20000.1—2002，定义 2.2.4]。品种控制通常指简化品种。

对于广泛使用的物资、材料或机械零部件、电子元器件和电线、电缆等，由于使用场合千变万化，要求各不相同，往往会对它们提出繁杂和众多的品种和规格，这给生产、供应的组织和管理造成很大的压力。为了协调供方(生产、供应)和需方(设计、使用)之间的矛盾，进行品种控制是十分必

要的，也是可能的。为了品种控制的目的，往往对外形尺寸或某些特性提出合理的、可供选择的数值，在标准中通常给出一系列数据或级差。

5. 相互理解的目的

为了保证标准能够正确实施，满足相互理解的目的是十分重要的。为了让使用标准的各方对标准有一个共同的理解，通常需要对标准中用到的术语下定义；对标准中的符号、代号或缩略语予以解释；对产品标准中的每项技术要求确定统一试验或测试方法，有时还含有抽样（取样、采样）方法等。

上述内容，在一般标准中通常作为章的标题而成为标准的规范性技术要素。如果制定标准的惟一目的就是相互理解，则可以制定成一项单独的标准，如术语标准、符号标准、试验方法标准等。

虽然为了相互理解的目的而编写的术语定义、分类等所表述的内容，与为了适用性目的而编写的规定“结果”或“过程”的内容常有相似之处，但在具体编写时需要做不同的表述：为了相互理解的目的编写的内容应表述为陈述型条款，为了适用性目的编写的内容应表述为要求型条款或推荐型条款。假如有一种产品分为重型和轻型，在产品标准中为了相互理解的目的设置了“产品分类”一章，使用陈述性说明：产品大于 50 kg 为重型，小于 50 kg 为轻型；为了适用性目的设置的“要求”一章，使用要求型条款规定：重型产品应大于等于 50.0 kg，轻型产品应小于 50.0 kg。如果认为在“产品分类”中已经说明，在“要求”中就不需规定则是不正确的，因为分类只是对概念的说明，而“要求”才是需要严格遵守的条款。

为了相互理解的目的编写的术语标准，通常情况下对术语的定义涉及和适用的范围比较广泛。在编写非术语标准时，如果标准中有些术语需要界定，则可以在“术语和定义”章中进行定义。这种情况下给出的定义通常是针对标准所涉及的特定领域的概念，具体编写时应首先考虑引用相应术语标准的定义，如果术语标准中的定义不完全适用也可在已有定义的基础上作适当修改或进行新的定义。

同样，试验方法标准给出的是供选择的标准化的试验方法，而产品标准中给出的试验方法通常是为了检验具体性能特性指标而设立的。当然，产品标准中的试验方法可以引用试验方法标准中规定的试验方法。

上述各种目的是编写产品标准时经常遇到的，对于特殊行业、个别产品可能还会提出其他的目的。总之，编写标准的目的确定了，标准中需要涉及的具体特性也就容易确定了。

二、强制性内容的处理

在明确了标准化对象后，确定标准的具体技术内容时要注意强制性文件中规定的内容的区别和衔接。

法律、法规和规章的内容是强制性的。另外，《WTO/TBT 协议》提出了技术法规的概念，并且明确区分了标准和技术法规的性质：标准是自愿性的，技术法规是强制性的。自《中华人民共和国标准化法》发布后，我国的标准被分为强制性标准和推荐性标准。根据它们的性质，目前我国的推荐性标准属于《WTO/TBT 协议》的标准范畴，强制性标准属于技术法规的范畴。因此强制性标准规定的内容必须强制执行，推荐性标准规定的内容需要第一方声明符合或双方同意后才执行。

国务院发布的《规章制定程序条例》第七条规定：“法律、法规已经明确规定的内容，规章原则上不作重复规定。”可见在法律文件的体系中，处于下位的规章不宜重复上位的法律、法规的内容。同样，标准的内容也有一个与强制性文件中规定的内容的关系问题。在选择推荐性标准中的技术要素时，如何处理与相应强制性文件中规定的内容的关系应从下面几点考虑。

（一）不宜选择强制性文件已经规定的内容

前文已经论述，法律、法规、规章以及强制性标准中规定的内容是强制执行的规定，任何相关方有义务执行。这些文件本身就有权利要求有关方面严格执行相应的要求，其强制力与推荐性标准中是否规定无关，也就是说，推荐性标准中不重复规定或不引用相关内容也不会影响其强制执行的力度。

因此推荐性标准中不宜重复法律、法规或强制性标准中已经规定的内容；同样，推荐性标准中也无须引用这些强制性文件中的内容。这些需要强制执行的内容，不需要通过推荐性标准中的重复予以强调。

（二）不应选择与强制性文件的规定相抵触的内容

推荐性标准中选择的技术内容不应与法律、法规或强制性标准中已经规定的内容发生抵触。通过第一方声明符合或双方同意去执行与法规、规章或强制性标准不一致或抵触的规定是得不到法律的承认的。因此，如果推荐性标准涉及了法规、规章或强制性标准的内容，假如两者的规定不完全一致，则不可能用推荐性标准的规定去调整需强制执行的内容；假如推荐性标准的规定与强制性的规定相抵触，等于推荐性标准违反了法规或技术法规的规定，显然更不可能执行推荐性标准中的内容。

（三）可选择对强制性文件的规定进行细化或补充的内容

法规、规章中规定的强制执行的内容，推荐性标准可以进一步规定与之相关的技术层面的操作性的、详细的规定。通过这些规定可以使法规和规章更便于操作，使其规定有了详细的技术依据和判断准则。

有些按照惯例应该由强制性标准规定的内容，由于种种原因暂时还没有在强制性标准中作出规定，如果急需这方面的内容，可以在推荐性标准中提前予以规定。随后发布的强制性标准可以引用推荐性标准的规定，这时推荐性标准相应内容可以保留；强制性标准也可能作出与推荐性标准不一致的规定，这时推荐性标准中的有关规定就自然失效，相应内容应该及时删除。

三、行业同一性与特殊性的统一

在制定标准时，不同的行业所选择的规范性技术要素既具有同一性，又可能会根据行业的特点具有特殊性。

（一）同一性

同一性是指不同行业编制类似的标准时，选择的技术要素类似或相近。例如，任何行业在编制本行业的代码标准时，选择的要素可能都是编码对象、代码结构、编码方法、编码原则、代码表等大体上相似的要素。

（二）特殊性

特殊性是指不同行业编制类似的标准时，选择的技术要素完全不同。例如编制过程标准时，不同的行业选择的要素可能完全不同。化工行业选择的可能是：合成、分馏、催化等；机械行业选择的可能是：冷加工、热加工、装配、调试等。虽然上述都是加工过程标准，但是由于行业不同，选择的技术要素也就不同。

第三节　要　　求

“要求”是可选要素，在众多规范性技术要素中它的使用频率最高。如果“要求”是一项标准中的“规范性要素”，则应用“要求”二字作为章标题。在“要求”这一要素中表述的内容和形式是不固定的。根据编写标准的目的，内容可以表达“结果”（是什么），也可以表达“过程”（怎么做）；形式可能是条文、图或表。

一、“要求”中的要求型条款

要求型条款是“表达如果声明符合标准需要满足的准则，并且不准许存在偏差的条款”［引自GB/T 1.1—2009，定义 3.8.1］。从该定义可看出，要求型条款是在第一方声明符合或双方认可时需要“满足”的准则，这里只强调了“满足”，没有提及“证实”，因为“证实”与合格评定程序有关。

在规范性技术要素“要求”中提出的要求是由要求型条款构成，这里的要求型条款不但需要满足，而且需要证实，并且应该能够做到。

（一）需要证实的要求

在贸易用的标准（如产品规范、服务规范）或合格评定用的标准（如规范）中，经常需要将规范性技术要素“要求”设为章标题。与其他标题下的要求型条款不同，在“要求”标题下的要求型条款除了在声明符合标准时，需要“满足”并且不准许存在偏差之外，还需要“证实”。

此类集中在一起需要“满足”并“证实”的要求型条款，通常赋予章标题“要求”，即是规范性技术要素“要求”。

（二）能够做到的要求

在贸易用的标准（如产品规范、服务规范）中，“要求”要素中的要求型条款通常由第一方来“满足”和“证实”。所以，在这类标准的“要求”中所提的要求应是第一方能够做到的要求，不应涉及需要由第二方满足的内容（如产品在使用中的要求）。

在合格评定用标准（如规范）中，“要求”要素中的要求型条款应是第一方、第二方或第三方都适合的规定要求。因此，在这类标准的“要求”中，不应只包含第一方在生产过程中才能证实的要求（如在加工过程中的热处理要求），也不应只包含第二方在使用中才能证实的要求（如药品的实际疗效），所提出的要求应使得三方都能够做到。

二、与“要求”有关的原则

本章第一节中介绍了“目的性原则”，该原则普遍适用于各类标准，用于选择和确定标准中的规范性技术要素，解决对标准化对象的哪些内容进行标准化的问题。在对一个标准化对象进行标准化之前，还需要解决另外两个问题：第一，如何对已经选择出的标准化内容进行标准化？第二，哪些内容可以标准化？针对这两个问题，我们给出了“性能原则”和“可证实性原则”。这两个原则是针对要素“要求”中的内容而言的。

（一）性能原则

产品的特性分为性能特性和描述特性。性能特性是与产品的使用功能有关的特性，是产品在使用中才能体现出来的特性(如速度、亮度、载重量、可靠性、安全性等);描述特性是与产品的结构、设计相关的具体特性,是在实物上或图纸上显示出来的特征(如机械产品在图纸中描述的尺寸、形状、光洁度等)。

性能原则是指“只要可能,要求应由性能特性来表示,而不用设计和描述特性来表示[1]”。这一原则是国际上通用的原则,是标准和技术法规都适用的原则。性能原则的实质是结果(是什么)与过程(怎么做)谁优先的问题。性能原则提倡“性能”优先,也就是提倡“结果”优先。例如,有关消防车的性能要求应该规定其最大速度、制动距离等特性,而不是具体规定采用什么发动机,什么传动系统,什么制动系统或具体怎么做。

相对“结果”来说,加工“过程”的途径是多样的,不同企业的设备、技术或专长都会不相同。由于不同的企业可以通过各自的途径提供相同的“结果”(产品),因此,性能原则可以充分发挥各生产企业的优势和创造力,促进技术创新和进步。当“要求”用性能特性来表达时,会给技术发展留有最大的空间。

随着第三产业的兴起,服务标准中也会有技术要素“要求”。性能原则同样适用于服务标准的要求。例如快递服务标准的“要求”中,“投递时限”应该规定“结果”,即几个小时内送达,而不是规定“过程”,即用汽车去送,还是用自行车去送。因此,无论是产品标准,还是服务标准,在“要求”章中都会有要求型条款,在这类条款中规定要求时,最好规定“结果”,尽量不要规定“过程”。也就是说,要清楚规定标准需要什么结果,而不是说明应该怎样去做的过程。

性能原则是与标准中的规范性技术要素“要求”中的要求型条款有关的原则,也就是与“要求”一章有关的原则。当“要求”中拟规定要求型条款时,应该遵守性能原则。如果没有“要求”章,则该标准可能与“性能原则”无关。

与目的性原则不同,性能原则是一个优先原则。这个原则是有前提的,“只要可能”就是前提,能够证实,就是“可能”与否的前提之一。因此,凡能够遵守“可证实性原则”,就应选择使用性能特性表达要求。只有在无法满足“可证实性原则”时,才可考虑使用性能特性之外的其他方法作出规定。

(二)可证实性原则

“可证实性原则”就是解决“哪些内容可以标准化”的问题。由于“要求”一章中的要求型条款是需要证实的,因此“不论标准的目的如何,标准中应只列入那些能被证实的要求”。这就是可证实性原则。也就是说,标准中规定的要求应该能够检验、证实。

可证实性原则也是与标准中的规范性技术要素“要求”中的要求型条款有关的原则,也就是与“要求”一章有关的原则。当要素“要求”中规定要求型条款时,除了考虑性能原则外,还应遵守“可证实性原则”。

虽然任何产品或服务都有许多特性,但不是所有的特性都要作为要求写入标准,也不是所有的特性都能作为要求写入标准。在标准的“要求”中,需要考虑下列情况:

1. 不应列入没有证实方法的要求

无论要求所涉及的特性多么重要,只要没有证实方法就不应列入标准。例如,药品的疗效是药品的重要性能特性,它是通过动物试验,临床试用,统计分析,专家评估后得出的结论。由于没有客

---

[1] 在《WTO/TBT 协议》的 2.8 条(针对技术法规,相当于我国的强制性标准)及其附件 3 中的 I 条(针对标准),ISO/IEC 导则 2 的 4.2 和 GB/T 1.1—2009 的 6.3.1.2 中都规定了相似的内容。

观、及时、直接测定疗效的方法，所以药品的疗效虽然是重要的性能特性，但也不应列入标准。

2. 不必列入无须证实的要求

多数不需要证实的要求是相对于曾经需要证实的要求，或同类产品需要证实的要求而言的。比如由于产品的材料改变，原来需要证实的要求可能不再需要证实了。例如：原来由钢化玻璃做的零件，有强度要求，应在一定高度跌落不破碎；改用不锈钢做的零件后，这种强度要求就不需要了，所以不必再列入标准。

3. 不宜列入不能在较短时间内证实的要求

如果一项要求无法在较短时间内得到证实，那么这样的要求不宜被列入标准中。例如：据报道，日本自20世纪50年代开始提倡儿童每天喝一杯牛奶。统计结果发现，日本儿童身高的平均增长率有明显地提高。这一事实说明多喝牛奶能补充钙质，有利于身体增高，换句话说，牛奶有使身体增高的“性能特性”。但这项“性能特性”不宜作为要求写入牛奶标准，哪怕只要求增高很少一点也不行。因为这项要求列入标准后，在短时间内无法通过测试取得结果，没有测试结果产品就不能出厂。这种在较短时间内不能被证实的要求，不宜列入标准。

所以，乳制品只能用“描述特性”来表述要求。如通过蛋白质、脂肪、非脂乳固体和杂质度等理化指标来表述，这些理化指标比较容易在实验室通过测试取得结果，使产品及时出厂销售。

4. 不应列入不能量化的要求

凡是不能量化的要求，不应列入标准的要素“要求”中。有些要求是可以量化的，例如“食盐每人每日摄入量应控制在6 g以下”，“食用油每人每日摄入量宜控制在25 g以下”等。但是有些要求无法量化，例如晚餐要清淡、量少，其中的“量少”是不能量化的“要求”，所以不应作为“要求”列入标准，但可以作为一般原则性建议列入标准。

与性能原则相同，可证实性原则也是与标准中的规范性技术要素“要求”中的要求型条款有关的原则，也就是与“要求”一章有关的原则。当“要求”中拟规定要求型条款时，应该遵守可证实性原则。如果没有“要求”章，则该标准可能与“可证实性原则”无关。

三、“要求”表述的内容和形式

在标准“要求”一章中编写的内容都是针对标准化对象的，可以表达标准化对象的“结果”或“过程”。

（一）“要求”的内容

根据性能特性优先的原则，“要求”标题下的内容以“结果”居多，特别是产品标准。然而性能原则以“只要有可能”作为前提。当没有可能时，“要求”一章中的内容也会出现对“过程”的要求。在服务标准中规定“过程”的可能性会多一些。例如：餐饮行业许多岗位（如引座员、点菜员、传菜员、上菜员等）的服务标准都是对服务人员的行动或行为过程提出要求的。

（二）“要求”的形式

“要求”通常由若干需要证实的要求型条款组成，这些条款集中在一章中就构成了要素“要求”。要求型条款由祈使句或包含助动词“应”、“不应”及其等效表述形式的词句构成。由于在“要求”一章中的要求型条款是需要证实的，因此其表现形式具有特殊性，而这种特殊性又与表达的是“结果”

还是“过程”有关。

1. 表达“结果”的要求型条款

无论是产品标准还是服务标准，表达“结果”的要求型条款都是需要证实的，所提出的要求都需要符合可证实性原则。

为此，在产品标准的“要求”中，表达“结果”的要求型条款通常包含四个元素：特性、证实方法、助动词“应”和特性的量值。四个元素在排列时，惟一的助动词“应”的位置应该在“特性的量值”之前，不应放在“证实方法”之前。因为“特性的量值”是声明符合标准时需要满足的准则，而“证实方法”是测定的条件。

要求型条款的典型句式为：“特性”按“证实方法”测定“应”符合“特性的量值”的规定。通常应该使用肯定句。以下给出了四种不同情况下的表述实例：

——证实方法简单时，可以直接在条文中列出。例如：“气密性要求产品在水深 10 cm 处，保持 2 min 应无气泡逸出。”

——证实方法复杂时，可以另外写一“条”证实方法，再采用提及的方式。例如：“甲醛含量按 4.5 测定应不大于 20 mg/kg。”

——证实方法篇幅较大，可作为规范性附录×，再采用提及的方式。例如：“甲醛含量按附录×测定应在(20±5)mg/kg 的范围内。”

——已经有适用的试验方法标准时，可采用引用相应的试验方法标准的方式。例如：“甲醛含量按 GB/T 2912.1 测定应不大于 20 mg/kg。”

针对一个特性通常规定一条要求型条款，“要求”标题下有多少个特性一般就有多少条要求型条款。

此类要求型条款数量较多时，适宜用表格形式表示。当采用表格形式表达要求时，虽然节省了许多文字，但是绝对不应省略最基本的表示结果的要求型条款的句式，即“特性”按“证实方法”测定“应”符合“特性的量值”的规定。由于在表格中没有地方写助动词“应”，表格中内容的“要求”属性只能体现在提及表格的条文内，如“产品的特性按相应的试验方法测定应符合表×的规定”，这一最原始的句式不应省略。为了使表格内容的“要求”属性在附近的条文中能够找到，表格通常应安排在提及它的条文附近。

以下示例给出了提及表达要求的表格的两种方式。示例 3-17 由一个要求型条款引出表 1，不仅说明了表 1 与 5.1 的从属关系，而且用助动词“应”说明了表 1 中的内容都是要求；而示例 3-18 由一个陈述型条款引出表 1，仅仅说明表 1 与 5.1 的从属关系，由于没有助动词“应”，不能准确说明表 1 中的内容是要求型条款。因此，示例 3-18 这种引出表达要求的表格的方式是不正确的。

【示例 3-17】

5.1　产品的基本安全技术要求和相应的试验方法应符合表 1 的规定。

【示例 3-18】

5.1　产品的基本安全技术要求和相应的试验方法见表 1。

对于服务标准的“要求”一章，如对“结果”提要求时，可证实性原则同样适用。只不过在服务标准中，验证方法需要符合服务本身的特点。但无论如何，标准中的规定应是可证实的。

示例 3-19 和示例 3-20 给出了快递服务标准的“要求”中关于投递时限的两种规定。

【示例 3-19】

“投递时限以发件人签发时间到收件人签收时间为准应小于 24 h。”

【示例 3-20】

“投递时限应小于 24 h。”

示例 3-19 的规定基本符合要求型条款的典型句式，可以通过发件人和收件人的签字时间验证是否符合了投递时限的规定；而示例 3-20 的规定没有提供验证方法，因此不符合“要求”的表述。

2. 表达“过程”的要求型条款

由于“性能原则”的约束，在产品标准的要素“要求”中规定“过程”的相对要少，而在服务标准的要素“要求”中规定“过程”的要求相对要多些。不论是产品标准还是服务标准，对于过程的要求，大部分都是针对个人的行动(做或没做)或行为(做得好不好)提出要求。

在“要求”中，表达“过程”的要求型条款通常只包含三个元素：“谁”、助动词“应”和“怎么做”。例如：“在限速路段，驾驶员应按限速标志规定的车速行驶。”

对“过程”的要求也是需要证实的，由于个人的行动或行为大多转瞬即逝，有时无法对每个行动或行为进行证实。因此，对“过程”的要求可采取审核、现场检查或管理体系规定的某些检验方式进行证实，也可以采取派员驻厂、视频监控等多种方法。在对“过程”的要求中，往往无法将证实方法一一列入，只能在管理体系中作出全面详细的安排，如采用上岗考试、班后讲评、客户评语、定期考核、年检、年审等方法。总之，对于转瞬即逝的“过程”要求也应证实，只是要根据不同的需要，采用不同的证实方法。

3. “要求”与证实方法一致

在“要求”的条款中，要求的表述方式应与证实方法保持一致，凡是能用“结果”来证实的要求，就不应用“过程”来表示。例如，GB 18401—2003《国家纺织产品基本安全技术规范》在纺织产品的基本安全技术要求中，对于“可分解芳香胺染料”的要求是“禁用”。“禁用”的含义是指在生产过程中“禁止使用”，是一个表达过程的要求。该要求应通过派员驻厂、视频监控等手段来证实生产过程中有没有使用过“可分解芳香胺染料”。然而，该标准中却用 GB/T 17592.1《纺织品 禁用偶氮染料检测方法 第 1 部分：气相色谱/质谱法》来检测，检出限为 20 mg/kg。因此，根据证实方法，纺织产品的基本安全技术要求中，对于“可分解芳香胺染料”的要求不应用过程“禁用”来表达，应该用结果“≤20 mg/kg”来表示。这样“要求”的表述与证实方法就一致了。

4. 特性的量值

在表达“结果”的要求型条款的四个元素中，“特性的量值”是用物理量的数值和物理量的单位之乘积表示的。选择特性的量值主要是选择物理量的数值和单位。极限值和可选值是常用的数值表示方法。

(1) 极限值

根据特性的用途，有些特性需要规定极限值，如最大值和(或)最小值。通常每个特性只规定一个极限值。

当特性对应的类型或等级多于一个时，则需要根据不同的类型或等级规定不同的极限值，但是每个极限值应与相应的类型或等级一一对应。

(2) 可选值

根据特性的用途，特别是为了品种控制和接口的需要，特性需要的数值可以从多个数值或多个数系中选择。适合时，数值或数系应按照 GB/T 321《优先数和优先数系》(进一步的指南参见 GB/T 19763《优先数和优先数系的应用指南》和 GB/T 19764《优先数和优先数化整值系列的选用指南》)给出的优先数系,或者按照模数制或其他决定性因素进行选择,例如从紧固件的尺寸系列、轴的直径系列等专门规定可选值的标准中进行选择。

当试图对一个拟定的数系进行标准化时,应检查是否有现成的被广泛接受的数系。采用优先数系时,宜注意非整数(例如:数 3.15)有时可能带来不便或要求不必要的高精度。这时,需要对非整数进行修约(参见 GB/T 19764),要避免由于同一标准中同时包含了精确值和修约值而导致不同使用者选择不同的值。

第四节　分类、标记和编码

"分类、标记和编码"是规范性要素,同时又是一个可选要素。如果"分类、标记和编码"是一项标准中的"规范性要素",则应设成单独的一章,章标题可设为"分类、标记和编码"。该标题是一个综合性标题,它涉及与分类以及标准化项目标记有关的内容。根据具体情况,该章标题还应作适当调整,例如调整为"分类和命名"、"分类和编码"、"分类和标记"或"标准化项目标记"等。

该要素与"术语和定义"、"符号、代号和缩略语"有所不同,也就是说它的表达形式和内容是不固定的:形式可能是条文、图或表;内容可以表达"结果"(是什么),也可以表达"过程"(怎么做)。

一、概述

(一)分类与命名、编码、标记的关系

当需要对产品、过程或服务中某个标准化对象(这里泛指硬件、软件;有形的项目、无形的项目)进行区分时,就会选择"分类"作为章标题。要"分类"就要先确定分类的依据或方法,有了明确的依据或方法,才可以进行分类。

进行分类时,首先想到的是对区分后的对象如何识别。用什么来识别呢?可以用文字、数字、字母或符号标记:

——用文字进行识别,得到的就是名称或者称为名字,这种组合就是"分类和命名";

——用数字、字母进行识别,得到的就是代码或者称为编码,这种组合就是"分类和编码";

——用符号标记进行识别,得到的就是符号或者称为标记,这种组合就是"分类和标记"。

因此,"分类、标记和编码"实际上包含了:"分类和命名"、"分类和编码"和"分类和标记"三个内容,但是它们都是从"分类"开始的,由于结果的表述不同,章标题也会不同。

为什么分类后会采取不同的识别或表述方式呢?因为每一种识别和表述方式都具有其特点和局限性,需要选择使用。用文字表示的名称,有时太长,感觉不方便;而用数字、字母表示的代码,有时感觉太枯燥,太抽象,记不住。如果在指定的范围内使用,改用符号标记,就比较方便了。例如,当需要对人类进行区分时,有许多区分依据可以使用,例如人种、肤色、民族、性别等等。如果按照性别可以将人类一分为二,这两部分各叫什么呢?不同的表示方法结果会不同:

——用文字表示就是"男"和"女",这就是名称;

——在我国的个人基本信息分类中用数字表示就是"1"和"2",这就是代码;

——用"♂"和"♀"表示时,这就是符号。

这里"男"和"女"是中文,外国人看不懂;"1"和"2"是由 GB/T 2261.1—2003《个人基本信息分类与代码　第 1 部分:人的性别代码》规定的,但只适用于我国,可见这些内容的局限性很大;而用"♂"和"♀"表示时,它的适用范围就不限于我国,其他国家也适用,但是就行业而言,仅适用于各国的医学、生物学等部分行业,可见它也有局限性。

从上述例子可以看到"分类、标记和编码"的局限性很大,不但各国之间差别很大,而且在一个

国家内部的各个地区之间、各个行业之间也有差别。

（二）与分类有关的内容

根据编写标准的目的，如果需要对标准化对象进行分类，则选择的要素中就会出现章标题“分类”、“命名”、“代码”、“编码”、“标记”等或它们的组合。在这些章标题下，编写标准的目的不同，其内容也会不同。

如果编写与“分类”有关的要素的目的与编写“术语和定义”是相同的，都是为了相互理解的目的，那么标准的内容应是给出标准化对象的分类结果（例如标准名、代码表、符号等），因而有关分类结果的条款应是一种陈述型条款，不应写成要求型条款。在这种情况下，标准的使用者只能使用标准给出的分类结果，不需要自己去做。如果出现标准中没有的新产品时，则只能修订标准，以便为新产品给出新的分类结果。

如果编写的目的是为了统一方法，例如规定分类的方法、命名的方法、编码的方法等，则标准的内容应是规定如何做的过程，给出与分类有关的方法，因而标准的条款应是规定准则、推荐惯例和统一行为的要求型条款或推荐型条款。标准的使用者可以根据标准规定的方法自己去分类、命名或编码。

二、分类和命名

“分类和命名”内容的行业性很强，它的层次划分、层次的数量、各层次自身的称谓等在不同行业之间差别很大。这些差异是客观存在的，没有必要去统一，也很难统一，因为它们形成的历史非常久远，而且有相当多的使用者。正如看京剧时要知道角色分为老生、花旦、小生等，看歌剧时要知道角色分为男高音、男低音、花腔女高音一样，从来没有人去追究为什么它们的“分类和命名”不一致，也没有听说有人主张“应该统一”。

为了陈述方便，下文仅以物品为例，同时也不可能把各行业的分类和命名都一一提到，仅仅选取一些作为例子。

（一）基本名和标准名

在对具体物品进行分类和命名之前，应先对“物品的名称”自身进行分类和命名。正如前文所述，针对“物品的名称”的分类和命名也是多种多样的，同样的概念在不同行业的叫法可能相差很大。例如，经过“标准化”的名称，有的行业叫标准名，有的行业叫正式名称；未经过“标准化”的名称，有的叫俗名，有的叫别名等。由于俗名或别名以口头形式或在非正式场合中流传和使用，不在标准中涉及，也不作为标准的规范性内容。这里我们对“物品的名称”选择了基本名和标准名，并对它们进行介绍。

1. 基本名

根据物品的基本结构和用途等特点得出的基本概念确定的物品名称称作“基本名”。在“分类和命名”中把基本名当作“类”，如：运载火箭，载人飞船。

根据基本概念划分的基本名，通常列入行业的专门术语标准中。专门术语标准要注意与一般产品标准的“分类和命名”相衔接，要严格控制所涉及的层次，不应任意向下层扩展。如果任意扩展，就会侵占一般产品标准中“分类和命名”的内容。

2. 标准名

在基本名的基础上，通过一些限定词进一步向下一层次区分成较为具体的物品名称称作“标准名”。也就是说,标准名是在基本名的基础上,加上型、式、号、年式、系列等层次间的限定词组成的名称。标准名大多数是按产品标准中“分类和命名”一章中的有关规定确定的,如长征三甲运载火箭,神舟六号载人飞船。每一个标准名对应一个具体的产品。

(二)分类和命名的编写

分类和命名是从“分类”开始的,所谓“分类”就是从“类”,也就是“基本名”,开始往下“分”,“分类”的结果就是把“基本名”具体化到“标准名”。所以在“分类和命名”一章中不宜再返回去说明有关“基本名”的内容。需要注意的是:“基本名”是从专门术语标准中选取的,直接使用即可,不必再作说明。

分类和命名与各行业的习惯紧密相关,在下文介绍的分类的依据、层次自身的称谓、各层次对象的命名以及限定词的顺序等方面都要考虑本行业、专业的习惯,不要强求与其他行业统一。

需要注意的是,“等”和“级”一般用于区别产品的质量好坏,如一等品、等外品或特级品,它们不属于分类和命名的范畴,不宜当作一个层次来使用。

1. 涉及的内容

分类和命名所涉及的内容通常包括:分类的依据;分几个层次,每个层次的自身叫什么,每个层次的对象叫什么;各层次之间谁先谁后、如何组合;最后的名称怎么叫,什么场合用;名称的符号、代号怎么构成,什么场合用等。这些仅仅是有可能需要的内容。

需要注意的是:上述内容不是每个行业、每个产品都需要全部包括的。

2. 分类的依据

不同行业有不同的依据,通常可将用途、结构、形式、材料等作为分类的依据。一般情况下,分类的依据越多,层次也越多。可以将一个分类依据作为一个层次,也可以将几个分类依据合成一个层次。具体操作时,分类的依据首先应按本行业、本专业的习惯确定,其次按产品的复杂程度、产品的多样性确定。标准名中用到的层次不是愈多愈好,而是在能区分的前提下愈少愈好。

3. 层次自身的称谓

行业不同,层次自身的称谓也不同,有的称作型式,有的称作型号,有的叫年式,有的叫式样,还有的称为号、型、式等。

编写标准时,应先确定具体使用哪些称谓,然后再确定它们之间的上、下位置关系。同样称谓所处的层次可能不同,有的是上层次的,有的是下层次的。有的行业先分型式,再分型号;有的行业先分年式,再分型式。

4. 层次对象的命名

层次自身的称谓确定后,需要给各层次的对象命名,可以使用文字、数字或字母。命名可以对同一层次之间进行区分,如长征运载火箭,神舟载人飞船,强排式家用燃气热水器,使用的是文字“长征”、“神舟”、“强排式”;而A型血、B型血,用的就是字母“A”、“B”。命名还可以用于同一层次向下区分,如长征二号运载火箭,长征三号运载火箭,神舟四号载人飞船,神舟五号载人飞船,使用的是汉字“二”、“三”,“四”、“五”。需要时还可向下细分,如长征三号甲运载火箭,长征三号乙运载火箭,使用的是汉字“甲”、“乙”。

有时原则太多,文字描述太复杂,就简单化处理成Ⅰ型、Ⅱ型、Ⅲ型,使用的是罗马数字Ⅰ、

Ⅱ、Ⅲ。

为了使用方便，还可为标准名规定相应的代号或符号，如“长征三甲”可用“CZ3-A”代表。如果准备为标准名规定相应的代号或符号，那么应该在对所有层次作规定时，一并给出各层次的相应的代号或符号。在规定标准名组成时，也可给出标准名相应的代号或符号的组成规则。

5. 限定词的顺序

在基本名的基础上，加上型、式、号、年式等层次间的限定词就组成了标准名。按照中文表述习惯，限定词一般加在基本名之前（请注意，这一习惯与西方的习惯正相反）。不过也有例外，例如药品的标准名，板兰根冲剂、青霉素针剂，它们的基本名就在前面。

6. 具体编写

在具体编写“分类和命名”时，要根据编写标准的目的确定具体编写的内容。

(1)如果编写标准的目的是给出“结果”，则直接给出标准名就可以了。此时标准名的数量是固定的，有数的。增加标准名的数量就需要修订标准或发布修改单。

(2)如果编写标准的目的是规定“过程”，应先确定有关依据，再确定有几个层次，每个层次分几种情况。再进一步说明各层次之间如何组合，谁在先，谁在后，怎样才算是一个完整的标准名，每种标准名如何标识。标准使用者可以根据这类标准中规定的方法自行命名，命名的数量是不定的。

（三）分类和命名的管理

分类和命名是对基本名的细分，这种细分的结果，有的需要经过一定的程序才能成为标准名。对分类结果的管理分为开放式和封闭式。

开放式：在新产品出现时，可以参照给定的规则，不受限制地进行命名，它适合产品多样化或变化快的情况，且产品对人身健康、安全没有影响。

封闭式：标准中给出的分类和命名的规则是用于拟定标准名用的，但产品最后确定的标准名要经过公认的机构统一登记认定才能使用，以免发生重名、命名不当或归类不当等问题。

对涉及人身健康、卫生、安全的产品，或公认有必要统一认定的产品，宜在标准中提示：此类命名需经有关公认机构认定（请注意：这种提示属于资料性内容，不是规范性内容）。至于具体命名管理办法不属于技术标准应包括的内容，应在其他的文件中作出规定。

三、分类和编码

分类和编码中的分类与“分类和命名”中的分类是相同的，只是用编码来代替命名。它与分类和命名相似，可以编成单独的分类和编码标准，或其他标准中含有分类和编码内容的章。专门的分类和编码标准的编写规则应符合 GB/T 20001.3—2001《标准编写规则　第 3 部分：信息分类编码》中的规定。

四、标准化项目标记

标准化项目标记是标准发布机构为自己发布的标准中的某一个项目拟定的标记。我们知道标准编号是标准文本的一种标志，通过标准编号可以找到需要的标准文本。如果标准文本中描述的标准化项目是惟一的，则标准编号除了可以标示标准文本之外，还可以用作标准中惟一的标准化项目的标记。如果标准文本中描述的标准化项目不是惟一的，则标准编号只能用作标示标准文本，不能用作标准中的标准化项目的标记。

标准化项目标记是为已经制定成标准的标准化项目专门规定的标记。这些标准化项目能够在标准、目录、信函、科技文献，或者货物、材料和设备的订单中使用。但是，标准化项目标记不能代替标准的全部内容，要了解标准的全部内容，必须阅读标准。

标准化项目标记不是商品代码，商品代码是按用途归类的专用代码；标准化项目标记也不是产品代码，产品代码可以是工厂组织生产专用的更加简明的代码，产品代码不必考虑是否已经制定成标准。

在谈到标准化项目时，GB 1.3—1987 曾经限定为“产品标记”。实际上，标准化项目既可指有形的项目（例如材料或成品），也可指无形的项目（例如过程或系统、试验方法、字符集，或有关标志和交货的要求），因此限定为“产品标记”显得过于片面了。

（一）标准化项目标记的构成

为了交流方便，避免冗长的文字描述。对于已经制定成标准的标准化项目，在标准编号的基础上前缀描述段，后缀特性段构成标准化项目标记，用来标示标准中的各个具体的标准化项目。

标记由“描述段”和“识别段”组成，而“识别段”由“标准代号和顺序号段”和“特性段”组成，见图 3-1。

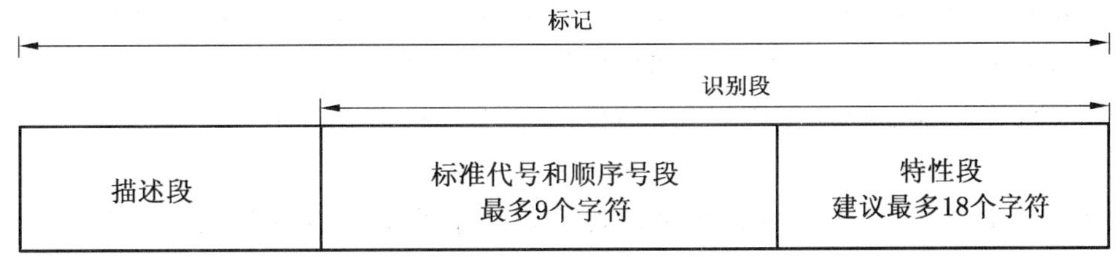

图 3-1　标记体系的构成

当标准中描述的标准化项目只有一种时，可以省略标记体系中的特性段，因为标准代号和顺序号就可以作为识别的惟一标记。

当标准中描述的标准化项目具有两种或两种以上，在规定标准化项目标记时，需要有特性段。在规定标记体系时，首先对项目进行分类，它与“分类和命名”中的分类相似，可以是一个层次的，也可以是多个层次的，然后根据项目的特性值赋予不同的字符，这就构成“特性段”，它与“标准代号和顺序号段”结合，就构成“识别段”。

1. 字符的用法

标记由字符组成，字符是指字母、数字、符号和文字。字符的使用应遵守以下规则：

——字母应使用拉丁字母，在识别段宜用大写字母；

——数字应使用阿拉伯数字；

——符号只准许使用连接号(-)、加号(＋)、斜线(/)、逗号(,)和乘号(×)，在数据自动处理时，乘号用“X”。

需要注意的是：在标准化项目标记的字符中没有小数点符号(.)。由于我国标准和 ISO、IEC 标准中表示小数时使用的符号不同，我国标准中使用小数点符号(.)，ISO、IEC 标准中使用小数逗点符号(,)。但是我国标准等同采用 ISO、IEC 标准时，需要等同采用 ISO、IEC 标准中的标准化项目标记。考虑到上述情况，为了能够统一使用 ISO、IEC 标准中的标准化项目标记，在形成我国的标准化项目标记时，需要将我国标准条文中的小数点符号(.)改为小数逗点符号(,)。

2. 描述段

描述段的内容应由相应的标准化技术委员会或有关机构负责给出。描述段应尽可能简短，最好选自标准的主题词[即标准的国际分类(ICS)中的主题词]。因为标记中提到了标准代号和顺序号，所以“描述段”是否需要是可以选择的，若使用描述段，应将它放在标准代号和顺序号段之前。

3. 识别段

识别段应能正确无误地标识出标准化项目，它由两段字符组成：

——标准代号和顺序号段，最多由9个字符(字母“GB/T”以外最多加5个数字)组成；

——特性段(字母、数字、符号)，建议最多由18个字符组成。

为了区分“标准代号和顺序号段”与“特性段”，可在特性段前加一个连接号(-)。

(1)标准代号和顺序号段

标准代号和顺序号段应尽量简短。若将“GB/T 1”录入计算机，可在标准顺序号前加空格或“0”，例如，“GB/T 1”可表示为“GB/T　　1”或“GB/T 00001”。

当标准修订时，如果旧版中包含了标准化项目的标记方法，在规定新版中的标记时不应与旧版的任何标记发生混淆。如果新版中规定的标准化对象的技术内容发生了变化，则在新版中不使用旧版的标记，通常在特性段给出新的特性值即可。因此，不需要在标准代号和顺序号段内插入发布年号。当标准发布修改单时，也应按照上述原则对标准化项目标记作相应的调整。

如果标准分部分出版，则在标准代号和顺序号段之后，用连接号(-)与部分的编号相连，由于标准代号和顺序号已经写满了9个字符，因此部分的编号实际上已进入了特性段。

(2)特性段

特性段也应尽量简短，并由编制该标准的标准化技术委员会或有关机构负责确定，以尽可能好的结构形式满足标记的用途。

对于某些化学、塑料和橡胶等制品，虽然经过挑选，可能其标记项的数量仍然不少。为了给每个标记项提供一个明确的编码，特性段可以进一步细分为几个数据段，每个数据段由代码表示特定的信息。这些数据段之间用分隔符(例如连接号)隔开。数据段的含义由它们的相对位置决定，最重要的参数应放在首位。在标注时，可能缺省一个或多个数据段，造成的空位应使用双分隔符标出。

特性段应使用代码表示，代码的含义由标准规定。不应使用文字(例如“羊毛”)作为特性段的一部分，因为标准化项目标记如果在国际范围内使用时，文字的含义需要翻译。特性段中应避免使用字母“I”和“O”，以免与数字“1”和“0”相混。

如果标准中要求的数据太长(例如：“1 500×1 000×15”包含12个字符，尚且只列出了尺寸，还没有规定公差)，则可用一个字符的代码或多个字符组成的复合代码表示全部可能的内容(例如：用A代表1 500×1 000×15，用B代表500×2 000×20等)。

如果一种产品涉及几项标准，则应选择一项标准作为主要标准，并在这个标准中规定该产品的标准化项目标记的组成规则。

4. 示例

【示例3-21】

GB/T ×××××《增塑醋酸纤维素中乙醚可溶物含量的测定方法》，其中包含了三种测定方法，并在标准中规定了标准化项目标记体系，且分别用A、B、C三个字母代表三种测定方法。当在交流中需要提及其中第2个方法时，可以利用标准中规定的标准化项目标记体系，采用如下的标记：

醋酸纤维素测定方法 GB/T ××××× -B

【示例3-22】

GB/T ×××××《精密温度计》，其中规定了不同分度，不同量程的短柱式内标温度计，并且在标准中规定了标准化项目标记体系，当在交流中需要提及其中分度为 0.2 ℃，量程为 58 ℃～82 ℃的精密温度计时，可以利用标准中规定的标准化项目标记体系，采用如下的标记：

温度计 GB/T ××××× -EC-0,2-58-82

标记中各要素的含义如下：

EC ——短柱式内标温度计；

0,2 ——分度为 0.2 ℃；

58-82——量程为 58 ℃～82 ℃。

（二）国际标准化项目标记的采用

在 ISO、IEC 发布的标准中规定的标准化项目标记，适合传递 ISO、IEC 的国际标准化项目的有关信息；在国家标准和行业标准中规定的标准化项目标记，适合传递我国标准中的标准化项目的有关信息。只有在国家标准和行业标准等同采用 ISO、IEC 发布的标准时，上述两个标记才有联系，才能互通信息。

(1)当国家标准或行业标准等同采用规定了国际标准化项目标记体系的 ISO 标准或 IEC 标准时，应使用国际标准化项目标记形成我国的标准化项目标记。具体方法是将国家标准或行业标准的代号和顺序号插入国际标准化项目标记的描述段和 ISO 标准或 IEC 标准代号之间，并加一个分隔符。

【示例 3-23】

ISO 1580《开槽盘头螺钉》中规定了国际标准化项目标记体系，其中含有一种螺纹规格为 M5，公称长度为 20 mm，产品等级为 A，性能等级为 4.8 的螺钉。其国际标准化项目标记为：

“Slotted pan screw ISO 1580- M5×20-4,8”

如果 GB/T 67 等同采用 ISO 1580，其国家标准化项目标记为：

“开槽盘头螺钉 GB/T 67-ISO 1580- M5×20-4,8”

(2)当国家标准或行业标准与对应的国际标准不等同，但是国家标准或行业标准中的一个特定项目与规定在相应国际标准中的项目完全相同，则允许使用该项目的国际标记，方法见上述(1)。

如果一个特定的项目已在国家或行业层面上被标准化，并且该项目与相应的国际标准中的项目相关但不相同，则我国的标准化项目标记不应包含国际标准代号和顺序号。

第五节 术 语 和 定 义

“术语和定义”在非术语标准中是一个可选要素，如果标准中以“术语和定义”为标题单独设一章，则其为该标准的规范性技术要素。“术语和定义”这一要素表达的形式和内容是相对固定的，形式是“引导语 ＋ 清单”，清单的内容只表达每条术语及其定义。

作为一章的“术语和定义”与术语标准是不同的。如果在标准中除了界定与术语有关的内容外，没有其他规范性技术要素，这种标准称为“术语标准”。专门的术语标准中的术语通常提供给其他标准使用。如果在分成部分的标准中有一个部分的名称(即名称的补充要素)为“词汇”或“术语”，其内容除了界定与术语有关的内容外，也没有其他规范性技术要素，则这个部分称为“术语部分”。术语部分中的“词汇”或“术语”通常提供给该标准的其他部分使用。如果在标准中有一章的标题叫“术语和定义”，此外还有其他规范性技术要素，则这种标准不是术语标准，被称作“非术语标准”。非术语标准中的“术语和定义”章的术语适用于标准自身。

在一般标准中单独列出一章“术语和定义”，其目的是给该标准使用者提供方便。如果没有“术语和定义”一章，则就需要在文中随着相关术语的出现进行解释或定义。这些解释或定义的内容混在了标准文本中，不容易找到。如果将它们集中起来单独设立一章“术语和定义”，并且对每条术语赋予条目编号，则方便了查找和引用。

专门的术语标准应按照 GB/T 20001.1《标准编写规则　第 1 部分：术语》编写。本节仅介绍与编写非术语标准中的“术语和定义”有关的内容。

一、概念、定义和术语

概念是客体在人们头脑中的反映。对于个别客体形成的概念称为个别概念，用名称来指称（如李白、中国科学院、地球）。对于由若干客体根据其共有特性抽象形成的概念称为一般概念，用语言描述就是定义。定义可能较为冗长，在专业领域中一般概念的语言指称就是术语，术语比定义更为简洁。“术语和定义”这一要素涉及的是和一般概念相关的定义及其术语。

（一）概念

1. 概念的特征

任一客体都具有众多特性，人们根据若干客体的共有特性形成某一概念，这些共有特性在头脑中的反映称为该概念的特征。这些特征可以分为两类：

一类为本质特征，即在某个专业领域中，反映客体根本特性的特征。本质特征因概念所属专业领域而异，不同专业反映的侧重点不同。例如，在化学中水是氢和氧的化合物，在物理学中水是冰点为 0 ℃、沸点为 100 ℃、具有高比热和高表面张力的液体。

另一类为区别特征，即特征中能据以区分此概念和彼概念的特征。例如，“菱形是无直角的等边四边形。”其中“无直角”就是区别特征。

2. 概念的内涵和外延

一个概念所反映的客体的全部特征称为概念的内涵。例如，“船舶是水路交通工具。”其中“水路交通工具”是“船舶”的内涵。

一个概念所指客体的范围称为概念的外延。例如，“船舶”概念的外延包括货船、客船、内河船、远洋船、作业船、军舰等各种形式的船舶。

3. 概念之间的关系

概念与概念之间存在着各种不同形式的相互联系，层级关系是其中的一种。根据概念间的包含关系，可将概念区分为上位概念和下位概念。上位概念称为大概念，下位概念称为小概念。

（二）定义

概念存在于人们的头脑中，别人无法知道，人们交流概念时需要用语言进行描述。定义即是对概念的语言描述，这种描述应符合一定的规则，即它应指出某一概念在概念体系中的确切位置，并将该概念同相关概念区分开来。这种定义模式称作内涵定义。

1. 内涵定义

内涵定义是一种科学定义模式，它是主要使用的定义模式。在层级体系中，除了最高层概念外，其他概念都可以采用科学定义的模式，即：

定义＝上位概念＋用于区分所定义概念与其他并列概念的区别特征

例如，“货船”的内涵定义为“运载货物、以机械为动力的船舶”。这里“船舶”是上位概念，“运载货物”和“以机械为动力”是区别特征。

2. 外延定义

下位概念如果是众所周知且曲指可数的，可采用外延定义。例如，“太阳系行星”的外延定义为“水星、金星、地球、火星、木星、土星、天王星和海王星的总称。”

（三）术语

术语是专业领域中概念的语言指称，它比定义更为简洁。选择术语要做到单名单义，最好能顾名思义、简明、易于派生。

要注意术语的稳定性。对于使用频率较高、范围较广和已经约定俗成的术语，没有特别重要的原因，即使是有不理想之处，也不要轻易变动。因为这样的变动将给绝大多数使用者带来不便。实际上已经约定俗成的术语，在日常使用时不会出现问题。

二、非术语标准中需定义的术语的选择

术语标准中的术语是按照专业范围划分的，包含了有关领域内某个专业的诸多术语。术语标准中的术语是给其他标准使用的。而在非术语标准中“术语和定义”中的术语，只给该标准自己使用，因此术语的数量也是有限的。非术语标准中选择在“术语和定义”一章中进行定义的术语需要从以下几个方面考虑。

（一）理解不一致的术语

1. 只要不是一看就懂或众所周知的术语，或者在不同的语境中有不同解释的术语均应通过定义予以明确。

所谓“一看就懂”的术语，通常指由已定义过的术语组合而成的、词义未变的组合术语，如“安全标准”是由术语“安全”和术语“标准”两个术语组合而成的，其含义为“没有不可接受的伤害风险的标准”。其中“标准”是作为上位概念使用的，定义没有改变；而限定“标准”的“安全”的内容与术语“安全”的定义完全一样。因此“安全标准”就成了“一看就懂”的术语，不必再下定义。

2. 对于通用词典中的词或通用的技术术语，只有在用于特定含义时，才应对它下定义。

例如，“产品说明书”属于通用的技术术语，不必在标准中对其进行定义。又如“检验”这一术语，如果使用其在通用辞典中的含义，即“检查验看”，就不必进行定义；如果将它用于特定的含义“通过观察和判断以及适当的测量、测试所进行的合格评价”，这里涉及测试以及合格评价的内容，就非常有必要对它下定义。

（二）多次使用的术语

在“术语和定义”一章中定义的术语要满足两个条件：

第一，在标准中已经使用的概念，或者有助于理解这些定义的附加概念。也就是说，所定义的术语要在标准中使用，或在术语和定义一章的定义中使用。如果某术语在标准条文中没有用到，就没有在“术语和定义”中存在的理由。

第二，在标准条文中要多次用到。如果某个术语在标准条文中只用到一次，则只需在条文中出现该术语时进行解释，或在其后的括号内给出解释或定义即可，无须在“术语和定义”一章对该术语

进行定义。

需要注意的是：在修订标准时，如果修改或删除的内容中包含了在“术语和定义”一章中列出的术语，标准中其他内容也没有使用该术语，则应删除“术语和定义”中相应的术语及其定义。

（三）尚无定义或需要改写已有定义的术语

在标准的“术语和定义”一章中界定术语时，首先要在现行术语标准中查找相应的术语和定义。原则上讲一个术语只应有一个定义，如果现行术语标准中已经给出相应的定义，首先应考虑引用这些定义。然而，由于术语标准中的定义适用范围比较广，可能会出现已有定义不完全适用，因此允许对现有定义进行改写。在这种情况下，应在改写的定义后用“注：”特别提示定义已经被改写的事实，以避免这种改写被误认为是由于抄写过程中的笔误造成的（见示例 3-24）。只有确认在现行术语标准中尚无定义或已有定义不适合时，才需要在非术语标准中给出定义。

【示例 3-24】

3.2

采用 adoption

〈国家标准对国际标准〉以相应国际标准为基础编制，并标明了与其之间差异的国家规范性文件的发布。

注：改写 GB/T 20000.1—2002，定义 2.10.1。

[选自 GB/T 20000.2—2009《标准化工作指南 第 2 部分：采用国际标准》]

（四）标准的范围所覆盖领域中的术语

标准中应只定义属于标准的范围所覆盖领域中的术语。如果标准中使用的某个术语满足前文（一）至（三）的条件，但是该术语所涉及的领域不属于标准所覆盖的范围，也就是标准中使用了属于标准范围之外的术语，则不应在标准中的“术语和定义”一章中给出定义。假如一个冶金领域的标准使用了一个纯化工领域的专业术语，由于专业背景的限制，该概念不宜在冶金领域的标准中给出定义。在这种情况下，如果没有检索到相应的标准化定义，则建议只在标准的条文中说明其含义，不宜在“术语和定义”一章中列出，以免被其他标准引用。

三、表述形式

非术语标准中编写“术语和定义”一章的目的是为了交流或相互理解，其中的术语和定义适用于标准自身，因此表述的内容只要满足本身的使用即可，不需要像专门的术语标准那样关照本专业的各个方面。

（一）引导语

标准中“术语和定义”一章的表达形式是：引导语 ＋ 术语条目（清单）。因此在给出具体的术语和定义之前应有一段引导语。根据不同的情况，选择的引导语将不同。

1. 只有标准中界定的术语和定义适用时，应使用下述引导语：

“下列术语和定义适用于本文件。”

2. 除了标准中界定的术语和定义外，其他文件中界定的术语和定义也适用时（例如，在一项分部分的标准中，第 1 部分中界定的术语和定义适用于几个或所有部分），应使用下述引导语：

“……界定的以及下列术语和定义适用于本文件。”

"……界定的以及下列术语和定义适用于本文件。为了便于使用，以下重复列出了……中的一些术语和定义。"

3. 只有其他文件界定的术语和定义适用，而本标准中没有界定术语和定义时（此时"术语和定义"一章中只有引导语，没有术语条目），应使用下述引导语：

"……界定的术语和定义适用于本文件。"

"……界定的术语和定义适用于本文件。为了便于使用，以下重复列出了……中的一些术语和定义。"

（二）术语条目的内容

术语条目至少应包括四项必备内容：条目编号、术语、英文对应词、定义。根据需要可增加以下附加内容：符号、概念的其他表述方式（例如：公式、图等）、示例和注等。

1. 必备内容

（1）条目编号

术语条目最好按照概念层级进行分类编排。属于一般概念的术语和定义应安排在最前面。每个术语条目都应有一个编号，只有一个术语条目也应编号。条目编号由阿拉伯数字和下脚点组成。

术语的条目编号（如 3.1、3.2、3.2.1、3.2.2）在形式上与章、条的编号（如 4.1、4.2、4.2.1、4.2.2）相似，都是用下脚点分隔的数字，但是两者的意义却不相同。章、条的编号具有隶属性，下脚点后面的数字隶属于下脚点前面的数字；另外，一个层次中有两个以及两个以上的条时才可设条，例如在第 4 章内，如果没有 4.2 就不应有 4.1。而术语的条目编号是一种代号，其作用是为了提及和查找方便。所以，只有一个术语时，也应有条目编号。例如，在第 3 章内只有一个术语时，也应给出条目编号 3.1。

为了显示术语条目编号与章条编号的不同，在排版格式上对它们作了不同的处理，即：术语条目编号单独占一行，而章、条编号与后面的标题或文字接排。

对于有层级关系的术语，条目编号可使用诸如 3.2、3.2.1、3.2.2 的层次编排形式。但在非术语标准的"术语和定义"中，使用这种排列形式需要特别注意，只有在上位术语和下位术语同时存在时才可使用这种编号形式，例如 3.2 是上位术语，3.2.1 和 3.2.2 为下位术语。

（2）术语

标准中的"术语和定义"一章是专门为标准自身设置的，选择术语时应以适用为前提，并且应充分考虑本节"二、"中的内容。

（3）英文对应词

除了专用名词外，英文对应词全部使用小写字母，名词为单数，动词为原形。

（4）定义

在对术语进行定义时，对于"名词"性术语要界定清楚是什么，对于"动词"性术语要解释清楚如何做。由于定义仅仅需要使用解释或说明的方式，因此不应写成要求的形式，也不应包含要求。定义通常表述为陈述型条款。

撰写定义要准确、适度，定义要紧扣概念的外延，不可过宽，也不可过窄。假如定义机动车时，一种定义为"机械驱动的交通工具"，另一种定义为"以汽油为燃料、机械驱动的车辆"。显然，前者界定的范围过宽，因为"机械驱动的交通工具"除了机动车外还有船舶和飞机；后者界定的范围过窄，因为机动车还可以使用其他能源。

撰写定义要简明，不可循环定义。例如"船舶是水路交通工具，依靠人力或机械驱动"，这里的

“依靠人力或机械驱动”是多余的，应该删除；又如“肺炎是肺部发生的炎症”，这是在同一定义内部的循环定义。

定义的表述宜在上下文中能代替其术语。也就是说，对某条术语给出的定义应达到这样的效果，即如果用该定义替换文中的术语，不会对阅读造成任何障碍。为此，编写定义时，应注意不要犯示例 3-25 至示例 3-29 中的错误(用下画线表示)。

① 在定义中重复术语

【示例 3-25】

云量

云量是指云遮蔽天空视野的成数。

[选自 GB/T 12763.3—1991《海洋调查规范　海洋气象观测》]

【示例 3-26】

TVG 增益曲线

声波接收机的电压增益随时间变化的规律称为 TVG 增益曲线。

[选自 GB/T 13909—1992《海洋调查规范　海洋地质地球物理调查》]

② 定义用“它”、“该”、“这个”等代词开头

【示例 3-27】

放射性测年

它是利用自然界中一些放射性元素……

[选自 GB/T 13909—1992《海洋调查规范　海洋地质地球物理调查》]

③ 使用“指”、“是”、“是指”、“表示”、“称为”等词语

【示例 3-28】

溶解氧

是指溶解在海水中的氧气。

[选自 GB/T 12763.4—1991《海洋调查规范　海水化学要素观测》]

④ 定义中包含了附加信息

由于附加信息并不属于定义的内容，如果将其放在定义中，会产生定义不能在文中代替术语的问题。需要时，附加信息应仅以注的形式给出。

【示例 3-29】

对流层顶　tropopause

对流层与平流层间的过渡层。对流层顶的高度和温度，随纬度和季节的不同而变化，同时还与天气系统的活动有关。

[选自 GB/T 12763.3—2007《海洋调查规范　第 3 部分：海洋气象观测》]

2. 附加内容

(1) 符号

如果术语有符号，则符号应置于术语之后另起一行。量和单位符号应符合 GB 3101、GB 3102 的规定，量的符号用斜体，单位符号用正体。

如果符号来自于国际权威组织，应在同一行该符号之后的方括号内标出该组织。

适用于量的单位应在注中给出，见示例 3-30。

【示例 3-30】

2.4.1

电阻 resistance

R [IEC+ISO]

〈直流电〉在导体中没有电动势时,用电流除电位差。

$R=U/I$

式中:

R ——电阻;

U ——电位差;

I ——电流。

注:电阻用欧姆表示。

(2) 公式

如果定义是计算关系,也可在定义之后另起一行列出公式。公式应采用量关系式表示[见第五章第四节"七、"中的(一)],见示例 3-30。

(3) 图

如果定义需要辅以图形加以说明,则在定义之后给出,见示例 3-31。

【示例 3-31】

2.1.3

团粒 agglomerate

由若干个颗粒粘结在一起而构成的聚合体。

见图 1。

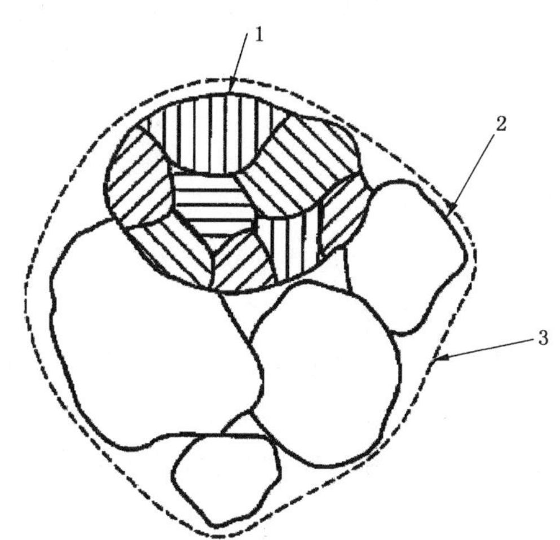

1——晶粒;

2——颗粒;

3——团粒。

图 1 团粒

[选自 GB/T 3500—2008《粉末冶金 术语》,做了适当修改]

(4) 示例

如果术语条目有"示例",应置于定义之后,"注:"之前,另起一行,见示例 3-32。

【示例 3-32】

1.3.2

幂 power

〈数学〉在一个乘积中作为相乘次数出现的一个数，用一个指数标明。

示例：2 的 3 次幂是 8。

1.4.5

发泡剂 blowing agent

在制造空心或蜂窝状制品中用来引起膨胀的物质。

注：发泡剂可以是压缩气体，易挥发液体，或分解成（或反应后形成）气体的化学制品。

5.3.8

基数 radix

底数 base（拒用）

〈基数数制〉为了得到任意数位上邻数位的权，而与本数位的权相乘的正整数。

示例：在十进制数制中，每个数位的基数为 10。

注：由于术语“底数（base）”的数学应用，因此在本意义中被拒用。

（5）注

如果术语条目有“注”，应置于示例之后，另起一行。定义的附加信息应以注的形式给出，见示例 3-32。

第六节 符号、代号和缩略语

“符号、代号和缩略语”在非符号、代号标准中是一个可选要素。如果标准中以“符号、代号和缩略语”或“符号”、“代号”、“缩略语”为标题单独设章，则它们为该标准的规范性技术要素。在这些标题下表达的形式和内容是相对固定的，形式是“引导语 ＋ 清单”；清单的内容只表达每个符号、代号、缩略语及其说明或解释。

一、概述

如果在标准中除了符号或代号以外，没有其他规范性技术要素，这种标准称为“符号标准”或“代号标准”。专门的“符号标准”、“代号标准”是按照专业范围划分的，包含了相关领域内某个专业的许多符号和代号。这类标准中的符号、代号通常提供给其他标准使用。

在我国标准中，缩略语专指由外文词组构成的短语的缩写形式（见第五章第四节中的“二、”）。一般而言，“缩略语”不会制定成一项单独的标准，而是将其编制在含有其他规范性技术要素的标准的“缩略语”或“符号和缩略语”一章中。

如果在标准中除了有一章的标题是“符号”、“代号”、“缩略语”或它们的组合标题外，还有其他规范性技术要素，则这种标准不是符号标准或代号标准。在这些标准中的“符号”、“代号”或“缩略语”章中，只给出标准自己使用的符号、代号或缩略语，其数量有限，而且这些符号、代号或缩略语在标准中一定会用到。在标准的条文中没有用到的符号、代号或缩略语，不应在标准中的“符号”、“代号”或“缩略语”章中出现。

一般标准中的“符号”、“代号”、“缩略语”或它们的组合的章只给出“结果”，只说明它们是什么含义，不阐述“过程”，即不说它们是怎么来的。如果想阐述它们是怎么来的，则与分类有关，其编写规则与“分类和命名”、“分类和编码”相似（见本章第四节）。

专门的“符号标准”应按照 GB/T 20001.2《标准编写规则 第 2 部分:符号》编写,“代号标准”应按照 GB/T 20001.3《标准编写规则 第 3 部分:信息分类编码》编写。本节仅介绍与编写标准中的“符号”、“代号”章有关的内容。

二、表述形式

如果选择了“符号”、“代号”、“缩略语”或它们的组合作为章标题,那么首先需要有引导语,然后再给出清单。

(一)引导语

常用的引导语有:

“下列代号适用于本文件。”

“下列符号适用于本文件。”

“下列缩略语适用于本文件。”

“下列代号和缩略语适用于本文件。”

(二)清单

前文在介绍术语和定义时曾经提到术语条目最好按照概念层级进行分类编排,但是对于标准中的“符号”、“代号”或“缩略语”章中的符号、代号或缩略语清单宜按照字母顺序编排,并宜遵循以下原则:

——大写拉丁字母位于小写拉丁字母之前(A、a、B、b 等);

——无角标的字母位于有角标的字母之前,有字母角标的字母位于有数字角标的字母之前(B、b、C、C_m、C_2、c、d、d_{ext}、d_{int}、d_1 等);

——希腊字母位于拉丁字母之后(Z、z、A、α、B、β……Λ、λ 等);

——其他特殊符号和文字(@、# 等)。

由于字母顺序是一个有序的编排,所以符号、代号或缩略语与术语不同,不需要另外编号,按照字母顺序很容易找到。

只有在为了反映技术准则的需要时,才将符号、代号或缩略语以特定的次序列出,例如:先按照学科的概念体系,或先按照产品的结构分成总成、部件等,再按字母顺序列出。

每个“符号”、“代号”或“缩略语”均另起一行空两字编排。之后,空一字或者用冒号(:)、破折号(——)相连后,写出其相应的含义。当需要回行编排时,与上行含义的第一个字取齐。

【示例 3-33】

4 符号

下列符号适用于本文件。

b:等边三角形边框内缘底边长。

D:观察距离(即预先设定的观察者到标志的距离)。

d:圆形边框内径。

d_e:棱形边框内缘的边长。

m_d:图形符号重要细节的最小线性尺寸。

m_l:符号中细节的最小线宽。

s:推荐性示例中由角标所限定的符号的线性尺寸。

对于缩略语清单，应在缩略语后给出中文解释，也可同时给出全拼的外文。例如：

DNA——脱氧核糖核酸，或

DNA——脱氧核糖核酸(deoxyribonucleic acid)

a. c. ——交流电，或

a. c. ——交流电(alternating current)

【示例 3-34】

4 缩略语

下列缩略语适用于本文件。

BBV：比特流参考解码器(Bitstream Buffer Verifier)

CBR：恒定比特率(Constant Bit Rate)

CIF：通用中间格式(Common Intermediate Format)

LSB：最低有效位(Least Significant Bit)

MB：宏块(Macroblock)

…………

[选自 GB/T 20090.2—2006《信息技术 先进音视频编码 第 2 部分：视频》，做了适当修改]

三、与术语条目的区别

每条术语都有其相应的定义，每个符号、代号或缩略语也都有其含义或解释，但符号、代号或缩略语的编排与术语的编排是有区别的，主要区别为：

——符号、代号或缩略语不编号，而每条术语都有条目编号；

——符号、代号或缩略语的含义写在符号、代号或缩略语之后，而术语的定义写在术语的下一行；

——解释符号、代号或缩略语含义的文字回行时与上行含义的第一个字取齐(因为符号、代号或缩略语清单采用的是无线表形式)，而术语的定义回行时顶格排(因为术语和定义清单采用的是各项分列的形式)。

第七节 规范性引用文件

“规范性引用文件”是规范性一般要素，同时又是一个可选要素。如果标准中有规范性引用的文件，则应以“规范性引用文件”为标题单独设章(为第 2 章)，以便给出标准中规范性引用的文件清单。

在介绍如何编写规范性引用文件一章之前，首先介绍关于引用的一些概念。

一、引用的概念

编写标准时，经常需要在条文中重复标准本身的内容，有时会发现需要编写的内容在现行标准中已经作了规定，并且这些规定又是适用的，这时则需要重复其他标准中的内容。这种情况下，通常不应抄录需重复的具体内容，而应采取引用的方法。

(一) 引用的原因

为什么要采取引用的方法呢？主要原因如下：

1. 涉及了其他专业领域

在编制标准时，经常会遇到这样一种情况，即标准中会涉及一些规则、规定或方法等，但这些内容又不属于该标准的起草范围，标准起草工作组也承担不了相关内容的起草，这些内容的起草也不应由这一工作组承担。例如，GB/T 1.1—2009 的 6.3.2 规定，规范性引用文件一章中“列出非标准类文件的方法应符合 GB/T 7714 的规定”。GB/T 7714《文后参考文献著录规则》不可能由如何编写标准的标准化技术委员会的工作组来起草。因此，相关内容必须采取引用其他专业领域已经标准化的成果这一方式。由此可以得出，这些内容理论上应该由其他专业领域的标准化技术委员会进行规定。既然不是本领域应涉及的内容，采取引用这一形式更加容易溯源，使标准的使用者和今后标准的修订者能够知道有关规定的出处，从而能够更好地考虑最新技术水平。

2. 避免标准间的不协调

假如在引用具体内容时，经过分析研究认为需要引用最新版本，也就是可以采取不注日期的引用方式［见下文的(四)］，这时如果将要引用的内容抄录下来，而不采取引用的方法就会产生某种问题。因为，在标准实施的过程中被抄录的原文件有可能会被修订，原文件中被抄录的内容也随之修订了，但引用该文件的标准并没有修订，其中所抄录的内容还是被抄录文件没有修订之前的内容。这违背了当时引用的初衷，即要使用最新版本。将要引用的内容抄过来之后，使得标准中的内容跟不上原文件最新版本的变化，造成了无法使用最新版本中内容的问题。这种情况下还会造成标准之间不协调的问题，即同一类的内容在不同标准中的规定却不相同。

3. 避免标准篇幅过大

如果采取抄录的方式，有可能造成标准的篇幅过大。由于一些需引用的内容，如某些试验方法，需要大量的篇幅才能阐述清楚，如果将这些内容全部抄录下来，则会造成正在制定的标准篇幅过大。

4. 避免抄录错误

采取抄录的方式还有可能造成抄录错误。一旦发生这类问题，由于两个文件都是标准，将会造成同一个规定在两个标准中不一致的现象。为了避免这类现象的发生，不主张采取抄录的方式。

（二）引用的文件

所谓“引用文件”，实际上包括两大类：一类是标准，另一类是标准之外的文件。正因为如此，我们使用“文件”这一大的概念，统称为“引用文件”，而不称为“引用标准”。由此又提出了新的问题，是不是所有文件都能被标准所引用呢？哪类文件可以被引用呢？以下三点给出了较明确的答案。

1. 首选被引用的文件

在引用其他文件时，原则上被引用的文件应是国家标准、行业标准、国家标准化指导性技术文件或国际标准。

在特定情况下，由 ISO、IEC 发布的国际文件，包括技术规范(TS)、可公开获得的规范(PAS)、技术报告(TR)、指南(Guide)等也可作为规范性文件加以引用。这些文件的含义如下：

(1) 技术规范　Technical Specification；TS［ISO+IEC］

ISO、IEC 发布的未来有可能形成一致意见成为国际标准的文件。但是，当前：

——不能获得批准为国际标准所需要的支持；

——尚未确定是否能够达成协商一致；

——标准化对象尚处于技术发展阶段；

——另有原因使其不可能作为国际标准立即发布。

技术规范的内容包括附录，可以包括要求。技术规范不准许与现行国际标准矛盾。对于同一标准化对象允许有多个技术规范相互竞争。

注：1999年中期之前，技术规范被称为1型或2型技术报告。

(2) 可公开获得的规范 Publicly Available Specification；PAS [ISO+IEC]

ISO、IEC为满足市场急需而发布的文件，它表示：

——在ISO、IEC之外的某一组织中达成协商一致，或者

——在一个工作组内的专家达成协商一致。

可公开获得的规范不准许与现行ISO标准或IEC标准相冲突。对于同一标准化对象允许多个可公开获得的规范之间相互竞争。

(3) 技术报告 Technical Report；TR [ISO+IEC]

ISO、IEC发布的包含所收集数据的文件，这些数据不同于正式发布的国际标准或技术规范中的数据。

注1：这些数据可能包括诸如国家机构的调查资料、其他国际组织中工作方面的数据或国家机构的某个具体标准化对象"最新技术水平"的数据。

注2：1999年中期以前，技术报告被称为3型技术报告。

(4) 指南 Guide

ISO、IEC出版的文件，它提供与国际标准化相关的非规范性问题的方向、指导或建议。

注：指南可论及所有国际标准用户关心的问题。

2. 可以被引用的文件

除了上述文件，在标准中需要引用正式发布或出版的其他类型的文件时，如果引用的内容较少，宜采取将其他类型的文件中的有关内容直接写进标准中的方法(可在参考文献中列出相关文件)；如果由于引用的内容较多而不宜纳入标准，则可将其他类型的文件作为规范性引用文件加以引用，但这种引用是有前提的，即被引用的文件应经过相关标准(即需引用这些文件的标准)的归口标准化技术委员会或相关标准的审查会议确认符合下列条件：

——具有广泛可接受性和权威性，并且能够公开获得；

——作者或出版者(知道时)已经同意该文件被引用，并且，当函索时能从作者或出版者那里得到这些文件；

——作者或出版者(知道时)已经同意，将他们修订该文件的打算以及修订所涉及的要点及时通知相关标准的归口标准化技术委员会或归口单位。

在标准条文中，当需要引用这些文件时，对于有标识编号的文件，引用时应提及标识编号；对于没有标识编号的文件，引用时应提及名称。如是注日期引用还需提及版本号或年号。

3. 不宜被引用的文件

在标准中不宜引用下列各类文件：

——法律、行政法规、规章和其他政策性文件；

——宜在合同中引用的管理、制造和过程类文件；

——含有专利或限制竞争的专用设计方案或只属于某个企业所有而其他参与竞争的企业不宜获得的文件。

法律、法规等强制性文件由于本身的强制性属性不宜作为规范性引用文件被标准引用。这些文件即使不被标准引用，其实施也是强制性的，标准使用者不管是否声明符合，都需要遵守法律、法规，因此没有必要通过被标准引用而推进其实施。

标准中引用文件分为注日期和不注日期，由于注日期意味着只使用指定日期的文件，如果所引用的文件是法律、法规等强制性文件，一旦标注了日期，则会有悖于法律、法规的要求。因为法律、法规被修订后，原来的版本就会被废止，在新的法律、法规实施之际，以前的文本不准许使用。

鉴于上述两个原因，标准中不宜引用法律、法规及规章等强制性文件。因此，在标准中不宜出现要求符合法规和政策性文件的条款，例如下述表述是不正确的：

——……的要求应符合国家有关法律、法规；

——……的要求应符合《……管理办法》。

然而，为了向标准使用者提供附加信息，帮助其正确理解标准，可以资料性引用法律、法规等强制性文件。例如可表述成“符合本标准是符合……(法规)的方法之一”。

（三）引用的性质

根据引用的目的，可将标准中文件的引用分成两种性质，即规范性引用和资料性引用。

1. 规范性引用

所谓“规范性引用”是指标准中引用了某文件或文件的条款后，这些文件或其中的条款即构成了标准整体不可分割的组成部分，也就是说，所引用的文件或条款与标准文本中规范性要素具有同等的效力。在使用标准时，要想符合标准，除了要遵守标准本身的规范性内容外，还要遵守标准中规范性引用的其他文件或文件中的条款。规范性引用的文件应在“规范性引用文件”一章中列出(见本节的“三、”)。也就是说，只要标准的规范性技术要素中有规范性引用的文件，就应设“规范性引用文件”一章，并将标准中所有规范性引用的文件列入。

2. 资料性引用

所谓“资料性引用”是指标准中引用了某文件后，这些文件中的内容并不构成引用它的标准中的规范性内容，使用标准时，并不需要遵守所引文件中被提及的内容。提及这些文件的目的只是提供一些供参考的信息或资料。如果需要，可将资料性引用的文件列入“参考文献”中(见第四章第三节)。也就是说，标准中虽然有资料性引用的文件，但是否设“参考文献”这一要素，还可以根据需要而定。如设有“参考文献”，则应将标准中所有资料性引用的文件列入。

在标准文本中规范性引用和资料性引用的具体表述方式见本节“二、”中的(一)。

（四）引用的方式

在标准中无论是规范性引用还是资料性引用其他文件，都可以使用注日期或不注日期两种方式。注日期引用和不注日期引用代表着不同的含义。

1. 注日期引用

注日期引用就是在引用时指明了所引文件的年号或版本号。凡是使用注日期引用的方式，意味着仅仅引用了所引文件的指定版本，即只是所注日期的版本的内容适用于引用它的标准，该版本以后被修订的新版本，甚至修改单(不包括勘误的内容)中的内容均不适用。

在标准中引用其他文件时，一般情况下首选注日期引用的方式。对于下列情况引用文件则应注日期：

(1) 提及了标准内容的具体编号

在标准中，无论是规范性引用还是资料性引用，只要引用时提及了被引用文件中的具体章或条、附录、图或表的编号，均应注日期。这是因为上述具体内容都是和特定版本相联系的，如果脱离了特定版本，这些具体的章条、图表就有可能找不到(新的版本中相应内容的编号可能有变化)，甚至根本不存在了。因此，这种情况的引用应该注日期。

(2) 不能确定是否能够接受所引文件将来的所有变化

如果在编制标准时，对所要引用的文件进行了充分研究后，认为文件的内容适合引用，但是还不能确定是否能够接受所引文件将来的修改单或修订版中修改的内容，这时则应采取注日期的引用方式。由于未来的文件中的内容还没有看到，更谈不上对其进行研究，所以将来是否适用于引用它的标准还是个未知数。只要对未来的文件是否适用还存在着疑虑，就应采取谨慎的态度，通过注日期的引用方式指定当前引用的版本。这种情况下的注日期与提及标准中的具体编号无关，无论是全文引用还是提及了具体的编号，引用文件时都要注日期。在不能确定是否能够接受所引文件将来的所有变化的情况下，除非全文引用，建议引用时注明所引文件中的具体编号，不鼓励不提及具体编号而引用特定的内容[见下文(五)中的“特定内容的引用”]。

在注日期引用的情况下，假如被引用的文件随后发布了修改单或修订版，而且经过认真研究，该修改单或修订版适用于引用它们的标准，这时可使用下述两种办法之一将相应的修改单或修订版纳入标准中：

——发布引用了这些文件的标准的修改单，以便通过修改单，引用被引用文件的修改单或修订版的内容；

——修订引用了这些文件的标准。

假如某标准 A 引用了标准 B，而随后标准 B 发布了修改单 C，如果经过研究，认为标准 A 需要引用修改单 C，则可发布标准 A 的修改单 D，以便在修改单 D 中说明，标准 B 的修改单 C 也适用于标准 A。以下给出了这类修改单的示例：

【示例 3-35】

GB/T ×××××—2007《×××××××××××××》

第 1 号修改单

(1) 第 2 章引用文件清单中，在 GB/T 17×××—2006 后增加“GB/T 17×××—2006《××××××××图形标志》第 1 号修改单”。

(2) 第 2 章引用文件清单中，将“GB/T 10001.1—2000　标志用公共信息图形符号　第 1 部分：通用符号”改为“GB/T 10001.1—2006　标志用公共信息图形符号　第 1 部分：通用符号”。

(3) 5.4.3.5 改为：印刷品中使用的公共信息图形标志应符合 GB/T 17×××—2006 和 GB/T 17×××—2006 第 1 号修改单的规定。

(4) 将 5.6.1“按照 GB/T 10001.1—2000 中符号 35”改为“按照 GB/T 10001.1—2006 中符号 29”。

在标准文本中注日期引用的具体方式见本节“二、”中的(三)。

2. 不注日期引用

不注日期引用就是在引用时不提及所引文件的年号或版本号。凡是使用不注日期引用的方式，应视为引用文件的最新版本。这意味着所引的文件无论如何更新，均是其最新版本（包括所有的修改单）适用于引用它的标准。

在标准中引用其他文件时，一般情况下不使用不注日期引用的方式，只有以下两种情况引用文件才可不注日期：

(1) 规范性引用时，可接受所引文件将来的所有变化

对于规范性的引用，根据引用某文件的目的，在可接受该文件将来的所有改变时，可不注日期引用文件。这里强调的是能否接受所引文件将来的所有变化，如果回答是肯定的，则可以不注日期引用。因此，不注日期引用需要标准起草者进行判断，其判断的依据是引用某文件的目的。例如，在 GB/T 1.1—2009 的 7.1.4 中规定“标准中应使用规范汉字。标准中使用的标点符号，应符合 GB/T 15834 的规定”，这里的引用没有注日期。因为，引用 GB/T 15834《标点符号用法》的目的，就是要使所有国家标准中使用的标点符号符合汉字标点的规定，并且与其他类型的文件中的标点符号用法相一致。GB/T 15834 的内容无疑是最权威，也是最合适的规定，并且这种权威性和适用性并不会因为今后的修订或修改而改变。所以，在这种情况下选择了引用时不注日期。

在引用文件时，如果选择了不注日期引用则需要注意，无论是引用完整的文件或标准的某个完整部分［见下文（五）中的“全文引用”］，或仅引用其他标准中的特定内容，都不应提及被引用文件中的具体章、条、附录、图或表的编号［见下文（五）中的“特定内容的引用”］。因为，如果引用时提及了具体的编号就必须注日期。这一点在前文讲解“注日期引用”时已经陈述。

(2) 资料性引用时，不提及被引用文件中的具体章或条、附录、图或表的编号

对于资料性引用，只要引用时不提及被引用文件中的具体章、条、附录、图或表的编号，就可不注日期。同样，引用时只引用完整的文件或标准的某个部分时，也可不注日期。从资料性引用的概念来看，由于在使用标准时不需要遵守其中的资料性引用文件，也就不存在是否可接受这些文件将来所有改变的问题。因此，只要不提及章条等的编号，就可不注日期引用文件。

在标准文本中不注日期引用的具体方式见本节“二、”中的（三）。

（五）引用的内容

标准中可以将其他文件全文引用，也可只引用其他文件中的特定条款。具体引用的内容完全取决于所起草标准的需要。

1. 特定内容的引用

顾名思义，特定内容的引用是指在引用其他文件时，指明了所引文件中的具体内容，也就是说，并不是所引文件中的全部内容都被引用，只有特定内容适用于引用它的标准。

具体引用时，又分两种情况：一种情况为指明了所引用内容的具体章、条、附录、图、表的编号；另一种情况为虽然没有指明所引内容的具体编号，但仍然指向所引文件中的特定内容。例如，GB/T 1×××1—2005 包含了某产品的分类、要求、试验方法、标志标签等规定，其中某个试验方法规定在第 5.2 条中。在起草一个新标准时，需要引用该试验方法，文中引用时可能出现下述三种表述方式：

a) ……的试验方法应符合 GB/T 1×××1—2005 中 5.2 的规定；

b) ……的试验方法应符合 GB/T 1×××1—2005 的规定；

c) ……的试验方法应符合 GB/T 1×××1 的规定。

上述三种表述方式中，虽然有的标注了日期，有的没有标注日期，有的［如 a)］指明了条的编号，有的［如 b)、c)］没有指明章条编号，但它们都属于引用特定的内容，都是要引用 GB/T 1×××1 中相关试验方法的内容。

这里需要注意，上述三种表述方式中，只有指明了所引内容的具体编号时，注日期引用才成为必须；而对于其他两种情况，是否注日期取决于可否接受所引内容将来的所有变化［见本节“一、”中的(四)］。

2. 全文引用

全文引用是指在引用其他文件时，明确指出了是引用另一文件的全部内容，也就是说，所引文件中的全部内容都适用于引用它的标准。

这里“全文引用”需要和前面的“没有指明所引内容的具体编号，但仍指向所引文件中的特定内容”进行辨析。例如，GB/T 1×××2—2006 仅规定了惟一一种试验方法。在起草一个新标准时，如果需要引用该试验方法，文中可能出现下述两种表述方式：

a) ……的试验方法应符合 GB/T 1×××2—2006 的规定；

b) ……的试验方法应符合 GB/T 1×××2 的规定。

这两种引用方式中，虽然 a) 标注了日期，b) 没有标注日期，但都属于全文引用。前文中的“1. 特定内容的引用”的例子中有如下两种引用方式：

c) ……的试验方法应符合 GB/T 1×××1—2005 的规定；

d) ……的试验方法应符合 GB/T 1×××1 的规定。

在前文中这两种引用方式已经被称为“没有指明所引内容的具体编号，但仍然指向所引文件中的特定内容”。很显然，上述 a)与 c)、b)与 d)在表述方式上完全一样。但是，为什么前者是全文引用，后者却不是呢？

这里需要从所引文件的具体内容来分析。上述 a)和 b)所涉及的标准中，“试验方法”是其规定的全部内容，而 c)和 d)所涉及的标准中，除了规定“试验方法”，还规定了许多其他内容。因此，a)和 b)的引用属于全文引用，而 c)和 d)虽然并没有提及具体的章条编号，但是只能是引用特定的内容，即某个“试验方法”。

二、标准条文中引用的具体表述

前文介绍了引用的概念，那么在标准文本中遇到引用的问题时如何表述呢？这里所指的引用包括提及与标准本身有关的内容，引用其他文件以及部分之间的引用。

在标准中无论哪种引用都不应使用页码，而应使用以下介绍的表述形式。

（一）区分引用性质的不同表述

在标准中不论提及标准本身还是引用其他文件，都存在着规范性引用和资料性引用的问题。因此，在标准中具体引用时，就需要根据引用的性质而采取不同的表述方式，也就是说规范性引用时的表述方式应与资料性引用时的表述方式不同。一个文件在标准中是被规范性引用还是资料性引用，取决于标准起草者使用的措辞方式。规范性引用需要将被引用的文件内容表述为是标准应用时必不可少的文件；而资料性引用则需要将被引用的文件内容表述为是一些参考的信息。

例如，规范性引用应表述为：

——“……应符合……的规定”；

——“……应按照……的要求”。

而资料性引用则应表述为：

——“……参见……的内容”；

——“……中给出了进一步的说明”。

需要注意的是，标准中提及本文件中的资料性附录、条文中的注、脚注、示例、图注、表注等资料性内容时，应使用资料性的提及方式，如：

——“……参见 4.1 的注”；

——“……附录 B 给出了相关的信息”。

（二）提及与标准本身有关的内容

1. 提及标准本身

在一项标准的条文中，常常需要将标准本身作为一个整体提及。这时，应使用下述适用的表述形式：

——“本标准……”（提及单独的标准）；

——“本指导性技术文件……”（提及国家标准化指导性技术文件）。

如果标准分为多个单独的部分发布，为避免可能发生的混淆，在每个部分中，当提及自身的部分时，应使用下述表述：

——“GB/T ×××××的本部分……”；

——“本部分……”。

在标准分为多个部分的某一部分中，如果要提及整个标准，应使用“GB/T ×××××……”。

这里需要注意，只要标准分成了多个部分，在每个部分中，不论是提及自身的部分，还是提及该部分所在的标准，都不使用“本标准……”这种表述。这是因为，一方面，如果在提及自身的部分时，使用“本标准……”就会造成与提及整个标准相混淆的情况；另一方面，标准分成多个部分的情况下，使用“GB/T ×××××……”提及整个标准，而将“本标准……”专门留给单独发布的标准提及自身时使用，这样只要在标准中看到用“GB/T ×××××……”的方式提及整个标准，就能立即意识到所提及的标准是由多个部分组成的。

不论是标准、标准化指导性技术文件，还是部分，在“规范性引用文件”和“术语和定义”章的引导语中，在有关专利内容的说明中，凡提及自身时均统一使用“本文件”。

2. 提及标准本身的具体内容

规范性提及标准中的具体内容，应使用诸如下列表述方式：

——“按第 3 章的要求”；

——“符合 3.1.1 给出的细节”；

——“按 3.1 b）的规定”；

——“遵循 4.1 c)2）的原则”；

——“按 B.2 给出的要求”；

——“符合附录 C 的规定”；

——“见公式(3)”；

——“符合表 2 的尺寸系列”。

资料性提及标准中的具体内容，以及提及标准中的资料性内容时，应使用下列资料性的提及方式：

——“参见 4.2.1”；

——“相关信息参见附录 B”；

——“见表 2 的注”；

——“见 6.6.3 的示例 2”；

——“(参见表 B.2)”；

——“(参见图 3)”。

（三）引用其他文件

1. 注日期引用

在标准中注日期引用其他文件的具体方法为指明所引文件的年号或版本号。引用其他标准的具体表述形式为：给出标准代号、标准顺序号和标准发布的年号，不给出标准名称，例如使用下列表述方式：

——“……GB/T 2423.1—2001 给出了相应的试验方法，……”(注日期引用其他标准的特定部分)；

——“……遵守 GB/T 16900—1997 第 5 章……”(注日期引用其他标准中具体的章)；

——“……应符合 GB/T 10001.1—2006 表 1 中规定的……”(注日期引用其他标准的特定部分中具体的表)。

在注日期引用时，常常需要引用其他文件中的段或列项中无编号的项。

如果需要引用某条中的一个具体的段，则可使用如下表述：

——“……按 GB/T ×××××—2005，3.1 中第二段的规定。”

——“……见 GB/T ×××××—2007，6.6.8 的最后一段。”

如果需要引用无编号的列项中的某一项，则使用如下表述：

“……按 GB/T ×××××—2003，4.2 中列项的第二项规定。”

如果某条内无编号的列项多于一个，则引用时可使用如下表述：

“……按 GB/T ×××××.1—2006，5.2 中第二个列项的第三项规定。”

2. 不注日期引用

在标准中不注日期引用其他文件的具体方法为不指出文件的年号或版本号。引用其他标准的具体表述形式为：仅给出标准代号和标准顺序号，同样不给出标准名称，例如使用下列表述方式：

——“……按 GB/T 4457.4 和 GB/T 4458 规定的……”；

——“……参见 GB/T 16273……”。

3. 引用标准的所有部分

在标准中，如果需要引用另一个分成多个部分的标准的所有部分，也就是引用整个标准时，下述三种情况各有不同的表述，不过无论注日期还是不注日期都不给出标准名称。

(1) 不注日期引用，给出标准代号、顺序号，无须给出部分编号，例如“……按照 GB/T 10001 中规定的……”；

(2) 注日期引用，如果被引标准的所有部分为同一年发布，则给出“标准代号”、“顺序号及第 1 部分的编号”、“～”(连接号)、“顺序号及最后部分的编号”和“年号”，例如“……按照 GB/T 20501.1～20501.5—2006 中规定的……”；

(3) 注日期引用，但被引用的所有部分不是同一年发布，则在标准中需要将各个部分分别列出，例如"……按照GB/T 10001.1～10001.2—2006、GB/T 10001.3—2004、GB/T 10001.4—2007、GB/T 10001.5～10001.6—2006中规定的……"。

4. 摘抄形式的引用

引用时一般不重复抄录需引用的具体内容，而直接写出需引用文件的编号或文件编号加具体内容的编号。然而，在特殊情况下，如果认为确有必要重复抄录其他文件中的少量内容(包括文字、图、表、符号等)，则应在所抄录的内容之后加上方括号，并在其中准确地标明出处(如果是标准，包括标准编号、逗号和章条编号)。

需要注意的是，准确地标明出处是保证标准间协调性的一种有效方法。标明出处意味着重复抄录只是为了提供信息，一旦抄录的内容与原文件不一致时，能分辨出哪一个文件中的规定是原始规定，从而以其出处的原文为准。

如果需要，被抄录的原文件可列入参考文献，但不应将其列入规范性引用文件。这是由于具体原文已经被抄录在目前的文件中，因此原文件不是使用目前文件所必需的文件。

（四）部分之间的引用

标准内部不同部分之间的引用同样应注意一个部分引用另一个部分的准确性。为了保证这种准确性，一般情况下，应遵守引用其他文件的规定［见前文的(三)］。

除了遵守引用其他文件的规定外，在同一项标准的不同部分之间的引用时，如果能够保证一项标准的不同部分中相应的改变同步进行，则可以不注日期。

一项标准的不同部分通常由同一个标准化技术委员会或归口单位管理，也可能由一个工作组负责起草。在这种情况下，由于标准各部分的管理或起草是同一个组织，各部分内容的调整或改变能够相互了解，也更容易达到协调一致，因此有条件使各部分中的相应改变同步进行，不会出现不注日期引用了另一个部分的内容后，该部分内容发生了不可接受的变化的情况。

综上所述，一项标准内部不同部分之间的引用，有以下四种情况：

a) 引用时指明了所引用内容的具体编号，这时应标注日期；

b) 引用整个部分，或引用时未指明所引用内容的具体编号，并且可接受所引内容将来的所有改变，这时不必标注日期；

c) 引用整个部分，或引用时未指明所引用内容的具体编号，部分之间相应改变能够同步进行，这时不必标注日期；

d) 引用时指明了所引用内容的具体编号，部分之间相应改变能够同步进行，这时不必标注日期。

上述情况中，a)和b)两种情况和引用其他文件的规则是一致的；c)和d)两种情况，是一项标准内部不同部分之间引用的特殊做法。实际上，这种做法是将同一标准的各个部分之间的相互引用当作一个文件的内部引用来处理。在一个文件内部引用时，即使引用了具体的章条，我们也不会标注日期，因为一旦文件被修订时，相应的内容肯定会被一起修订。因此，一项标准内部不同部分之间的相互引用，只要能够保证各个部分中相应改变能够同步进行，不论是引用整个部分(或引用时未指明所引用内容的具体编号)，还是引用时指明了所引用内容的具体编号，都可以不注日期。

三、"规范性引用文件"一章的编写

前文介绍了"引用的概念"和"标准条文中引用的具体表述"。如果在标准文本中规范性引用了其他文件，不论是否注日期，这些被引用的文件都应在“规范性引用文件”一章中列出。由此可看出，“规范性引用文件”是可选要素，它的存在与否取决于标准中是否有规范性引用的文件。

“规范性引用文件”一章由一段固定的引导语和所列出的所有规范性引用文件清单组成。

（一）编写“规范性引用文件”一章的原因

为什么要编写“规范性引用文件”一章呢？要想弄明白这个问题，首先要搞清楚一项标准中的规范性引用文件是如何确定的？在回答这个问题时需要澄清一个模糊的概念，即“规范性引用文件是由标准的第2章确定的”，或者说“凡是列在第2章中的文件都是规范性引用的文件”。这种说法并不正确，因为一个文件中引用的文件是否为规范性引用文件，不是由第2章决定，而是取决于条文的需要［见本节“一、”中的（一）］。也就是说，只有标准条文中规范性地引用了某文件，这个文件才算作该标准的规范性引用文件，进而这个文件才能被列入标准的第2章，而不是只要将某文件列入第2章，该文件就成为了规范性引用文件。

那么为什么还要设置第2章呢？由于“适用性”的原则是编写标准的基本规则［见第一章第四节“二、”中的（四）］，那么制定发布的标准也应便于标准使用者的应用，所以设置“规范性引用文件”这一章的目的就是要提高标准的适用性。如果一个标准规范性地引用了一些其他文件，则要想无障碍地使用该标准，只有标准文本是不行的，还应将标准中规范性引用的文件准备好。否则，在使用该标准中某些特定章条时，一旦这些章条规范性引用了其他文件，由于手头没有所引用的文件，具体的规定就无法知晓。这时为了查找相应的规定，就必须设法得到被引用的文件。标准中这种规范性引用的文件越多，给标准使用者造成的麻烦就越大。因此在制定标准时，将标准中规范性引用的文件挑选出来并且清晰地列在第2章中，可以使标准的使用人员从第2章中一目了然地了解到使用这个标准的同时还需要准备的其他文件。

（二）引导语

规范性引用文件一章中，在列出所引用的文件之前应有一段固定的引导语，即：

“下列文件对于本文件的应用是必不可少的。凡是注日期的引用文件，仅注日期的版本适用于本文件。凡是不注日期的引用文件，其最新版本（包括所有的修改单）适用于本文件。”

这一段引导语适用于所有文件，包括标准、标准化指导性技术文件、分部分出版的标准的某个部分。上述引导语包含几层含义：

——只有对本文件的应用是必不可少的文件（也就是规范性的引用文件）才列入以下文件清单中。必不可少是指如果缺少了这些文件，就不能顺利、无障碍地使用本文件。

——对于注日期引用的文件，只有指定的版本，也就是标注了日期的那个版本，才适用于本文件。

——对于不注日期的引用文件，其最新版本，包括所有的修改单，适用于本文件。

（三）引用文件清单中所列文件的表述

在引导语之后，要列出标准中所有规范性引用的文件，这些文件构成了规范性引用文件清单。

1. 列出注日期的引用文件

对于标准中注日期的引用文件，应在规范性引用文件清单中给出文件的年号或版本号以及完整的名称；对于引用的标准则给出标准的编号和名称。

【示例 3-36】

GB/T 1031—1995 表面粗糙度 参数及其数值

2. 列出不注日期的引用文件

对于标准中不注日期的引用文件，不应在规范性引用文件清单中给出文件的年号或版本号，但仍需给出完整的名称；对于引用的标准则仅给出标准的代号、顺序号和标准名称。

【示例 3-37】

GB/T 15834 标点符号用法

3. 列出标准的所有部分

在标准中如果引用了某个分为多个部分出版的标准的所有部分，也就是引用整个标准，而不引用其中的某个部分，如何在规范性引用文件一章的文件清单中列出呢？这里同样分为不注日期和注日期两种情况：

(1)不注日期引用

如果是不注日期引用，那么在文件清单中列出时，需要在标准顺序号后增加“(所有部分)”并列出各部分所属标准的名称，即引导要素(如有)和主体要素，而不给出名称中的补充要素。

【示例 3-38】

GB/T 5095(所有部分) 电子设备用机电元件 基本试验规程及测量方法

(2) 注日期引用

如果是注日期引用，当所有部分为同一年发布时，需要在文件清单中给出“标准代号”、“顺序号及第 1 部分的编号”、“～”(连接号)、“顺序号及最后部分的编号”，然后给出年号以及各部分所属标准的名称，即名称中的引导要素(如有)和主体要素，而不给出名称中的补充要素。

【示例 3-39】

GB/T 20501.1～20501.5—2006 公共信息导向系统 要素的设计原则与要求

在注日期引用的情况下，如果所有部分不是同一年发布的，则需要按照列出注日期引用文件的方式分别列出每个部分。

【示例 3-40】

GB/T 9711.1—1997 石油天然气工业 输送钢管交货技术条件 第 1 部分：A 级钢管

GB/T 9711.2—1999 石油天然气工业 输送钢管交货技术条件 第 2 部分：B 级钢管

GB/T 9711.3—2005 石油天然气工业 输送钢管交货技术条件 第 3 部分：C 级钢管

需要注意的是，不管是注日期还是不注日期，在列出“所有部分”的情况下，由于给出的是各部分所属标准的名称，无须给出部分的名称，所以列出的名称中仅剩下“引导要素和主体要素”而省略了“补充要素”。

4. 列出其他文件

在标准中如果直接引用了国际标准，那么在文件清单中列出这些国际标准时，在标准编号后应给出标准名称的中文译名，并在其后的圆括号中给出原文名称。

标准中如果引用了非标准类文件，那么在文件清单中列出这类文件时应符合 GB/T 7714《文后参考文献著录规则》的规定。

如果引用的文件可在线获得，宜在文件清单中提供详细的获取和访问路径。应给出被引用文件的完整的网址（见 GB/T 7714）。为了保证溯源性，宜提供源网址。

【示例 3-41】

可从以下网址获得：〈http://www.abc.def/directory/filename-new.htm〉。

5. 引用文件的排列顺序

在规范性引用文件一章中的清单中，引用文件的排列顺序为：

a) 国家标准（含国家标准化指导性技术文件）；

b) 行业标准；

c) 地方标准（仅适用于地方标准的编写）；

d) 国内有关文件；

e) 国际标准（含 ISO 标准、ISO/IEC 标准、IEC 标准）；

f) ISO、IEC 有关文件；

g) 其他国际标准以及其他国际有关文件。

上述排列顺序出于这样一种考虑：规范性引用文件清单中应先排国内标准，后排国内文件；再排国际标准，最后排国际文件。国家标准、国际标准按标准顺序号排列（ISO 标准的标准顺序号为 1 到 59999 号，IEC 标准的标准顺序号为 60000 号以上）；行业标准、地方标准、其他国际标准先按标准代号的拉丁字母和（或）阿拉伯数字的顺序排列，再按标准顺序号排列。

6. 标示与国际文件的一致性程度标识

我国标准如以国际标准为基础编写，并与国际标准保持着一致性程度，那么在这些我国标准的规范性引用文件一章的文件清单中，如列出的我国文件与国际文件存在一致性程度，则应在我国文件名称后面标示与国际文件的一致性程度标识（具体标示方法见第六章第四节）。

四、与引用有关的问题

引用是起草标准过程中经常遇到的问题。由于引用的具体内容在标准中并不出现，所以引用又是最容易被标准起草者忽视的问题。为了避免在引用中出现错误，标准起草者应时刻关注以下问题。

（一）引用的准确性

在一项标准被引用时，该标准所规范性引用的文件是必不可少的文件，被引用文件中的有关条款也是标准不可分割的组成部分。因此，应将规范性引用文件作为标准本身的条款对待，这一点并没有引起一些标准起草者的足够重视。为了使引用更加准确、更有效率，标准中在规范性引用其他文件时，应注意做到以下几点：

1. 做好资料收集检索工作

在起草标准之前以及起草标准的过程中要时时收集、查找和检索相关资料。一旦与标准有关的内容已经在其他文件中作出规定，就要考虑采取引用这种方式，充分利用现有的成果，尤其是标准化成果。

2. 时刻关注所引文件的版本变化

在决定引用某个文件后，应认真核对所引文件的版本。如是标准，则要准确核实标准的年号。起草标准时，如标准中需要注日期引用某一标准，首先应考虑引用最新版本。在起草标准的全过程中，应时刻留意所引用标准的版本变化，以便随时调整所起草的标准。当所起草的标准形成报批稿的时候，应再一次核对规范性引用文件一章中所列出的所有注日期的文件。如果所引用的文件又发布了新的版本，应研究其适用性，如适用则应再一次对标准报批稿进行适当调整，从而引用最新版本。

3. 起草标准时原则上不准许引用另一文件的早期版本

在起草标准时，如果需要引用一项标准，但该项标准存在着新旧两个版本，在这种情况下，通常不准许引用前一版本的标准，也就是说标准发布时所引用的文件一般应为最新版本。

4. 标准发布后需要留意注日期引用文件的最新版本变化

标准发布后，对于标准中注日期的规范性引用文件也应时刻留意其最新变化，如果发布了新版本，要研究其适用性，如果适用应尽快对标准进行调整(发布标准的修改单或修订标准)，以便引用最新版本。

（二）规范性引用文件的规范性

规范性引用文件一章中所列文件应同时满足两个条件：第一，在标准条款中被引用；第二，被规范性引用。由于某些标准起草者没有明确地意识到这两个条件，在列出引用文件时常常出现一些错误。为了避免这些错误，在编写“规范性引用文件”一章时要注意以下几点。

1. 不要列入标准起草过程中依据或参考的文件

在标准起草过程中，常常依据或参考大量标准或文件。这些文件在标准中并没有被引用或提及，它们不符合上述第一个条件(更谈不上符合第二个条件)，所以这些文件不应被列入“规范性引用文件”一章。

例如，一些标准的规范性引用文件清单中列入了 GB/T 1.1—2000，而这些标准并没有规定有关标准编写的内容，其条文中也没有引用 GB/T 1.1—2000。当询问标准起草者为什么这样做时，得到的答复是由于所起草的标准遵循了 GB/T 1.1—2000。这种做法是不正确的，只有在标准中要求标准使用者按照 GB/T 1.1—2000 编写标准时，才应将其列入规范性引用文件。

2. 不要列入标准中资料性引用的文件

有些文件虽然在标准中被引用了，但不是被规范性引用，而是被资料性引用。这种情况虽然满足了上述第一个条件，但没有同时满足第二个条件，因此也不应将这类文件列入“规范性引用文件”一章。包括：

(1) 标准条文中提及的文件，这些文件并不是标准应用时必不可少的

例如，标准中这样提及：“当需要使用 GB/T 6682—1992 所规定的水的级别时，应使用下述表述”。由于这里提及 GB/T 6682—1992 只是给出一个条件，并没有要求标准使用者按照 GB/T 6682—1992 去做，而提出的要求是“应使用下述表述”。所以，像这样提及的标准，不应列入

“规范性引用文件”一章。

(2) 标准条文中的注、脚注、图注、表注中提及的文件，标准中资料性附录提及的文件，标准中的示例所使用或提及的文件

由于注、脚注、图注、表注、资料性附录、示例等的性质为资料性，而资料性的内容声明符合标准时不需要遵照使用。因此，这些资料性内容中提及的标准或文件同样也不需要遵照使用。也就是说只要是资料性内容引用的标准或文件的性质也同样为资料性，不应将它们列入“规范性引用文件”一章。

(3) “术语和定义”一章中，在定义后的方括号中标出的术语和定义所出自的文件

如果在“术语和定义”一章中的某些术语和定义是从其他文件抄录而来的，则需要在定义后的方括号中给出定义所出自的文件编号及术语条目编号。由于所要使用的术语和定义的内容已经抄录下来，不再需要使用被抄录的文件，因此方括号中给出的定义所出自的文件不应列入“规范性引用文件”一章。

(4) 摘抄形式引用时，在方括号中标出的摘抄内容所出自的文件

使用摘抄形式引用其他文件的内容时，也需要在所抄录的内容后准确地标明其来源[见本节“二、”中的(三)]。同在“术语和定义”一章中抄录其他文件中的术语和定义一样，这种情况也不应将被抄录的文件列入“规范性引用文件”一章。

3. 不要列入不能公开得到的文件

由于非公开的文件(例如只属于某个企业所有而参与竞争的企业不易获得的文件)一般情况下是不易获得的，因此不应被规范性引用，从而也不应列入“规范性引用文件”一章。

4. 不要列入尚未发布的标准或尚未出版的文件

在引用其他文件时需注意，被引用的文件一定是已经发布或出版的文件。在起草标准的过程中，如果确知另一个需要的文件正在被制定，在确保该文件的发布或出版日期早于正在制定的标准的前提下，方可在标准中引用该文件。一般情况下，一个工作组同时制定几个相互关联的标准时，能够控制各个标准的进度，这时可根据具体情况决定是否引用正在制定的标准。

上文“1.”至“3.”中所提到的文件都不属于规范性引用的文件，这些文件可根据需要将它们列入“参考文献”。

综上所述，并不是在标准中出现的文件都应列入规范性引用文件，而应将这些文件区分为“规范性引用文件”和“资料性引用文件”，前者列入“规范性引用文件”一章，后者列入“参考文献”。

第八节　范　　围

范围是标准的规范性一般要素，同时也是一个必备要素。每一项标准都应有范围，并且应位于每项标准正文的起始位置，它永远是标准的“第1章”。

任何一个标准中的规定都不可能在所有专业技术领域内适用，而只能在所界定的范围和特定的领域内才具有适用性，也就是说标准中的条款只有在“范围”所界定的界限内才是适用的。因此，“范围”一章的表述十分重要，人们在用标准名称初步检索到一项标准之后，要想进一步了解这项标准的内容是否是所需要的，首先要察看标准的范围。

一、范围的内容

范围的内容分为两部分：一部分阐述标准中“有什么”；另一部分阐述标准能“有什么用”。

编写“有什么”的内容时，应明确标准化对象，也就是要说明对“什么”制定标准。这里要用非常简洁的语言对标准的主要内容做出提要式的说明，具体编写时要前后照应。“前”是指范围之前的标准名称。对于标准名称，范围中的内容一是要“不拆台”，也就是标准名称中有的内容，在范围中一定要有；二是要“补台”，也就是标准名称中写不下的内容，在范围中一定要补全。“后”是指范围之后的规范性要素。对于标准中的规范性要素，要按照章的顺序将章的标题恰当地、有机地组织到“有什么”的条款中去。

通常，范围中的第一段用于陈述标准中“有什么”。只有在特别需要时，才补充陈述“没有什么”的内容。

在明确了“有什么”之后，还要编写“有什么用”，也就是要在范围中说明标准“所涉及的各方面”，阐明标准的适用性或标准的适用领域，由此指明标准的适用界限。具体编写时，要阐述标准本身有什么用，而不是描写标准所涉及的标准化对象有什么用。

通常，范围中的第二段用于陈述标准“有什么用”，只有在特别需要时，才补充陈述“没有什么用”的内容（即标准所不适用的界限）。

正因为范围包含了标准中“有什么”和标准“有什么用”这两方面的内容，才使其能够作为“标准的内容提要”使用。

如果标准分成若干个部分，通常情况下每个部分的范围只应界定该部分的标准化对象和所涉及的相关方面。特殊情况下，在范围的起始位置可陈述标准所涉及的对象，但在其后应紧接着陈述该部分所涉及的标准化对象，见示例 3-42。

【示例 3-42】

GB/T 16902 规定了设备用图形符号的原形符号的形成原则、形成指南以及设备用图形符号的应用。

GB/T 16902 的本部分规定了设备用图形符号的原形符号的主要形成原则。根据原形符号所要表达的含义，本部分不但包含图形（例如形状和尺寸）的设计规则，而且包含相关文字的起草规则。

本部分适用于以下用途的图形符号：

——标识设备或其组成部分（例如，控制器或显示器）；

——指示功能状态或功能（例如，通、断、告警）；

——标明连接（例如，端子、加注点）；

——在包装上提供信息（例如，内容物的标识、装卸说明）；

——提供设备的操作说明（例如，使用的限制）。

本部分不适用于以下领域的原形符号：

——安全标志；

——图样和简图；

——技术文件；

——公共信息。

［选自 GB/T 16902.1—2004《图形符号表示规则　设备用图形符号　第 1 部分：原形符号》］

二、范围的表述

（一）表述要求

1. 范围中不应给出要求

范围是规范性一般要素，其内容应采取陈述的形式，任何针对标准化对象的技术要求，都应在标准的“规范性技术要素”中予以规定，而不应规定在范围一章中。

示例3-43给出了在“范围”中包含要求的不正确的实例。

【示例3-43】

> 1 范围
>
> 本标准规定了引用标准的基本原则、要求和表示方法。
>
> 本标准适用于需引用标准的各类标准和有关法律，其他需引用标准的文件亦应参照执行。

［选自GB/T 1.22—1993《标准化工作导则 第2单元：标准内容的确定方法 第2部分：引用标准的规定》］

上述示例中，“其他需引用标准的文件亦应参照执行”属于要求，应改写为“也适用于需引用标准的其他文件”或“其他需引用标准的文件也可参照使用”。

2. 范围应能作为内容提要使用

为了使得范围发挥出标准的内容提要这一作用，范围的编写应做到以下两点：

（1）简洁：在完整的前提下，范围的编写应力求简洁，要高度提炼所要表达的内容，只有这样才能使范围真正起到“内容提要”的作用。

（2）完整：范围一章所提供的信息要全面，要涵盖“标准化对象”及“标准的适用性”两方面的内容，不应缺项。必要时还可指出“标准不适用的界限”。

（二）表述形式

范围中关于标准化对象的陈述应使用下列典型的表述形式：

“本标准规定了……的尺寸。”

“本标准规定了……的方法。”

“本标准规定了……的特征。”

“本标准确立了……的系统。”

“本标准确立了……的一般原则。”

“本标准给出了……的指南。”

“本标准界定了……的术语。”

在给出了上述陈述之后，还应给出标准适用性的陈述。如有必要，还可给出标准不适用的范围。标准适用性的陈述一般另起一段，应使用下述典型的表述形式：

“本标准适用于……”

“本标准适用于……，也适用于……”

"本标准适用于……,……也可参照(参考)使用。"

"本标准适用于……,不适用于……"

对不适用的范围也可另起一段陈述,如:

"本标准不适用于……"

当标准分部分出版时,应将上述表述中的"本标准……"改为"GB/T ×××××的本部分……"、"本部分……"或"本指导性技术文件……"。

为了便于标准中的叙述,在范围一章中常常对标准名称中较长的、标准中需要重复使用的术语给出简称。如:"本标准规定了标志用公共信息图形符号(以下简称图形符号)。"请注意,这里的简称通常仅限于在该标准中使用,并不是相关领域中固定的简称。如需使用固定的简称,见第五章第四节"二、"(一)中的表述。

示例 3-44 至示例 3-46 给出了"范围"的编写示例。其中示例 3-44 为基础标准的"范围",示例 3-45 为服务标准的"范围",示例 3-46 为产品标准的范围。

【示例 3-44】

GB/T 1 的本部分规定了标准的结构、起草表述规则和编排格式,并给出了有关表述样式。

本部分适用于国家标准、行业标准和地方标准以及国家标准化指导性技术文件的编写,其他标准的编写可参照使用。

[选自 GB/T 1.1—2009《标准化工作导则　第 1 部分:标准的结构和编写》]

【示例 3-45】

本标准规定了旅游饭店星级的划分条件、评定规则及服务质量和管理制度要求。

本标准适用于正式营业的各种经济性质的旅游饭店。

[选自 GB/T 14308—2003《旅游饭店星级的划分与评定》]

【示例 3-46】

GB/T 19812 的本部分规定了单翼迷宫式滴灌带的术语和定义、分类、标记、材料、技术要求、试验方法、检验规则、标志、包装、运输和贮存。

本部分适用于以聚烯烃为主要原料,采用挤出吹塑,并以真空模具成型的一侧带有滴水孔且流道呈迷宫型的非复用型滴灌带。

本部分不适用于其他类型的滴灌带。

[选自 GB/T 19812.1—2005《塑料节水灌溉器材　单翼迷宫式滴灌带》]

第四章 资料性要素的编写

上一章介绍了如何起草规范性要素。规范性要素的编写完成，意味着标准的主要内容已经编写完毕。然而，一项完整的标准除了规范性要素之外还应包含其他一些资料性要素。

在编写完成规范性要素之后，就要开始着手资料性要素的编写工作。编写资料性要素时应根据各项标准的需要选择各自的具体要素。编写顺序往往先从引言开始，其次是前言、参考文献、索引、目次、封面等。其中的前言和封面是标准的必备要素，是完成标准必须要编写的内容。只有所有的资料性要素编写完毕后，一个完整的标准草案才算编写完成。

第一节 引　　言

引言是一个可选的资料性概述要素，如果需要设置引言，则应用“引言”作标题，并将其置于前言（见下一节）之后，或者说置于标准正文之前。由于引言是资料性概述要素，因此在引言中不应包含要求。

和前言相比较，引言和标准正文的关系更为密切。引言的作用主要是陈述与“为什么”有关的内容，在引言中需要说明与本文件相关的问题，例如，为什么要制定这项标准？标准的总体技术是什么？技术背景如何？

一、引言的内容

由于引言的作用不同于前言，所以引言的内容也将与前言不一样，具体来讲，引言中可给出下列内容。

1. 编制标准的原因

如果认为有必要阐述编制标准的原因，则可安排在引言中。这里可阐明为什么要编制或修订某项标准，包括编制或修订标准的原因、目的、意义等。

2. 标准技术内容的特殊信息或说明

引言中涉及的技术内容一般是与为什么有关的，是涉及整体技术内容的说明，这些内容在标准中是无法涉及的。在引言中可对标准中涉及的总体技术内容进行说明，常常包含了为什么对这些技术内容进行标准化的说明，还可以给出与技术内容有关的特殊信息，例如，说明使用标准的技术内容不能替代的其他工作，如宣传教育、预防措施等。

3. 专利的声明

如果已经识别出某项标准涉及专利，则在引言中应给出有关专利的声明(见第五章第四节中的“四、”)。

示例4-1的引言中给出了两方面的内容。第一，编制标准的原因，从正反两方面说明了安全信息标准化的重要性。第二，给出了一些特殊信息或说明，包含两方面必要的提示：其一，宣传教育的不可缺少；其二，强调安全信息的提供不能取代其他已有的工作方法、措施等。

【示例4-1】

> **引　　言**
>
> 为了使传递安全信息的系统能被理解，并尽可能少地依赖语言，需要对其进行标准化。随着贸易、旅游和劳动力流动的持续增长，非常有必要建立一种通用的传递安全信息的方式。
>
> 传递安全信息的系统缺乏标准化，可能会导致混乱甚至事故。宣传教育在任何传递安全信息的系统中都是必不可少的组成部分。
>
> 虽然安全色和安全标志在任何传递安全信息的系统中都是必不可少的，但它们不能取代使用正确的工作方法、指令以及事故预防措施和培训等。

[选自GB/T 2893.1—2004《图形符号　安全色和安全标志　第1部分：工作场所和公共区域中安全标志的设计原则》]

示例4-2的引言中第一段的内容为促使修订该标准的原因，第二段内容为有关标准技术内容的特殊信息或说明，在说明标准涉及的技术内容的同时阐述了编制标准的主体思想。

【示例4-2】

> **引　　言**
>
> 近五十年来，GB/T 1通过持续地实施以及不断地修订和完善，在我国标准制修订工作中发挥了重要的指导作用。GB/T 1.1—2000和GB/T 1.2—2002发布以来，收到了许多标准使用者提出的修改意见和建议，在标准应用过程中也遇到了一些新的问题。此外，GB/T 1依据的主要国际文件ISO/IEC导则已于2004年修订出版了第五版，该ISO/IEC导则分为两个部分，原第3部分已经与第2部分合并。为了适应我国标准化工作发展的需要，进一步与新版的ISO/IEC导则相协调，促进贸易和交流，有必要对GB/T 1进行修订。
>
> GB/T 1.1以前的各个版本均是以ISO/IEC导则为基础起草的。ISO/IEC导则是以传统制造业为代表，以产品标准为例编写的，而GB/T 1.1是全国各行各业在编写标准时共同遵守的基础标准，它关注的范围理应更加广泛。因此，本次修订更加注重我国标准的自身特点，主要规定了普遍适用于各类标准的资料性概述要素、规范性一般要素和资料性补充要素以及规范性技术要素中的几个通用要素等内容的编写，而规范性技术要素中其他要素的编写在相关的基础标准(GB/T 20000、GB/T 20001和GB/T 20002)中进行规定。调整后的GB/T 1.1更加适用于各类标准的编写。

[选自GB/T 1.1—2009《标准化工作导则　第1部分：标准的结构和编写》]

二、引言的编号

引言不应编号。如果引言的内容需要分条时，应仅对条编号，编为 0.1、0.2 等。根据情况，引言中的条可选择设标题和不设标题。

引言中如果有图、表、公式，均应使用阿拉伯数字从 1 开始对它们进行编号，正文中相关内容的编号与引言中的编号连续。也就是说，如果引言中有一幅图编号为“图 1”，那么正文中图的编号应为“图 2”、“图 3”等。引言中表、公式的编号也应同样处理。

示例 4-3 给出了引言分条时，对条进行编号并给出条标题的示例。从该示例中还可看出该引言阐述了制定标准的目标，给出了相关专利情况的说明。

【示例 4-3】

引　　言

0.1　目标

GB/T 20090 的本部分是为了适应数字电视广播、数字存储媒体、网络流媒体、多媒体通信等应用中对运动图像压缩技术的需要而制定的。

0.2　应用

本部分适用的范围包括但不限于下述领域：

数字地面电视广播(DTTB，Digital terrestrial television broadcasting)

有线电视(CATV，Cable TV)

…………

0.3　……

…………

0.4　技术概述

…………

0.5　……

…………

0.6　相关专利情况说明

本文件的发布机构提请注意，……

[选自 GB/T 20090.2—2006《信息技术　先进音视频编码　第 2 部分：视频》，做了适当修改]

三、编写引言需要注意的问题

在已经发布的标准的引言中，常常出现其内容与规范性技术要素的内容，或与标准范围一章的内容相混淆的问题。

(一) 引言中不应给出要求

引言是资料性概述要素，它的内容仅仅提供信息或说明，或者解释原因等，因此在引言中不应包含要求。然而在引言中出现要求型条款的现象还是经常发生的。

示例 4-4 中下画线所标示出的内容包含了助动词“应”，属于要求型条款，不应编入引言。如果确有必要规定相应的要求，则应将其编入标准的规范性技术要素中。

【示例 4-4】

> ## 引　　言
>
> …………
>
> 本标准规定的试验条件，如环境温度范围和供源等，都是通常在使用中可遇到的具有代表性的条件。因此，在制造厂未另行规定其他值的场合，应该采用本标准所规定的值。

（二）引言中不应包含“范围”一章的内容

标准的引言中不应给出标准正文“范围”一章的内容，因此引言中不应出现“本标准规定了……”、“本标准适用于……”、“本标准主要涉及……”等叙述。

在示例 4-3 的引言中下画线所标示的内容，即“0.2　应用”不属于在引言叙述的内容，应在标准的范围一章中陈述。

第二节　前　　言

前言是资料性概述要素，同时又是一个必备要素，也就是说每一项标准或者标准的每一部分都应有前言。因此，前言的编写是每一个标准起草者所必须掌握的。

前言应位于目次（如果有的话）之后，引言（如果有的话）之前，用“前言”作标题。由于前言是资料性概述要素，因此在前言中不应包含要求和推荐型条款。另外，前言也不应包含公式、图和表。

前言的作用是提供与“怎么样”有关的信息，主要陈述与本文件相关的其他文件的信息，例如，与先前版本的差异、与国际标准的关系等。

一、前言的内容

根据前言的作用，决定了前言的内容将不同于引言，具体来讲，前言应视情况依次给出下列内容：

a）　标准结构的说明；

b）　标准编制所依据的起草规则；

c）　标准代替的全部或部分其他文件的说明；

d）　与国际文件、国外文件关系的说明；

e）　有关专利的说明；

f）　标准的提出信息（可省略）或归口信息；

g）　标准的起草单位和主要起草人；

h）　标准所代替标准的历次版本发布情况。

二、前言的表述

前言中给出内容的具体表述如下。

（一）标准结构的说明

这项内容只有在系列标准或分部分标准的前言中才会涉及。在仅作为单独一项标准发布的前言中，无须编写该项内容。

如果所起草的标准为系列标准或分部分标准，则在第一项标准或标准的第1部分的前言的开头就应说明标准的预计结构。在系列标准的每一项标准或分部分标准的每一个部分中应列出所有已经发布或计划发布的其他标准或其他部分的名称，而不必说明标准的结构。

起草的标准为系列标准时，在前言中对系列标准预计结构的说明见示例4-5；起草的标准为分部分的标准时，在标准的第1部分的前言中，对标准预计结构的说明以及列出计划发布的其他部分的名称的表述方式见示例4-6；在标准的其他部分的前言中，列出已经发布或计划发布的其他部分的名称的表述方式见示例4-7。

【示例4-5】

GB/T 1《标准化工作导则》与GB/T 20000《标准化工作指南》、GB/T 20001《标准编写规则》和GB/T 20002《标准中特定内容的起草》共同构成支撑标准制修订工作的基础性系列国家标准。

GB/T 1《标准化工作导则》分为两个部分：

——第1部分：标准的结构和编写；

——第2部分：标准制定程序。

本部分为GB/T 1的第1部分。

［选自GB/T 1.1—2009《标准化工作导则　第1部分：标准的结构和编写》］

【示例4-6】

GB/T 10001《标志用公共信息图形符号》拟分成部分出版，各部分将按照应用的领域划分成通用符号和具体领域的符号。目前计划发布如下部分：

——第1部分：通用符号；

——第2部分：旅游休闲符号；

——第3部分：客运货运符号；

——第4部分：运动健身符号；

…………

本部分为GB/T 10001的第1部分。

［选自GB/T 10001.1—2006《标志用公共信息图形符号　第1部分：通用符号》，做了适当修改］

【示例4-7】

GB/T 10001《标志用公共信息图形符号》已经或计划发布以下部分：

——第1部分：通用符号；

——第2部分：旅游休闲符号；

——第3部分：客运货运符号；

——第4部分：运动健身符号；

——第5部分：购物符号；

——第6部分：医疗保健符号；

——第7部分：办公教学符号；

——第8部分：公园景点符号；

——第 9 部分：无障碍设施符号。

本部分为 GB/T 10001 的第 6 部分。

[选自 GB/T 10001.6—2006《标志用公共信息图形符号 第 6 部分：医疗保健符号》，做了适当修改]

（二）标准编制依据的起草规则的阐述

任何标准，只要是按照 GB/T 1.1 的规定编制，就应包含该项内容。在表述标准编制所依据的起草规则时应提及 GB/T 1.1。

【示例 4-8】

本部分按照 GB/T 1.1—2009 给出的规则起草。

（三）标准所代替的标准或文件的说明

新标准的发布有时会代替一个或几个已有的标准或文件，如国家标准化指导性技术文件。在这种情况下，需要在前言中进行说明。

1. 修订旧标准形成的新标准与先前版本的关系

通过修订旧标准而形成的新标准与其先前版本的关系有以下两种：

(1) 代替先前版本

代替先前版本并不意味着先前版本的作废。先前版本在下述情况下还可继续使用：

——其他标准中已经注日期引用的先前版本；

——合同或协议中已经注日期引用的先前版本；

——新签订的合同或协议，经双方商定同意使用先前版本。

当然，无论任何情况下，都鼓励使用标准的最新版本。

(2) 废除先前版本

这种情况下，所废除的先前版本不再继续使用。首先，新制定的标准或新签订的合同就不准许引用先前版本；其次，已经引用先前版本的标准或合同应做相应修改。

2. 代替或废除先前标准或文件的几种情况

新发布的标准代替或废除先前标准或文件的情况较为复杂，一般有如下几种：

——代替或废除先前一个标准或文件；

——代替或废除先前几个标准或多个文件；

——代替或废除先前标准或文件的全部内容；

——代替先前标准或文件的部分内容。

3. 代替先前版本的说明

如果编制的标准是修订旧标准形成的新标准，或因为新标准的发布代替了其他文件，这时在前言中需要包含两方面的内容：

——说明与先前标准或其他文件的关系；

——与先前版本相比的主要技术变化。

(1) 说明与先前标准或其他文件的关系

应表述与先前标准和其他文件的关系：指出是代替还是废除其先前标准，给出被代替或废除的标准（含修改单）或其他文件的编号和名称（加书名号）；如果代替或废除多个文件，应一一给出编号和名称；如果代替或废除其他标准中的部分内容时，应明确指出被代替或废除的具体内容。

示例 4-9 为代替一个先前标准的示例；示例 4-10 为代替两个先前标准的示例；示例 4-11 为代替先前标准中的部分内容的示例。

【示例 4-9】

本部分代替 GB/T 3935.1—1996《标准化和有关领域的通用术语　第 1 部分：基本术语》。

【示例 4-10】

本部分代替 GB/T 1.1—2000《标准化工作导则　第 1 部分：标准的结构和编写规则》和 GB/T 1.2—2002《标准化工作导则　第 2 部分：标准中规范性技术要素内容的确定方法》。

【示例 4-11】

GB/T 10001 的本部分代替 GB 10001—1994《公共信息标志用图形符号》中的部分内容，未被代替的内容为下述 16 个涉及旅游娱乐的图形符号：洗衣、干衣、烫衣、舞厅、卡拉“OK”、桑拿浴、按摩、游泳、棋牌、乒乓球、台球、保龄球、高尔夫球、壁球、网球、健身。这 16 个符号将纳入 GB/T 10001 的第 2 部分。

(2) 说明与先前版本相比的主要技术变化

在陈述完被代替或废除的标准或其他文件的编号和名称之后，应给出当前版本与先前版本相比的主要技术变化。需要注意的是，在前言中仅列出技术变化，不涉及编辑性修改和文本结构的变化。一般来讲，新版本与旧版本相比主要技术变化无外乎以下三种：

——删除了先前版本中的某些技术内容；

——增加了新的技术内容；

——修改先前版本中的技术内容。

说明与先前版本相比主要技术变化时，一般按照所涉及章条的前后顺序逐一陈述。针对上述三种技术变化情况，通常使用“删除”、“增加”和“修改”三种表述，同时在括号中给出所涉及的新、旧版本的有关章条或附录等。凡是删除了先前版本中的技术内容，仅列出先前版本的有关章条或附录；凡是增加了新的技术内容，仅列出所涉及的当前版本的有关章条或附录；凡是修改先前版本的技术内容，应列出所涉及的当前版本与先前版本的有关章条或附录。

一般可用“见××”提及当前版本，用“××××年版的××”提及先前版本，如“（见 6.9，1997 年版的 5.13）”（参见示例 4-12）。如果当前版本与先前版本的标准顺序号发生了变化，则提及先前版本时应使用先前版本的编号，如 GB/T 20000.1—2002 代替了 GB/T 3935.1—1996，则在前言中陈述与先前版本的技术变化时，使用“GB/T 3935.1—1996 的 2.16”（参见示例 4-13）。

【示例 4-12】

本部分代替 GB/T 16902.1—1997《图形符号表示规则　设备用图形符号　第 1 部分：图形符号的形成》，与 GB/T 16902.1—1997 相比主要技术变化如下：

——将术语“符号原图”改为“原形符号”并更改了定义内容（见 3.2，1997 年版第 3 章）；

——不再准许使用从左侧顶部到右侧底部的斜杠作为否定要素（见 6.9，1997 年版 5.13）；

——修改了基本图型中的几何形状（见 7.1 中标号⑦，1997 年版 6.1 中标号 8）；

——增加了符号线条超出基本图型中八边形时允许和不准许的情况（见 7.2）；

——将“名义尺寸”改为“公称尺寸”(见 7.1,1997 年版 6.3)；
——删除了对原“名义尺寸”的说明和示例(1997 年版 6.3.1)；
——删除了对使用中的图形符号尺寸的规定(1997 年版 7.4)；
——增加了原形符号的规格说明(见 8.1)。
[选自 GB/T 16902.1—2004《图形符号表示规则　设备用图形符号　第 1 部分:原形符号》,做了适当修改]

【示例 4-13】
本部分代替 GB/T 3935.1—1996《标准化和有关领域的通用术语　第 1 部分:基本术语》,与 GB/T 3935.1—1996 相比主要技术变化如下：
——将有关“认证体系”的术语和定义调整为有关“合格评定体系”的术语和定义(见 2.12.1～2.12.8;GB/T 3935.1—1996 的 2.14.1～2.14.3 和 2.14.10～2.14.12)；
——增加了有关“认可体系”的术语和定义(见 2.17)；
——删除了有关“测试实验室的认可”的术语和定义(GB/T 3935.1—1996 的 2.16)。
[选自 GB/T 20000.1—2002《标准化工作指南　第 1 部分:标准化和相关活动的通用词汇》,做了适当修改]

(四) 与国际文件、国外文件关系的说明

如果所制定的标准是以国外文件为基础形成的,可在前言陈述与相应文件的关系。

【示例 4-14】
本标准参考 ASTM C 618—2003《用于波特兰水泥混凝土掺和料的粉煤灰和原装或煅烧的天然水杉灰》、JIS A 6201—1999《混凝土用粉煤灰》。
[选自 GB/T 1596—2005《用于水泥和混凝土中的粉煤灰》]

如果所制定的标准与国际文件存在着一致性程度(等同、修改或非等效)的对应关系,那么应按照 GB/T 20000.2 的有关规定陈述与对应国际文件的关系。详见第六章。

(五) 有关专利的说明

凡可能涉及专利的标准,如果尚未识别出涉及专利,则应在前言中用如下典型表述说明相关内容:“请注意本文件的某些内容可能涉及专利。本文件的发布机构不承担识别这些专利的责任。”(详见第五章第四节的“四、”)。

(六) 标准提出信息、归口信息的陈述

1. 标准的提出信息

标准的提出也就是提案建议起草该项标准的行业主管部门、标准化技术委员会或有关单位。这一信息的提供是可选择的,如果不需要也可省略该项信息。

如果标准由全国专业标准化技术委员会提出,则应在其名称之后给出技术委员会的国内代号,并加圆括号。

如需要该项信息,在标准前言中可表述为：
“本标准由中华人民共和国××××部提出。”
“本标准由全国××××标准化技术委员会(SAC/TC ×××)提出。”
“本标准由××××标准化技术委员会提出。”

“本标准由××××研究院提出。”

2. 标准的归口信息

标准的归口可理解为负责标准编制、审查和维护的全国专业标准化技术委员会或标准化技术归口单位。如果在标准所涉及的领域内有相应的全国专业标准化技术委员会，则应由技术委员会归口；如果没有相应的技术委员会，可由其他标准化技术归口单位归口。

如果标准由全国专业标准化技术委员会归口，则应在其名称之后给出技术委员会的国内代号，并加圆括号。

在标准前言中标准的归口信息可表述为：

“本标准由全国××××标准化技术委员会(SAC/TC ×××)归口。”

“本标准由××××研究院(所、中心)归口。”

3. 提出和归口信息合并表述

如果标准的提出和归口信息相同，则可将它们合并一起叙述。这时可表述为：

“本标准由全国××××标准化技术委员会(SAC/TC ×××)提出并归口。”

(七) 标准起草单位和主要起草人的陈述

1. 标准的起草单位

标准的起草单位即标准的具体编写单位，一般应多于一个。如需要，可指明负责起草单位和参加起草单位。

在标准前言中标准的起草单位可表述为：

“本标准起草单位：××××、××××、××××。”

“本标准由××××、××××负责起草。”

“本标准由××××负责起草，××××参加起草。”

“本标准由××××负责起草，××××、××××、××××等参加起草。”

在给出上述标准的提出、归口及起草单位等信息时，对于涉及的任何部门、单位或全国专业标准化技术委员会都应给出准确的全称。

2. 标准主要起草人

标准主要起草人的署名，不但可以加强标准起草人的责任感，而且方便了标准使用者与标准起草人之间的联系，有利于对标准技术问题的咨询，使标准贯彻中的具体问题得以尽快解释和处理。另外，从标准属于科技成果的角度看，在标准中署起草人的姓名也具有较实际的意义。

在标准前言中标准主要起草人可表述为：

“本标准主要起草人：×××、×××、×××。”

(八) 标准所代替标准的版本情况的说明

给出该项信息是十分必要的，它陈述了标准各版本发展变化的清晰轨迹。该信息的提供，一方面可以让使用标准的人员对标准的发展及变化情况有一个全面的了解，另一方面也给标准以后的修订工作提供了方便，使参加标准修订的人员能够准确地掌握标准各版本发布的情况。

一个新标准与其历次版本的关系存在着各种情况：有时比较简单，比如，从标准首次发布一直到当前版本，不过是单一标准的几次修订，如示例 4-15 所示；有时情况比较复杂，比如，标准在历次修订的过程中，有时将其他标准并入，有时又将标准分为部分等等，示例 4-16 给出了这种情况的一个例子；还有的标准代替了两个或两个以上的标准，这种情况应将被代替的各标准的变化情况分别列出，见示例 4-17。无论哪种情况，在给出这项信息时，应力求准确、清晰。

【示例 4-15】

本标准于 1995 年 4 月首次发布，2002 年 1 月第一次修订，2007 年 11 月第二次修订。

【示例 4-16】

GB 10001 于 1988 年首次发布，1994 年第一次修订时将 GB 3818—1983《公共信息图形符号》及 GB 10001—1988《公共信息标志用图形符号》合并；2000 年第二次修订时将标准分为多个部分；本次为第三次修订。

[选自 GB/T 10001.1—2006《标志用公共信息图形符号　第 1 部分：通用符号》，做了适当修改]

【示例 4-17】

本部分代替了 GB/T 1.1—2000 和 GB/T 1.2—2002。

GB/T 1.1—2000 的历次版本发布情况为：

——GB 1.1—1981、GB 1.1—1987、GB/T 1.1—1993；

——GB 1—1958、GB 1—1970、GB 1—1973、GB 1.2—1981、GB 1.2—1988、GB/T 1.2—1996。

GB/T 1.2—2002 的历次版本发布情况为：

——GB 1.3—1987、GB/T 1.3—1997；

——GB 1.7—1988。

[选自 GB/T 1.1—2009《标准化工作导则　第 1 部分：标准的结构和编写》]

在前言中应根据具体的文件，将“本标准……”相应地改为“GB/T ××××× 的本部分……”、“本部分……”或“本指导性技术文件……”。

三、编写前言需要注意的问题

编写前言时要注意区分哪些内容需要编写在前言中，哪些内容需要编写在标准的其他要素或其他文件中，不应将不该写入的内容编写在前言中。尤其要注意不应在前言中编写需要写入引言、范围、规范性技术要素中的内容，也不应将仅需写在标准编制说明中的内容写入前言。目前，在已经发布的标准的前言中存在着一些不规范的现象。为了避免这些错误的出现，在编写标准的前言时应注意以下问题。

（一）前言中不应给出要求

标准的前言不应和标准的规范性技术要素的内容相混淆。由于前言是资料性概述要素，因此不应含有要求。但是在标准前言中含有要求的情况还是比较普遍的，见示例 4-18。

（二）前言中不应包含“范围”一章的内容

标准的前言不应和标准的规范性一般要素“范围”一章的内容相混淆，也就是不应给出“范围”一章的内容。如果在前言中出现了“本标准规定了……”、“本标准适用于……”、“本标准主要涉及……”等叙述，那么就是犯了这类错误。见示例 4-19。

（三）前言中不应规定配合使用的文件

在标准分成多个部分时，前言中经常出现规定配合使用的文件，这类错误的发生也是混淆了标准的前言与标准的规范性技术要素。例如，在 GB/T 12763.3—2007 的前言中有这样一段不正确的表述："本部分与 GB/T 12763 的第 1 部分和 GB/T 12763 的第 7 部分配套使用。"

如果在标准中需要规定配合使用的文件，则应在标准的规范性技术要素中体现。

（四）前言中不应阐述编制标准的意义或介绍标准的技术内容

前言中阐述编制标准的意义或介绍标准的技术内容是混淆了引言与前言的内容。有些标准的前言中，一开始就介绍标准所涉及领域的国内外有关情况，有些还特别介绍有关技术发展情况，该产品在国家经济发展中的作用以及该标准的制定对促进技术进步等所具有的重要意义等。这些内容可在标准的编制说明中介绍，如果确需在标准中介绍，则应编入标准的引言。（见示例 4-18 至示例 4-20）

（五）前言中不应介绍标准的立项情况或编制过程

前言中介绍标准的立项情况或编制过程是混淆了标准的编制说明与前言的内容。例如有一个行业标准在前言起始部分编入如下内容：

"本标准是全国××××标准化技术委员会××分技术委员会 1991 年召开的第一届第五次会议上提出，1992 年立项，由××××部中国××××技术研究院组织编写，国家技术监督局派员参加，待经费落实后，于 1994 年组织编写……"

显然，上述内容不属于标准前言的内容，如需要可写入标准的编制说明。

【示例 4-18】

前　　言

…………

本标准属于我国耗能产品系列能效标准之一。为贯彻实施《中华人民共和国节约能源法》，节约能源、保护环境、提高管形荧光灯镇流器的能源利用效率，引导企业的节能技术进步，特制定本标准。

本标准根据我国管形荧光灯镇流器生产和使用的现状制定，并参考了国外类似标准。

本标准所适用的管形荧光灯镇流器，其安全性能要求应分别符合 GB 2313—1993《管形荧光灯镇流器一般要求和安全要求》、GB/T 14044—1993《管形荧光灯镇流器性能要求》、GB 15143—1994《管形荧光灯用交流电子镇流器一般要求和安全要求》和 GB/T 15144—1994《管形荧光灯用交流电子镇流器性能要求》，电子兼容要求应符合 GB 17625.1—1998《低压电气及电子设备发出的谐波电流限值（设备每相输入电流≤16 A）》和 GB 17743—1999《电气照明和类似设备的无线电骚扰特性的限值和测量方法》的规定。

…………

［选自 GB 17896—1999《管形荧光灯镇流器能效限定值及节能评价值》］

上述示例第一段中"为贯彻实施……"阐述了标准的重要意义，因此，应删去这些内容或将它们移到引言中；第二段并没有给出具体的国外标准，根据我国情况也不必阐述，所以，第二段也可删去；第三段明显属于要求的内容，应在标准的规范性技术要素中规定。

【示例 4-19】

> **前　　言**
>
> 在制定和贯彻标准的过程中，经常遇到引用标准的问题。引用标准是指在标准和法规中引用一个或多个标准号、条文号来代替其详细内容。采用引用标准这种国际上通行的制定标准的方法，既可以避免重复已规定的内容，减少标准文件篇幅，又可以避免因重复已规定的内容而造成的差错。
>
> 为了适应我国标准的制定和贯彻的需要，特别是采用国际标准和国外先进标准中引用标准的急需，本标准中规定了引用标准的基本原则、要求和具体的表示方法，从而为引用标准提供了全国统一的技术依据。
>
> …………

[选自 GB/T 1.22—1993《标准化工作导则　第 2 单元：标准内容的确定方法　第 22 部分：引用标准的规定》]

上述示例中第一段的内容介绍了标准的技术内容，不属于前言的内容，其中大部分内容经过改写可编入标准的引言；第二段中的"……本标准中规定了引用标准的基本原则、要求和具体的表示方法"属于范围的内容，可编入标准的范围。

【示例 4-20】

> **前　　言**
>
> 自然保护区开展生态旅游是增强自养能力实现可持续发展的有效途径，为使自然保护区生态旅游走上科学化、规范化发展的轨道，促使自然保护区统一组织、管理、开展生态旅游活动，规范对自然保护区生态旅游规划设计的要求，切实提高自然保护区开展生态旅游活动的成效，特制定本标准。
>
> …………

[选自 GB/T 20416—2006《自然保护区生态旅游规划技术规程》]

上述示例中的内容陈述了编制标准的意义，不属于前言的内容，应从前言中删去，如需要可编入标准的引言。

（六）前言中只准许编写"规定的内容"

所谓"规定的内容"是指由有权规定在标准的前言中编写什么内容的文件所规定的内容。一般有来自两类文件的规定：其一，GB/T 1.1 的规定；其二，其他有权规定在标准前言中应编写的内容的规范性文件，如国家质量技术监督局 2000 年发布的《关于强制性标准实行条文强制的若干规定》中的规定。

前言中只准许编写上述两类文件所"规定的内容"。因此，当编写前言时首先应按照本节"二、"中介绍的八项内容的顺序一一陈述。如果有些项目没有需要说明的内容，则跳过该项，接着介绍其以下各项的内容。

假如某项国家标准不是系列标准中的一个标准，也不是分部分标准中的一个部分，而且是新制定的标准，又没有采用国际标准，与其他标准或文件也没有什么关系，则在前言可直接陈述：

"本标准按照 GB/T 1.1—2009 给出的规则起草。

请注意本文件的某些内容可能涉及专利。本文件的发布机构不承担识别这些专利的责任。

本标准由全国××××标准化技术委员会(SAC/TC ×××)归口。

本标准起草单位:××××、××××、××××。

本标准主要起草人:×××、×××、×××。”

第三节 参考文献

在编写标准的过程中可能引用了许多其他文件。这些被引用的文件中,凡是规范性引用的,都已经列入了“规范性引用文件”一章;除此之外,标准中还会资料性引用一些文件,这些文件不应被列入“规范性引用文件”一章。当需要将它们明确列出时,应列入“参考文献”。

一、一般规则

参考文献是资料性补充要素,并且是一个可选要素。在为了便于查询,需要将标准中资料性引用的文件列出时,可设置“参考文献”这一要素。如果需要“参考文献”,则应设置在最后一个附录之后。需要注意的是,不应将参考文献编成一个资料性附录,因为它是与附录不同的独立的资料性补充要素。

二、参考文献可列出的文献

如需要可将以下文件列入参考文献:

1. 标准中资料性引用的文件

标准中资料性引用的文件包括:

——标准条文中提及的文件;

——标准条文中的注、图注、表注中提及的文件;

——标准中资料性附录提及的文件;

——标准中的示例所使用或提及的文件;

——“术语和定义”一章中在定义后的方括号中标出的术语和定义所出自的文件;

——摘抄形式引用时,在方括号中标出的摘抄内容所出自的文件。

2. 标准起草过程中依据或参考的文件

除了在标准中资料性引用的文件外,在标准编制过程中参考过的文件也可列入参考文献。

上述内容的具体说明,参见第三章第七节“四、”中的(二)。也就是说上一章第七节中所谈到的不应列入“规范性引用文件”的文献,都可列入“参考文献”。

三、如何列出参考文献

在文献清单中的每个参考文献前应在方括号中给出序号。文献清单中所列的文献(含在线文献)以及文献的排列顺序等均与对规范性引用文件清单的规定相一致[见第三章第七节“三、”中的(三)]。

参考文献中如果列出国际、国外标准或其他国际、国外文献,则应直接给出原文,无须将原文翻译后给出中文译名(见示例4-21)。这一点不同于对规范性引用文件清单的规定。在规范性引用文件清单中,如列出国际、国外标准则应在标准编号后给出标准名称的中文译名,并在其后的圆括号中给出原文名称。

当正在起草的国家标准与国际标准存在着一致性程度时,如果将国际标准中的参考文献用我国文件代替,则在我国文件的名称之后的圆括号中标示这些我国文件与对应的国际文件之间的一致性程度时，可采取较灵活的做法(见第六章第四节中的“三、”)：

——不标示一致性程度标识；

——仅给出相应的国际文件的代号和顺序号；

——标示一致性程度标识。

示例 4-21 给出了一个参考文献的实例。

【示例 4-21】

参 考 文 献

[1] GB/T 4026—1992 电器设备接线端子和特定导线线端的识别及应用字母数字系统的通则

[2] GB/T 13000.1—1993 信息技术 通用多八位编码字符集(UCS) 第 1 部分：体系结构与基本多文种平面

…………

[12] ISO 10303-212 Industrial automation systems and integration—Product data representation and exchange—Part 212: Electrotechnical design and Installation (actually ISO/TC 184/SC 4/JWG9/N 23-96)

[13] IEC 61346-2 Industrial systems, installations and equipment, and industrial products—Structuring principles and reference designations—Part 2: Classification of objects and codes for classes (at present as 3B/195/CD)

[14] IEC 61666:1997 Industrial systems, installations and equipment and industrial products—Identification of terminals within a system

[15] IEC/TR 61734:1997 Application of IEC 617-12 and IEC 617-13

[16] ISO/IEC 10646-1:1993 Information technology—Universal Multiple—Octet Coded Character Set(UCS)—Part 1: Architecture and Basic Multilingual Plane

[17] Information modeling—Getting started with EXPRESS-G

此文件以 PDF 电子格式文件形式存放于网页(WEB)上(http://www.iec.ch/tc3)

[18] Global Electronics Guidelines for Bar Code / 2D Marking of Products & Packages in conjunction with EDI(actually ACET/157/INF)

…………

第四节 索 引

到目前为止，我们的标准编写已经接近尾声。为了增加标准的适用性，在某些情况下还需要编写索引。索引可以为我们提供一个不同于目次的检索标准内容的途径，它可以从另一个角度方便标准的使用。

一、一般规则

索引为资料性补充要素，并且是一个可选要素。如果需要设置索引，则应用“索引”做标题，将其设为标准最后一个要素。也就是说，如果标准中有“参考文献”，则索引位于参考文献之后；如果标准中没有“参考文献”，则索引位于最后一个附录之后。需要注意的是，不应将索引编成一个资料性附录，因为它是与附录不同的一个独立的资料性补充要素。

二、如何给出索引

索引一般以标准中的“关键词”作为索引对象，以关键词的汉语拼音顺序作为索引顺序，并引出对应的章条、附录编号和(或)表的编号。如需要索引的关键词较多,为了便于检索,可在汉语拼音首字母相同的关键词之前,标出汉语拼音的首字母(见示例 4-22 和示例 4-23)。可根据索引中关键词的长短将索引编排成单栏或双栏(见示例 4-23 和示例 4-24)。电子文本的索引宜自动生成。

在编写标准的索引时,要注意索引的顺序不应和条文中章条次序或编号次序相一致,那样就没有起到索引的作用。

【示例 4-22】

索 引

B

C

D

F

G

三、术语标准或符号标准的索引

按照规定,在我国的"术语标准"和"图形符号标准"中都应编写索引。术语标准的索引通常用"术语"作为索引对象,并引出术语对应的条目编号,索引中的术语和条目中的术语应具有相同的字体形式;符号标准的索引通常用"符号的含义或名称"作为索引对象,并引出符号对应的编号或序号。

术语标准和符号标准的索引除了包含中文索引以外,通常还包含相应中文的外文对应词索引。当索引中包含了其他语言文字的索引时,应在每种语言文字的索引之间空行,但不应分页。在每种索引之前宜增加该语种的索引标题,例如用"汉语拼音索引"、"英文对应词索引"或"法文对应词索引"等字样加以区分,但各语种索引应具有一个共同的标题"索引"。英文索引应以拉丁字母顺序作为索引顺序。

示例 4-23 为术语标准的索引示例;示例 4-24 为图形符号标准的索引示例。

【示例 4-23】

索 引

汉语拼音索引

B

C

D

英文对应词索引

A

B

[选自 GB/T 17532—2005《术语工作 计算机应用 词汇》]

【示例 4-24】

索 引

汉语拼音索引

英文对应词索引

[选自 GB/T 16273.3—1999《设备用图形符号 电焊设备通用符号》,做了适当修改]

第五节 目 次

索引编写完毕之后，下一个提高标准适用性的工作将是编写目次。目次是不同于索引的另一个检索标准内容的重要途径，它可以一目了然地展示标准的结构和主要内容，从另一个角度方便了标准的使用。

一、一般规则

目次是资料性概述要素，并且是一个可选要素。也就是说，是否设置目次要根据标准的具体需要来决定。如果需要设有目次，则应用“目次”作标题，将其置于封面之后。

由于目次具有显示标准结构框架、引导阅读、方便检索等功能，所以设置目次能够给标准的使用者提供较大的便利。在电子文本中，不但从目次中可以查阅标准的内容，还可通过目次快速定位到所需要的位置，这种情况下目次的设置显得更加重要。通常下述两种情况有必要设置目次：第一，标准的层次较复杂，有必要使标准使用者迅速了解标准的结构；第二，需要通过给出标准的章、条、附录等的标题而展示标准的内容，从而能够方便标准内容的查阅和检索。

二、目次列出的内容

目次中所列的各项内容和顺序如下：

a) 前言；

b) 引言；

c) 章的编号、标题；

d) 条的编号、标题(需要给出条时才列出，并且只能列出带有标题的条)；

e) 附录编号、附录性质［即“(规范性附录)”或“(资料性附录)”］、附录标题；

f) 附录章的编号、标题(需要给出附录的章时才列出)；

g) 附录条的编号、标题(需要给出附录的条时才列出，并且只能列出带有标题的条)；

h) 参考文献；

i) 索引；

j) 图的编号、图题(需要时才列出，并且只能列出带有图题的图)；

k) 表的编号、表题(需要时才列出，并且只能列出带有表题的表)。

具体编写目次时，在列出上述内容的同时，还应列出其所在的页码。

三、编写目次需要注意的问题

编写目次时，应注意以下问题：

1. 虽然目次是可酌情取舍的要素，但是一旦决定设置目次，所列出的内容不应任意取舍，下述各项是应列出的内容：前言、引言(如有)、章的编号及其标题、附录(如有)(包括附录编号、附录性质和附录标题)、参考文献(如有)和索引(如有)等。

2. 除了上述内容之外，其他内容可根据具体情况选择列出。目次中选择列出的条、附录的章、附录的条、图、表等都应是带有标题的，如果没有标题就不应被列出。

3. “术语和定义”一章中的术语不应在目次中列出。从这一章的编排格式可看出，术语和其条目编号没有被排在同一行，这是因为术语不是条的标题。而目次中所列的都是带有标题的内容，因而不是条标题的术语不应在目次中列出。

4．目次中所列出的内容，包括编号、标题、页码等均应与文中完全一致。

5．在电子文件中，目次应自动生成，不需手工编排。这样可以极大地避免手工编辑目次造成的遗漏、错误等现象。

【示例 4-25】

目　　次

［选自 GB/T 15566.1—2007《公共信息导向系统　设置原则与要求　第 1 部分：总则》，做了适当修改］

第六节　封　　面

到目前为止，我们仅差最后一项工作就完成了标准草案的编写。这项工作就是对标准进行包装，即增加标准的封面。

封面是资料性概述要素，同时又是一个必备要素，也就是说每项标准都应有封面。封面不仅仅是一个标准的包装，它还起着十分特殊的作用，在标准封面上显示着大量识别标准的重要信息。

一、封面标示的内容

在标准封面上需要标示以下12项内容：

——标准的层次；

——标准的标志；

——标准的编号；

——被代替标准的编号；

——国际标准分类号[1]（ICS号）；

——中国标准文献分类号；

——备案号（不适用于国家标准）；

——标准名称；

——标准名称对应的英文译名；

——与国际标准的一致性程度标识；

——标准的发布和实施日期；

——标准的发布部门或单位。

标准征求意见稿和送审稿的封面显著位置应按GB/T 1.1—2009附录C中C.1的规定，给出征集标准是否涉及专利的信息。（详见第五章第四节的“四、”）

二、在封面标示信息的具体要求

在封面上标示信息时，应符合以下规定。

（一）标准的层次

按照《中华人民共和国标准化法》的规定，我国标准分为：国家标准、行业标准、地方标准和企业标准。

标准封面上部居中位置应标示标准的层次，国家标准为“中华人民共和国国家标准”，行业标准为“中华人民共和国××行业标准”，地方标准为“××××（地方名称）地方标准”，企业标准为“××××（单位名称）企业标准”。

按照国家质量技术监督局1998年12月24日发布的《国家标准化指导性技术文件管理规定》，国家标准化管理部门除了发布标准外，还发布国家标准化指导性技术文件。如果所起草的是这类文件，则封面上部居中位置应为“中华人民共和国国家标准化指导性技术文件”。

1　“国际标准分类”来源于英文International Classification for Standards。显然，译文“国际标准分类”不够准确，容易使人误解为是对国际标准的分类编号。译为“标准文献的国际分类”较为准确。但考虑到我国“国际标准分类”已经沿用多年，并且已在相关的文件中使用。因此，目前我们暂时使用“国际标准分类”。

（二）标准的标志

标准封面的右上角应给出标准的标志。标准的标志通常为标准代号的固定字体：国家标准代号为“GB”；各行业标准的代号见附录四的附表4-1“中华人民共和国行业标准情况”（附表4-1中还给出了各行业标准的批准发布部门、组织制定部门）；地方标准的代号为“DB××”，其中××为各省、自治区、直辖市行政区划代码前两位数，见附录四的附表4-2“省、自治区、直辖市行政区划代码表”；企业标准的代号为“Q/×××”。

（三）标准的编号

在标准封面中标示标准层次位置的右下方应标示标准的编号。标准的编号由标准的批准或发布部门分配。标准的编号由标准代号、顺序号和年号三部分组成。根据《国家标准管理办法》、《行业标准管理办法》、《地方标准管理办法》和《企业标准化管理办法》的规定，我国各类标准的编号形式分别为：

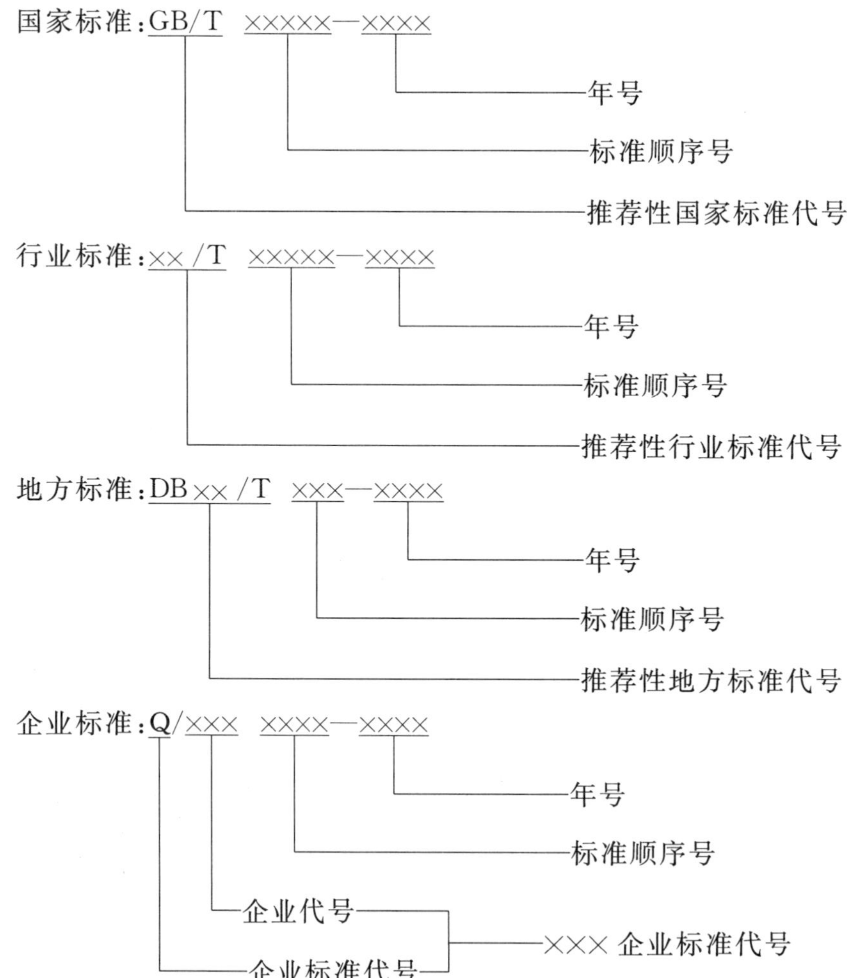

如果国家标准、行业标准、地方标准为强制性标准，则将上述标准代号中的“/T”删去即可得到其标准编号。

按照《国家标准化指导性技术文件管理规定》，如果所起草的文件为国家标准化指导性技术文件，则其代号为“GB/Z”。

如果所起草的标准是以国际标准为基础编制的，并且等同采用国际标准，则在封面上标示的标准编号应为双编号（见第六章第三节的“一、”）。

（四）被代替标准的编号

如果所起草的标准代替了同层次的（如国家标准代替国家标准）某个或某几个标准，则应在封面中的标准编号之下另起一行标明被代替标准的信息，即被代替的标准编号（见示例 4-26）。如果被代替的标准较多时，也可仅列出主要被代替的标准，并在标准编号后加上“等”字（见示例 4-27），具体被代替的多项标准在前言中介绍。不同层次标准的替代情况不在封面上标示。必要时，可在标准的“前言”中介绍。

【示例 4-26】

代替 GB/T 1.1—2000，GB/T 1.2—2002

【示例 4-27】

代替 GB/T ×××××—2000 等

（五）ICS 号、中国标准文献分类号和备案号

1. ICS 号

国家标准、行业标准和地方标准应在其封面的左上角标明 ICS 及其分类编号。ICS 号是 ISO 编制的。在我国标准封面上标明 ICS 号，能够通过使用这一国际统一的分类方法，便于我国标准与国际标准的交流与对比。

标准起草单位或标准化技术归口单位在上报标准报批稿时，应在标准封面左上角标明 ICS 及其分类编号。具体分类编号可在《International Classification for Standards (ICS)》（国际标准分类，网址为 http://www.sac.gov.cn/upload/070712/0707121447208780.pdf）中查找。

ICS 的标注见示例 4-28 和示例 4-29。

2. 中国标准文献分类号

在 ICS 号之下，应标明中国标准文献分类号，即一级类目和二级类目编号。分类号的选择应符合《中国标准文献分类法》的规定。

【示例 4-28】

ICS 01.080.01

A 22

［选自 GB/T 16900—1997《图形符号表示规则　总则》］

【示例 4-29】

ICS 13.120

A 12

［选自 GB 5296.2—1999《消费品使用说明　家用和类似用途电器的使用说明》］

3. 备案号

按照国家技术监督局“技监局标发［1996］244 号《关于进一步加强行业标准备案管理工作的通知》”和国家质量技术监督局“质技监局标函［1999］42 号《关于发送“进一步加强地方标准备案管理工作的意见”的通知》”的有关规定，行业标准和地方标准在出版时应将备案号印在标准封面左上角的中国标准文献分类号之下。备案号的组成为：顺序编号—年号。

【示例 4-30】
ICS 65.160
X 85
备案号：10492—2002
[选自 YC 171—2002《烟用接装纸》]

【示例 4-31】
ICS 11.140
C 48
备案号：13541—2003
[选自 DB 11/T 163—2002《无公害蔬菜　白菜生产技术规程》]

（六）标准名称及其对应的英文译名

1. 标准名称

标准名称在标准封面中位于十分重要的位置。每项标准封面的居中位置都应给出标准名称。

2. 标准名称对应的英文译名

为了便于国际贸易和对外技术交流，在国家标准和行业标准封面上除了要有标准名称外，还应在标准名称之下给出其对应的英文译名。目前许多国家（如日本、德国、法国、俄罗斯等）都在本国标准的封面中给出标准名称对应的英文译名。英文译名的编写要求如下：

（1）英文译名的编写要以中文的标准名称为基础，在保证原意完整和准确的基础上，不必按照中文的标准名称逐字翻译。我国标准的标准名称各要素之间空一格汉字的间隔，英文译名的各要素间用一字线"—"相隔。各要素第一个单词的首字母应大写，其他单词的字母小写（需要大写的专用名词除外）。

（2）英文译名应尽量从相应国际、国外标准的名称（如为英文版）或英文译名中选取。在采用国际标准时，宜采用原标准的名称或英文译名。如果标准中规定的内容与相应的国际标准的标准化对象及其技术特征有差异（在与国际标准的一致性程度为非等效或修改时），应研究是否可以使用原文的标准名称，如果确实不能使用，则需按照我国标准的标准名称作相应的调整。

（3）涉及试验方法的标准，只要可能其英文译名的表述方式应为："Test method…"或"Determination of …"。应避免以下类似的表述："Method of testing …"、"Method for the determination of …"、"Test code for the measurement of …"、"Test on …"。

（七）与国际标准的一致性程度标识

当所制定的标准与国际文件存在一致性程度时，应按照 GB/T 20000.2—2009 的规定，在封面中的英文译名之下标示与国际标准的一致性程度标识。具体标示方法见第六章第三节"二、"中的（二）。

（八）标准的发布日期和实施日期以及发布部门或单位

在封面的倒数第二行，应标示标准的发布日期和实施日期，例如"2008-07-16 发布"、"2008-12-01 实施"。标准的实施日期由标准的审批发布部门在发布标准时确定。

在封面的倒数第一行，应标示标准的发布部门或单位。

目前国家标准的发布部门为:“中华人民共和国国家质量监督检验检疫总局”和“中国国家标准化管理委员会”;工程建设国家标准由“中华人民共和国建设部”和“中华人民共和国国家质量监督检验检疫总局”联合发布。

行业标准的发布部门为:各行业主管部门,见附录四的附表4-1。

地方标准的发布部门为:各省、自治区、直辖市标准化行政主管部门。

企业标准的发布单位为:各企业。

第五章　要素内容的表述

本书的前两章介绍了规范性要素和资料性要素的编写。在第二章第一节中的“三、条款内容的表述形式”中，我们曾经介绍“标准中的要素是由各种条款构成的，而根据不同的情况在表述条款的内容时，可采取不同的形式”。具体采取的形式包括条文、注、脚注、示例、图、表等。另外，在编写标准的条款时，还会遇到其他表述问题，如全称、简称、商品名、量和单位、数和数值、数学公式等。

第一节　条文的注、脚注和示例

在标准内容的表述形式中，除了一般规定的条款的表达形式外，还有注、脚注和示例的表达形式。条文的注、脚注和示例无论位于标准的任何要素中，都是资料性的。

注是为了帮助读者正确理解、使用标准而设立的，注的内容为给出说明、解释或提供补充信息。注的使用是有限制的，不可用的过多，以免冲淡一般规定条款的效力。示例则是以典型例子说明一般规定的条款，它为理解和使用标准提供了直接的、可参照的操作途径，标准使用者可以“依葫芦画瓢”对标准进行理解或操作。标准编写者在运用示例说明某一问题时，应注意列举有关该问题的较普遍和典型的示例，这样才能帮助说明问题。总之，注和示例是标准条文的辅助表述形式，用得适度和恰当，会为理解和使用标准提供较大的帮助。

一、注

标准中的注有如下几种形式，即条文中的注和脚注、图中的注和脚注、表中的注和脚注（图中的注和脚注、表中的注和脚注分别在“图”和“表”两节中介绍）。

（一）条文的注

条文的注的性质是资料性的，在注中应只给出有助于理解或使用标准的附加信息。当在条文中规定了相应的内容后，如果还需要对条文中的内容进行解释、说明，或提供一些附加信息，则可以在涉及的条文后使用“注”这一形式。

条文中的注不应包含要求或对于标准的应用来说必不可少的任何信息，也就是说标准编写者需要在标准中规定的内容不应表述为“注”；只有为了对标准的某些条文进行解释或提供附加信息而编写的内容，才使用“注”这一形式。

例如，“作为选择，在一个……的负荷下**进行试验**”不应作为“注”，因为这种表述形式是用祈使句表示的要求，而不是提供附加信息，在注中不应出现上述句子和其中用黑体表示的措辞。又如，示例 5-1 中下画线标示的内容表述是一种要求，应编写在一般规定的条款中，不应编写在注中。如果想作为补充信息传达给标准使用者，应改变这一句的表述，见示例 5-2 中下画线标示的内容。

【示例 5-1】

> **8.4　试验机能力范围**
>
> 试样吸收能量 K 不应超过实际初始势能 Kp 的 80%，如果试样吸收能超过此值，在试验报告中应报告为近似值并注明超过试验机能力的 80%。建议试样吸收能量 K 的下限不低于试验机最小分辨力的 25 倍。
>
> 注：理想的冲击试验应在恒定的冲击速度下进行。在摆锤式冲击试验中，冲击速度随断裂进程降低，对于冲击吸收能量接近摆锤打击能力的试样，打击期间摆锤速度已下降至不再能准确获得冲击能量。

【示例 5-2】

> **8.4　试验机能力范围**
>
> 试样吸收能量 K 不应超过实际初始势能 Kp 的 80%，如果试样吸收能超过此值，在试验报告中应报告为近似值并注明超过试验机能力的 80%。建议试样吸收能量 K 的下限不低于试验机最小分辨力的 25 倍。
>
> 注：恒定的冲击速度是获得冲击试验理想结果的保证。在摆锤式冲击试验中，冲击速度随断裂进程降低，对于冲击吸收能量接近摆锤打击能力的试样，打击期间摆锤速度已下降至不再能准确获得冲击能量。

章或条中只有一个注时，应在注的第一行文字前标明“注：”。同一章或条中有几个注时，应标明“注 1：”、“注 2：”、“注 3：”等（见示例 5-3、示例 5-4 和示例 5-5）。

条文中的注一般是对标准中某一章、某一条、某一段做注释。由于注提供的是附加信息，在文中无须提及。因此，注最好置于涉及的章、条或段的下方。

【示例 5-3】

> 5.2.2　规定图形符号的功能时，应使图形符号清晰准确地传递其所表达的主要应用领域以及其他重要方面的信息。对象过窄或过宽的定义都应避免。
>
> 注：对象的过窄定义极易引起与相关或相互交叉对象的混淆，如对小卖部、快餐店、饭店分别制定不同的图形符号时；对象的过宽定义往往找不到适当的图形表现，例如，制定一个包含“火车、汽车、地铁”等地面运输工具的图形符号时。

【示例 5-4】

> 8.2.2　亮度对比（从底面反射回的光线的百分比与从印刷字体反射回的光线的百分比之间的差异）应尽可能大。
>
> 注 1：亮度对比通常在 70%以上，质量好的黑印刷体在白纸上的亮度对比大约为 80%。
>
> 注 2：亮度对比会因为在有些透明的纸张的两面都印刷字体而被减弱，从而削弱易读性。

【示例 5-5】

> **5.3.2 底部油温度和油平均温度**
>
> 底部油温度是由装置在冷却器(或散热器)回到油箱中的油联管处的温度传感器测定的。若装有几组冷却器,则应使用多个温度传感器。
>
> 注 1:若用泵强迫油循环,则在回油联管中的油流可能出现湍流;若通过散热器自然油循环,则主要出现层流。
>
> 油平均温度原则上应是绕组内部冷却油的平均温度。作为试验估算目的,一般取顶层油温度和底部油温度的平均值作为油平均温度。
>
> 注 2:当油平均温度不是以上述试验为目的时,还有其他方法可用于取油平均温度值。

(二)条文的脚注

条文的脚注的性质是资料性的,用于提供附加信息,不应包含要求或对于标准的应用来说必不可少的任何信息(图和表的脚注遵循另外的规则,见本章第二节的"二、"和第三节的"二、")。脚注的使用应尽可能少。

条文的脚注与注不同,它一般是对条文中某个词、符号的注释。条文的脚注应置于相关页面的下边。脚注和条文之间用一条细实线分开。细实线长度为版面宽度的四分之一,置于页面左侧。

通常应使用阿拉伯数字(后带半圆括号)从 1 开始对条文的脚注进行编号,编号从"前言"开始全文连续,即 1)、2)、3)等。在条文中需注释的词或句子之后应使用与脚注编号相同的上标数字[1)]、[2)]、[3)]等标明脚注(见示例 5-6)。

【示例 5-6】

> **A.12.2 采样步骤**
>
> 原则上,为制备实验室样品的采样与化学分析方法无关,通常引用有关国家标准[3)]的有关条款进行采样即可。如果没有这方面的标准可引用,本章可包括一个采样方案和采样步骤,对如何避免产品的变质给与指导,并提供国家标准中适用的统计方法。
>
> ———————
>
> 3) 有关制备实验室样品的采样的国家标准参见附录 D。

在某些情况下,例如为了避免和上标数字混淆,可用一个或多个星号,即:[*]、[**]、[***]等代替数字及半圆括号(见示例 5-7)。

【示例 5-7】

> ……这个单位太小,使用不便,实用的是它的倍数单位 $mol \cdot dm^{-3}$ 或 $mol \cdot L^{-1}$[*]。$1\ mol \cdot L^{-1} = 1\ 000\ mol \cdot m^{-3}$。例如,每升含有 1 mol 氢氧化钠(NaOH)的标准溶液,其浓度为 $1\ mol \cdot L^{-1}$,可表示为 $c(NaOH) = 1\ mol \cdot L^{-1}$。
>
> ……
>
> …………
>
> ———————
>
> * 1964 年国际计量大会决定升(符号为 L 或 l)可用作立方分米(dm^3)的专门名称。

二、示例

条文的示例的性质是资料性的，示例应只给出对理解或使用标准起辅助作用的附加信息，不应包含要求或对于标准的应用必不可少的任何信息。也就是说，只有为了方便应用或出于对标准的某些条文进行解释的目的，需要给出具体的例子时，才使用“示例”这一形式。凡是标准编写者需要在标准中规定的内容，不应规定在示例中，或不应以“示例”的形式出现。例如，“不准许使用示例3的表头，而应使用示例4的表头”就是典型的只有通过示例才能了解所规定的内容，这样使得示例成为“必不可少”，将这一规定修改为“表头中不准许使用斜线”，然后再给出相应的示例，则避免了上述错误。示例5-8也是将标准中规定的内容以“示例”的形式出现。这种情况下应将示例的内容改成正文的条文，见示例5-9。

【示例5-8】

如果适用某标准的产品目前只有一种，则在该标准的条文中可以给出该产品的商品名，但应附上示例2所示的脚注。

示例2：

“1）　……[产品的商品名]……是由……[供应商]……提供的产品的商品名。给出这一信息是为了方便本标准的使用者，并不表示对该产品的认可。如果其他等效产品具有相同的效果，则可使用这些等效产品。”

【示例5-9】

如果适用某标准的产品目前只有一种，则在该标准的条文中可以给出该产品的商品名，但应附上具有如下内容的脚注：

“×）　……[产品的商品名]……是由……[供应商]……提供的产品的商品名。给出这一信息是为了方便本标准的使用者，并不表示对该产品的认可。如果其他等效产品具有相同的效果，则可使用这些等效产品。”

章或条中只有一个示例时，应在示例的第一行文字前标明“示例：”。同一章或条中有几个示例时，应标明“示例1：”、“示例2：”、“示例3：”等（见示例5-10和示例5-11）。由于示例给出的是辅助理解条文的例子，一般情况下在文中无须提及。因此，示例最好置于涉及的章、条或段的下方，这样可以清楚地表明示例和条文的关系。

【示例5-10】

8.6.2　为了清晰起见，数和（或）数值相乘应使用乘号“×”，而不使用圆点。

示例：写作 1.8×10^{-3}（不写作 $1.8\cdot10^{-3}$）。

【示例5-11】

5.1.2.3　一项标准分成若干个单独的部分时，可使用下列两种方式：

a)　将标准化对象分为若干个特定方面，各个部分分别涉及其中的一个方面，并且能够单独使用。

示例1：

第1部分：词汇

第2部分：要求

第 3 部分：试验方法
第 4 部分：……
示例 2：
第 1 部分：词汇
第 2 部分：谐波
第 3 部分：静电放电
第 4 部分：……

b) 将标准化对象分为通用和特殊两个方面，通用方面作为标准的第 1 部分，特殊方面（可修改或补充通用方面，不能单独使用）作为标准的其他各部分。

示例 3：
第 1 部分：一般要求
第 2 部分：热学要求
第 3 部分：空气纯净度要求
第 4 部分：声学要求

第二节 图

图是除文字之外表达标准技术内容的另一重要形式。在用文字说明问题较困难或者使用图能够更加简明、直观、清晰地表达标准的技术内容时，最好使用图，以便增加对标准的理解。在标准中，通常用图来反映标准中需要规定的结构型式、形状、工艺流程、工作程序或组织结构等。

标准中图的构成至少包括：图和编号，除此之外还可能包含：图题、图注、图的脚注、图和编号之间的段、说明、关于单位的陈述等。另外一幅图还可能含有分图，在此情况下需有分图编号，还可能包含分图题。

一、图的编排

标准中的每幅图在条文中均应明确提及，也就是说标准中不应存在没有提及的图。如果标准中有某幅图没有被提及，则其存在的必要性将受到质疑。为了便于提及，需要对图进行编号，并给出图题。

（一）图的编号和图题

每幅图均应有编号。图的编号由“图”和从 1 开始的阿拉伯数字组成，例如“图 1”、“图 2”等。只有一幅图时，仍应标为“图 1”。图的编号从引言开始一直连续到附录之前，与章、条和表的编号无关。

图题即图的名称。每幅图宜给出图题。标准中的图有无图题应统一。

图的编号和图题见示例 5-12。

【示例 5-12】

图 × 图题

（二）图的接排

如果某幅图需要转页接排，在随后接排该图的各页上应重复图的编号、图题（可选）和“（续）”，如下所示：

图 ×（续）

图 × 图题（续）

如果在图的右上方有关于单位的陈述（见下文的"四、"），则续图均应重复该陈述。

（三）分图

分图会给标准的编排和管理增加麻烦，因此只要可能宜避免使用。只有当分图对理解标准的内容必不可少时，才可使用分图。零、部件不同方向的视图、剖面图、断面图和局部放大图不应作为分图。

只准许对图作一个层次的细分。分图应使用字母编号（后带半圆括号的小写拉丁字母），例如：图 1 的分图编号为 a）、b）、c）等；不应使用其他形式的编号，例如：1.1、1.2、…，1-1、1-2、…，等。

【示例 5-13】

关于单位的陈述

a） 分图题

b） 分图题

说明：

1——说明的内容

2——说明的内容

段（可包含要求）

注：图注的内容

[a] 图的脚注的内容

图 × 图题

如果每个分图中包含了各自的说明、图注或图的脚注，则不应作为分图处理，而应作为单独编号的图。

二、图中的注

可以对图中的内容单独编写注释。图的注有两种形式，即图注和图的脚注。

（一）图注

图注应区别于条文的注。为了在文中能够将图注从条文的注中明确区分出来，对图注的位置进行了严格规定，即图注应置于图题之上，图的脚注之前。图中只有一个注时，应在注的第一行文字前标明"注："；图中有多个注时，应标明"注 1："、"注 2："、"注 3："等。每幅图的图注应单独编号。（见示例 5-13 和示例 5-14）

图注不应包含要求或对于标准的应用必不可少的任何信息。与图的内容有关的要求应在条文、图的脚注或图和图题之间的段中给出。

（二）图的脚注

图的脚注应区别于条文的脚注。为了能够将图的脚注与条文的脚注明确区分，对图的脚注的位置进行了严格规定，即图的脚注应置于图题之上，并紧跟图注。应使用上标形式的小写拉丁字母从“a”开始对图的脚注进行编号，即[a]、[b]、[c] 等。在图中需注释的位置应以相同上标形式的小写拉丁字母标明图的脚注。每幅图的脚注应单独编号。（见示例 5-13 和示例 5-14）

图的脚注可包含要求。因此，为了明确区分不同类型的条款，起草图的脚注的内容时，应使用适当的助动词（见第二章第一节的“二、”）。

【示例 5-14】

单位为毫米

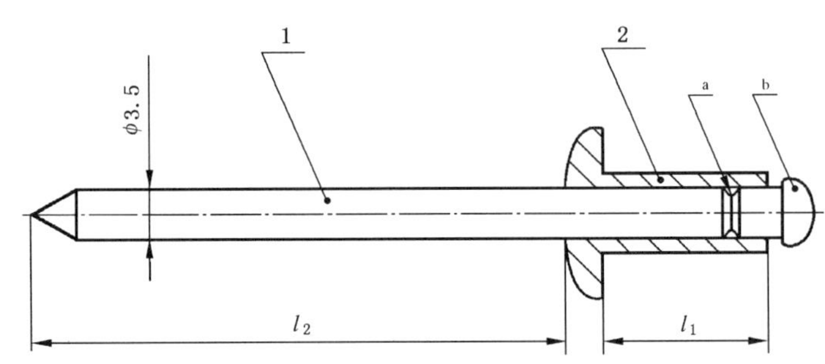

l_1	l_2
6	27
12	
20	
30	

说明：

1——钉芯；

2——钉体。

钉芯的设计应保证：安装时，钉体变形、胀粗，之后钉芯抽断。

注：此图所示为开口型平圆头抽芯铆钉。

[a] 断裂槽应滚压成型。

[b] 钉芯头的形状与尺寸由制造者确定。

图 × 抽芯铆钉

三、序号和图中的段

在图中，应使用零、部件序号（参见 GB/T 4458.2）或脚注代替文字描述，文字描述的内容在说明中的序号含义或脚注中给出。说明应置于图题之上，图中的段之前。（见示例 5-14）

当需要针对图提出要求、说明情况时，可以在图中以段的形式安排。图中的段应置于图题之上，图注之前。（见示例 5-14）

四、字母符号、字体和序号

一般情况下，图中用于表示角度量或线性量的字母符号应符合 GB 3102.1 的规定，必要时，使用下标以区分特定符号的不同用途。

图中表示各种长度时使用符号系列 l_1、l_2、l_3 等，而不使用诸如 A、B、C 或 a、b、c 等符号。

图中的字体应符合 GB/T 14691 的规定。斜体字应该用于：

——代表量的符号；

——代表量的下标符号；

——代表数的符号。

正体字应该用于所有其他情况。

如果所有量的单位均相同，宜在图的右上方用一句适当的陈述（例如“单位为毫米”）表示。（见示例 5-14）

五、技术制图、简图和图形符号

技术制图应按照 GB/T 17451《技术制图 图样画法 视图》等有关标准绘制。电气简图，诸如电路图和接线图（例如：试验电路）等，应按照 GB/T 6988《电气技术用文件的编制》绘制。

设备用图形符号应符合 GB/T 5465.2《电气设备用图形符号 第 2 部分：图形符号》、GB/T 16273《设备用图形符号》和 ISO 7000《设备用图形符号 索引和一览表》的规定。电气简图和机械简图用图形符号应符合 GB/T 4728《电气简图用图形符号》、GB/T 20063《简图用图形符号》等标准的规定。

参照代号和信号代号应分别符合 GB/T 5094《工业系统、装置与设备以及工业产品 结构原则与参照代号》和 GB/T 16679《信号与连接线的代号》的规定。（见示例 5-15）

【示例 5-15】

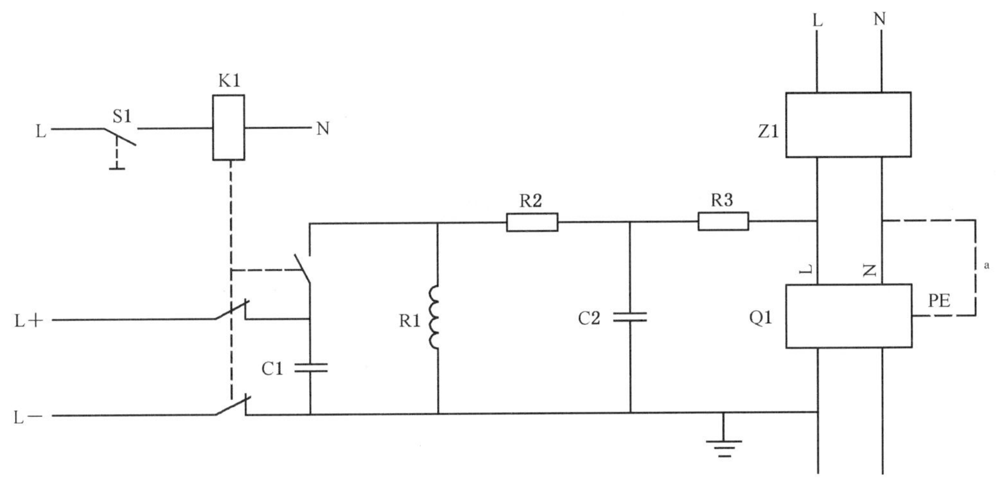

元件：

C1——电容器 C=0.5 μF；

C2——电容器 C=0.5 nF；

K1——继电器；

Q1——测试的 RCCB（具有终端 L，N 和 PE）；

R1——电感器 L=0.5 μH；

R2——电阻器 R=2.5 Ω；

R3——电阻器 R=25 Ω；

S1——手控开关；

Z1——滤波器。

引线和电源：

L，N ——无极电源电压；

L+，L− ——测试电路的直流电源。

[a] 如果被测试的对象具有 PE 端子，则需引线。

图 × 校验误断路电阻的测试电路示例

第三节 表

表是除文字之外表达标准技术内容的另一重要形式。在用文字说明问题较困难或者使用表能够更加简明、直观地表达标准的技术内容，有利于标准中技术内容的对比时，最好使用表，以便增加对标准的理解。

标准中表的构成至少包括：表（含表头）和编号，除此之外还可能包含：表题、表注、表的脚注、表内的段、关于单位的陈述等。

一、表的编排

标准中的每张表在条文中均应明确提及，也就是说标准中不应存在没有提及的表。如果标准中有某张表没有被提及，则其存在的必要性将受到质疑。为了便于提及，需要对表进行编号，并给出表题。

（一）表的编号和表题

每个表均应有编号。表的编号由“表”和从 1 开始的阿拉伯数字组成，例如“表 1”、“表 2”等。只有一个表时，仍应标为“表 1”。表的编号从引言开始一直连续到附录之前，与章、条和图的编号无关。

表题即表的名称。每个表宜给出表题，标准中的表有无表题应统一。

表的编号和表题见示例 5-16。

【示例 5-16】

表 × 表题

××××	××××	××××	××××

（二）表头

每个表应有表头。表栏中使用的单位一般应置于相应栏的表头中量的名称之下。（见示例 5-17）

【示例 5-17】

类型	线密度 kg/m	内圆直径 mm	外圆直径 mm

适用时，表头中可用量和单位的符号表示（见示例 5-18）。需要时，可在提及表的陈述中或在表注中对相应的符号予以解释。

【示例 5-18】

类型	ρ_l/(kg/m)	d/mm	D/mm

如果表中所有单位均相同，宜在表的右上方用一句适当的陈述（例如“单位为毫米”）代替各栏中的单位。（见示例 5-19）

【示例 5-19】

单位为毫米

类型	长度	内圆直径	外圆直径

表头中不准许使用斜线。示例 5-20 给出了错误的表头示例，示例 5-21 给出了正确的表头示例。

【示例 5-20】

类型 / 尺寸	A	B	C

【示例 5-21】

尺　寸	类　型		
	A	B	C

（三）表的接排

如果某个表需要转页接排，则随后接排该表的各页上应重复表的编号、表题（可选）和“（续）”，如下所示：

表 ×（续）

表 × 表题（续）

续表均应重复表头和关于单位的陈述，见示例 5-22。

【示例 5-22】

表 1（续）

单位为毫米

类型	长度	内圆直径	外圆直径

（四）分表

表中不准许再有分表，也不准许将表再分为次级表。这一规定与分图的规定不同，标准中允许分图的存在。

二、表中的注

可以对表中的内容单独编写注释。表中的注有两种形式，即表注和表的脚注。

（一）表注

表注应区别于条文的注。为了能够将表注与条文的注明确区分，对表注的位置进行了严格规定，即表注应置于表中，并位于表的脚注之前。表中只有一个注时，应在注的第一行文字前标明“注：”；表中有多个注时，应标明“注 1：”、“注 2：”、“注 3：”等。每个表的表注应单独编号。（见示例 5-23 和示例 5-24）

【示例 5-23】

单位为毫米

类　　型	长　　度	内圆直径	外圆直径
	l_1^a	d_1	
	l_2	$d_2^{b,c}$	
段（可包含要求） **注 1**：表注的内容 **注 2**：表注的内容			
[a] 表的脚注的内容 [b] 表的脚注的内容 [c] 表的脚注的内容			

【示例 5-24】

表 × SI 基本单位

量的名称	单位名称	单位符号
长度	米	m
质量[a]	千克(公斤)[b]	kg
时间	秒	s
电流	安[培]	A
热力学温度	开[尔文]	K
物质的量	摩[尔]	mol
发光强度	坎[德拉]	cd
注 1：本标准所称的符号，除特殊指明外，均指我国法定计量单位中所规定的符号以及国际符号。 **注 2**：无方括号的量的名称与单位名称均为全称。方括号中的字，在不致引起混淆、误解的情况下，可以省略。去掉方括号中的字即为其名称的简称。		
[a] 人民生活和贸易中，质量习惯称为重量。 [b] 圆括号中的名称，是它前面的名称的同义词。		

表注不应包含要求或对于标准的应用必不可少的任何信息。与表的内容有关的要求应在条文、表的脚注或表内的段(见示例 5-23)中给出。

（二）表的脚注

表的脚注应区别于条文的脚注。为了能够将表的脚注与条文的脚注明确区分，对表的脚注的位置进行了严格规定，即表的脚注应置于表中，并紧跟表注。应用上标形式的小写拉丁字母从“a”开始对表的脚注进行编号，即[a]、[b]、[c] 等。在表中需注释的位置应以相同的上标形式的小写拉丁字母

标明表的脚注。每个表的脚注应单独编号。(见示例 5-23 至示例 5-25)

表的脚注可包含要求。因此，为了明确区分不同类型的条款，在起草表的脚注的内容时，应使用适当的助动词(见第二章第一节的“二、”)。

【示例 5-25】

钢的抗拉强度 MPa	热处理	
	温度 ℃	时间 h
≤1 050 >1 050～1 450 >1 450～1 800 >1 800	无要求 190～220 190～220[a] 190～220	— ≥1 ≥18[a] ≥24
[a] 或在较高温度下进行较短时间的热处理。		

三、表中的段

当需要针对表提出要求、说明情况时，可以在表中以段的形式安排。表中的段应置于表中，并位于表注之前。(见示例 5-23)

第四节　其他规则

除了注、脚注、示例、图表以外，在编写标准的条款时，还会遇到其他表述问题，如技术要素的表述、全称、简称、商品名、量和单位、数和数值、数学公式的表述方法等。另外，如果标准有可能涉及专利，在编写标准时还需要进行特殊的处理。

一、技术要素的表述

“技术要素的表述”主要是指不同技术内容要求程度的标准中的技术要素如何表述。首先，标准技术内容要求程度不同宜在标准名称上有所反映，通常在标准名称上表示相应要求程度的描述用语有“规范”、“规程”和“指南”。其次，凡是标准名称上给出了上述用语，要通过标准中具体技术要素的表述进行呼应。

(一) 规范

规范是规定产品、过程或服务需要满足的要求的文件。

从上述定义中可以看出，如果标准的技术类型为规范，则其内容中一定要包含“要求”这一要素，用来列出需要证实的要求型条款，“要求”可以表达要求的“结果”或“过程”。“要求”中所列出的“要求型条款”是“需要满足”的。因此，为了检验是否所提出的要求已经被满足，在这类标准中，还需要规定相应的证实方法。

规范可以是产品规范、材料规范、过程规范、系统规范、服务规范等。规范中提出的要求以及相应的证实方法应能够适用于第一方(例如供应商)、第二方(例如买方)或独立的第三方。因此，规范中的条文不应只从某一方的角度编写。例如，应写成“产品应配备红外瞄准镜”，而不写成“制造厂应配备红外瞄准镜”。

（二）规程

规程是为设备、构件或产品的设计、制造、安装、维护或使用推荐的惯例或程序的文件。

从上述定义中可以看出，如果标准的技术类型为规程，则标准宜以推荐和建议的形式起草，也就是说，规程中的条款应以推荐型条款为主。规程通常给出的是惯例或程序，即推荐的是方法，而不是结果。规程所推荐的应是考虑最新技术水平的业内的良好程序。

规程与规范的主要区别为：首先，规程中以推荐型条款为主，也可以有陈述型条款；而规范以要求型条款为主。其次，规程中主要是推荐“过程”的内容，例如首选的操作步骤或程序；而规范主要以规定“结果”为主。

（三）指南

指南是给出某主题的一般性、原则性、方向性的信息、指导或建议的文件。

如果标准的技术类型为指南，则标准不应包含要求型条款，而应以指南的形式起草，也就是说，指南中的条款应以陈述型条款为主。适宜时，指南可采用建议的形式。

指南中虽然没有具体的要求，也不推荐惯例或程序，但是指南中提供的是宏观的指导，是方向的建议，是一般性的原则。

二、全称、简称和缩略语

全称与简称是指中文之间的省略关系。缩略语是指外文中相对于全拼形式的缩写形式。以下内容主要介绍全称、简称和缩略语在标准中的使用规则以及缩略语的表达形式。

（一）简称

在汉语中，当一个词组的字数超过三个，使用时就会感觉冗长，往往有使用简称的需求。

给出简称要采取主动原则。对于有使用简称需求的词组，主动提出统一的简称供大家使用，是一种明智的做法。例如，短语“采用国际标准”简称为“采标”；短语“国家经营”简称为“国营”。这样可以避免不同的使用者自行缩略，出现不同的简称。例如：“邮政编码”由于没有统一的缩略形式，有人简称为“邮编”，有人简称为“邮码”，造成不统一的现象。

如果标准中某个词语需要使用简称，则条文中第一次出现该词语时，应在其后的圆括号中给出简称，随后的条款中应使用该简称。

（二）缩略语

在我国标准中，缩略语专指由外文词组构成的短语的缩写形式，即缩略语均由拉丁字母组成。

一般的原则为，缩略语由大写拉丁字母组成，每个字母后面没有下脚点（例如：DNA）。特殊情况下，来源于字词首字母的缩略语由小写拉丁字母组成，每个字母后有一个下脚点（例如：a. c.）。

应慎重使用由拉丁字母组成的缩略语，只有在不引起混淆的情况下，并且在标准中随后需要多次使用某缩略语时，才应规定并使用该缩略语。

在标准中未给出缩略语清单，即没有设置“缩略语”或“符号和缩略语”等要素，如果需要使用缩略语，则在标准的条文中第一次出现某缩略语时，应先给出完整的中文词语或术语，在其后的圆括号中给出缩略语，以后则使用该缩略语。例如：脱氧核糖核酸（DNA）；交流电（a. c.）。

（三）机构的全称、简称和外文缩写

标准中使用的组织机构的名称应是该机构正式发布的全称和简称或外文缩写形式，不可随意

编造。

标准中使用组织机构名称时，一般应使用全称。如果需要使用中文简称并多次使用时，则应在第一次出现全称的后面的圆括号中给出简称，以后则应使用简称。国际或国外的组织机构，如果需要使用外文缩写形式，则首次使用时应使用正式的中文名称，在其后的圆括号中给出外文缩写，例如，美国石油学会(API)。

标准中是使用组织机构的全称还是简称，是使用中文名称还是外文缩写，决定于该机构的全称、简称或外文缩写的使用频度，哪一种使用频度高则使用哪一种形式。例如，中文名称"国际标准化组织"，外文缩写"ISO"，通常使用"ISO"。一旦使用简称或外文缩写形式则应符合上文给出的规范的表述形式。

三、商品名

商品名的出现是商品花样品种增加的结果。通常标准中不应出现商品名，但某些情况下使用商品名不可避免，但应遵循相应的规则。

（一）商品名和标准名

在第三章第四节分类、标记和编码中，已经介绍了标准名的特点。由于标准名是按照一定规律确定的，因此形成的标准名可能较长、拗口、难记，不易关联到商品的性能或用途，造成使用不便。然而，标准名的优点是具有惟一性，不同企业生产的同类商品将具有同一个标准名。

商品名的特点是简短、上口、易记，与商品特点有联系，容易发生联想，使用方便。商品名是企业为了占领市场、推销自己的产品而起的专有名称。因此，不同企业生产的同类商品可能具有不同的商品名。商品名与企业注册的商标有联系，如商品名"可口可乐"与商标"可口可乐"标志中的商标名相同。商品名与商标同样具有专用权，受知识产权保护。

（二）商品名的使用

在标准中应给出产品的标准名或正确描述产品的特性，不应给出商品名(品牌名或商标名)。特定产品的专用商品名(商标)，即使是通常使用的也宜尽可能避免。这是因为标准的发行量大，在标准中提及商品名有失市场经济的公平竞争原则，容易引起争议。

在特殊情况下，如果产品尚无标准名并且产品的特性又难以详细描述，不得已使用商品名时，则应指明其性质，例如，用注册商标符号®注明。

【示例 5-26】

最好用"聚四氟乙烯(PTFE)"，而不用"特氟纶®"。

1. 商品名惟一

如果目前在市场上适合标准使用的产品只有一种，而其标准名又比较生疏，商品名却有一定的知名度，那么在估计暂时还不会有人提出争议的前提下，为了清楚地陈述标准的条款，可在标准的条文中给出该产品的商品名。在这种情况下，应同时附上具有如下内容的脚注：

"×) ……[产品的商品名]……是由……[供应商]……提供的产品的商品名。给出这一信息是为了方便本标准的使用者，并不表示对该产品的认可。如果其他等效产品具有相同的效果，则可使用这些等效产品。"

一旦市场上出现了同类商品，商品名惟一的局面被打破，上述规则就不再适用。

2. 产品特征描述有困难且商品名不惟一

如果详细描述产品的特征有困难,同时认为给出一个或几个适合标准使用的市售产品实例是必要的,则在标准的条文中简单地描述产品的特征后,可在具有如下内容的脚注中给出这些商品名。

"×) ……[产品(或多个产品)的商品名(或多个商品名)]……是适合的市售产品的实例(或多个实例)。给出这一信息是为了方便本标准的使用者,并不表示对这一(这些)产品的认可。"

例如,利用电子技术开发的电子词典,最初功能单一,称为"电子词典"。随着附加功能的增加,如标准发音、试题集成、替换练习等,其标准名越来越难规定,产品特征越来越难描述。在标准的条文中只能用"第×代英语学习机"来表示,而把"好 e 通"、"文曲星"等商品名列入脚注中。

在公平竞争的市场经济条件下,上述脚注是十分必要的,它可以免除不必要的麻烦。

四、专利

自上世纪末以来,标准涉及知识产权,尤其是涉及专利的问题,逐渐引起国内外的普遍关注。一方面,知识产业的迅速崛起使得专利持有人利用知识产权保护自身利益的意识日益增强;另一方面,由于在标准的制定过程中不断吸纳新技术,难以避免新技术中涉及的专利,导致了以公权形式出现的标准与属于私权范畴的专利结合的局面。

(一)标准与专利

可公开获得的标准具有公共资源的属性。标准发布机构的主要工作是按照标准制定程序,选择标准中的技术要素,编写标准文本并发布标准。标准使用者只要支付较低的标准文本购买费用就可以得到并使用标准。

专利属于私权范畴。如果标准中涉及专利,标准制定工作就会发生变化:标准发布机构需要与专利持有人协商,只有得到了专利持有人许可的书面声明后,才能将专利技术纳入标准;标准使用者虽然能够公开获得标准,但是通常不能无偿使用专利,要根据专利持有人对专利的许可情况支付一定费用。专利会给标准的制定和实施带来麻烦,因此标准不宜包含专利。

由于上述原因,标准发布机构对于标准涉及专利的问题持慎重的态度,只有符合下述条件才考虑在标准中纳入专利:

——从技术角度考虑确实无法避免涉及专利,即涉及的是必要专利;

——专利持有人在自愿的基础上,向标准的发布机构提交书面声明,同意可以免费使用其专利,或愿意同任何申请人在合理且无歧视的条款和条件下就专利授权许可进行谈判。

符合上述条件时,专利才有可能被纳入标准。但是,标准发布机构对于专利的真实性、有效性和范围无任何立场。

(二)标准中与专利有关的事项的表述

在编写标准时,针对涉及专利的有关问题拟定了三段典型表述,分别用于标准草案、尚未识别出技术内容涉及专利的标准和已经识别出技术内容涉及专利的标准中。这三段典型表述分别写入标准的封面、前言和引言。

1. 专利信息的征集

第一段典型表述属于通知性质,目的是征集有关专利的信息,写入技术内容有可能涉及专利的标准征求意见稿和送审稿的“封面”上：

“在提交反馈意见时，请将您知道的相关专利连同支持性文件一并附上。”

2. 尚未识别出涉及专利

第二段典型表述属于声明性质，写入尚未识别出技术内容涉及专利的标准的前言中。

标准经过征求意见阶段、审查阶段后，如果仍然没有人主张专利权益，那么这段典型表述被标准发布机构用来发表声明。这段典型表述的内容是说明标准与其他文件（此处指与专利有关的文件）之间的关系。按照前言和引言的分工，说明标准与其他文件之间关系的内容，应该放在标准的“前言”中：

“请注意本文件的某些内容可能涉及专利。本文件的发布机构不承担识别这些专利的责任。”

3. 已经识别出涉及专利

第三段典型表述属于说明和声明性质，用于已经识别出技术内容涉及专利的标准的引言中。

标准制定过程中，如果有人主张专利权益，则标准发布机构需要得到专利持有人的书面许可声明后，才会发布该项涉及了专利的标准。这段典型表述被标准发布机构用来说明事实并发表声明。典型表述的内容是说明该标准内有关专利的事实。按照前言和引言的分工，说明标准内部事情的内容，应放在标准的“引言”内：

“本文件的发布机构提请注意，声明符合本文件时，可能涉及到……[条]……与……[内容]……相关的专利的使用。

本文件的发布机构对于该专利的真实性、有效性和范围无任何立场。

该专利持有人已向本文件的发布机构保证，他愿意同任何申请人在合理且无歧视的条款和条件下，就专利授权许可进行谈判。该专利持有人的声明已在本文件的发布机构备案。相关信息可以通过以下联系方式获得：

专利持有人姓名：……

地址：……

请注意除上述专利外，本文件的某些内容仍可能涉及专利。本文件的发布机构不承担识别这些专利的责任。”

注意上述三段典型表述中采用了“本文件”的表达形式。文件是标准、部分和指导性技术文件的统称。所以，在具体使用中不论是标准、部分还是指导性技术文件等，上述三段典型表述中的“本文件”都无须改变。

五、量、单位及其符号

根据《中华人民共和国计量法》的规定，我国标准中的量、单位及其符号应执行国家的法定计量单位：“国际单位制（SI）单位”和“可与国际单位制单位并行使用的我国法定计量单位”。标准中的物理量应使用强制性国家标准 GB 3101～3102 规定的物理量及其符号。

（一）国际单位制（SI）的单位及其应用

1. SI 的单位

SI 的单位包括 SI 单位和 SI 单位的倍数单位。SI 单位包括 SI 基本单位和 SI 导出单位。SI 的单位构成如图 5-1 所示。

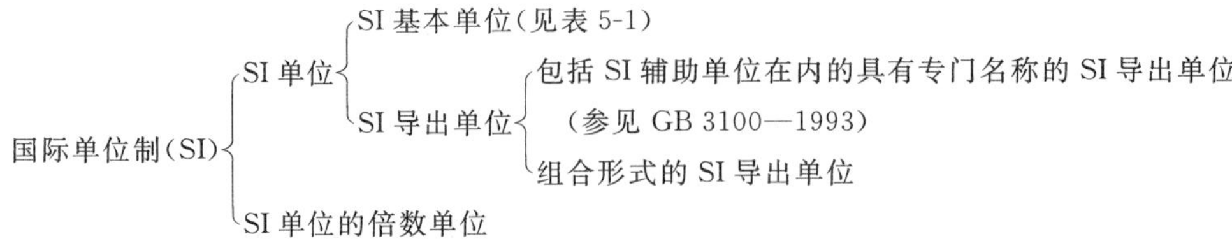

图 5-1 国际单位制(SI)的单位构成

(1) SI 基本单位和 SI 导出单位

SI 基本单位有七个(见表 5-1),它们是国际单位制(SI)单位的基础。

表 5-1 SI 基本单位

量的名称	单位名称	单位符号
长度	米	m
质量	千克(公斤)	kg
时间	秒	s
电流	安[培]	A
热力学温度	开[尔文]	K
物质的量	摩[尔]	mol
发光强度	坎[德拉]	cd

注 1:圆括号中的名称,是它前面的名称的同义词。

注 2:无方括号的量的名称与单位名称均为全称。方括号中的字,在不致引起混淆、误解的情况下,可以省略。去掉方括号中的字即为其名称的简称。

注 3:本章所称的符号,除特殊指明外,均指我国法定计量单位中所规定的符号以及国际符号。

注 4:人民生活和贸易中,质量习惯称为重量。

SI 导出单位是用基本单位以代数形式表示的单位。例如速度的 SI 导出单位为米每秒(m/s)。某些 SI 导出单位具有专门名称和符号[1],例如,热和能量的单位通常用焦耳(J)代替牛顿米(N·m),电阻率的单位通常用欧姆米(Ω·m)代替伏特米每安培(V·m/A)。

由 SI 基本单位和具有专门名称的 SI 导出单位或(和)SI 辅助单位以代数形式表示的单位称为组合形式的 SI 导出单位。

(2) SI 单位的倍数单位

SI 单位的倍数单位包括 SI 单位的十进倍数和分数单位。SI 单位的倍数或分数用词头表示,称 SI 词头。SI 词头的中、英文名称及符号见表 5-2。SI 单位的倍数单位是指 SI 词头与 SI 基本单位或 SI 导出单位作为一个整体所表示的整体单位。例如 4 μs 表示的是 4×10^{-6} s 或是 4 s/10^{6}。

表 5-2 SI 词头

因数	词头名称		符号
	英文	中文	
10^{24}	yotta	尧[它]	Y
10^{21}	zetta	泽[它]	Z
10^{18}	exa	艾[可萨]	E
10^{15}	peta	拍[它]	P
10^{12}	tera	太[拉]	T

[1] 可参见 GB 3100—1993《国际单位制及其应用》中的表 2、表 3。

表 5-2（续）

因数	词头名称		符号
	英文	中文	
10^9	giga	吉[咖]	G
10^6	mega	兆	M
10^3	kilo	千	k
10^2	hecto	百	h
10^1	deca	十	da
10^{-1}	deci	分	d
10^{-2}	centi	厘	c
10^{-3}	milli	毫	m
10^{-6}	micro	微	μ
10^{-9}	nano	纳[诺]	n
10^{-12}	pico	皮[可]	p
10^{-15}	femto	飞[母托]	f
10^{-18}	atto	阿[托]	a
10^{-21}	zepto	仄[普托]	z
10^{-24}	yocto	幺[科托]	y

2. SI 单位及其倍数单位的应用

(1) 倍数单位的选取

根据使用方便的原则，选取 SI 单位及其倍数单位，可以使物理量的数值处于实用的范围内。倍数单位的选取，一般应使物理量的数值处于 0.1～1 000 之间。例如：

1.2×10^4 N 可以写成 12 kN

0.003 94 m 可以写成 3.94 mm

1 401 Pa 可以写成 1.401 kPa

3.1×10^{-8} s 可以写成 31 ns

在某些特殊情况下，习惯使用的单位可以不受上述限制，例如下述情况：

——大部分机械制图中使用的单位为毫米；

——导线的截面积使用的单位为平方毫米；

——房屋的面积使用的单位为平方米。

此外，在同一物理量的数值表中，或叙述同一物理量的文件中，为了对照方便，使用相同的单位时，物理量的数值范围可以不在 0.1～1 000 之间。

(2) 组合单位的倍数单位词头的选取

组合单位的倍数单位一般只用一个词头，并尽量用于组合单位中的第一个单位。

通过相乘构成的组合单位的词头通常加在第一个单位之前。例如：力矩的单位 kN·m，不得写成 N·km。

通过相除构成的组合单位，或通过相乘和相除构成的组合单位，其词头一般应加在分子的第一个单位之前，分母中一般不用词头。例如：摩尔内能的单位 kJ/mol 不得写成 J/mmol。

质量单位 kg 可以出现在分母中，因为质量单位 kg 在 SI 单位中是基本单位，不属于倍数单位。例如：质量能[量]的单位可以是 kJ/kg。

当组合单位的分母是长度、面积和体积单位时，分母中可以选用某些词头来构成倍数单位。例如：体积质量的单位可以选用 g/cm^3。

一般不在组合单位的分子和分母中同时采用词头。

(3) 其他情况下倍数单位词头的使用

有些国际单位制以外的单位，也可以按照习惯用 SI 词头构成倍数单位，如 MeV，mL 等，但是它们不属于国际单位制。

摄氏温度的单位摄氏度，角度的单位度、分、秒与时间的单位日、时、分等不得与 SI 词头构成倍数单位。

（二）计量单位的名称和符号

在英文中，计量单位名称是全拼形式(如 metre)，而计量单位符号是缩略形式(如 m)。引入我国后，将计量单位名称翻译成中文的单位名称(如 metre 译成“米”)，而计量单位的符号仍然保持原样，用缩略形式的字母表示(如 m)。

根据我国的实际情况，在上述表示方法的基础上，增加了一种计量单位的中文符号(简称“中文符号”)，用中文的单位名称的简称表示。中文符号只有必要时才可在小学、初中的教科书和普通报刊文章中使用，不应用于标准等科技文献。

例如：物理量速度的单位名称为“千米每小时”，单位符号为“km/h”，中文符号为“千米/小时”。其中，速度的单位名称“千米每小时”可用于标准中的文字叙述；单位符号“km/h”与阿拉伯数字表示的数值结合后可表示物理量速度的量值；而中文符号“千米/小时”不应在标准中使用。

特别提示：GB/T 1.1—2009 中规定“如果表中所有单位均相同，宜在表的右上方用一句适当的陈述代替各栏中的单位。”这里的“一句适当的陈述”中所使用的表述形式不是单位的符号“km/h”，也不是单位名称“千米每小时”，而应使用“单位为”加上单位名称表示，例如“单位为千米每小时”。

1. 单位名称

(1) 组合单位的名称与其符号表示的顺序应一致。符号中的乘号不在名称中反映，符号中的除号在名称中称为“每”，无论分母中有几个单位，“每”字只应出现一次。

例如：质量热容的单位符号为 J/(kg · K)，其单位名称为“焦耳每千克开尔文”，而不是“每千克开尔文焦耳”，也不是“焦耳每千克每开尔文”。

(2) 乘方形式的单位名称，其顺序应是指数名称在前，单位名称在后，指数名称由相应的数字加“次方”二字构成。

例如：截面二次矩的单位符号为 m^4，其单位名称为“四次方米”。

(3) 只有长度的二次和三次幂分别表示面积和体积时，相应的指数名称才使用“平方”和“立方”，其他情况均使用“二次方”和“三次方”。

例如：体积的单位符号为 m^3，其单位名称为“立方米”；截面系数的单位符号虽同样是 m^3，但其单位名称为“三次方米”。

(4) 书写组合单位名称时，不加乘、除符号或其他符号。

例如：电阻率的单位符号为 Ω · m，其单位名称为“欧姆米”，而不是“欧姆 · 米”、“欧姆-米”、“[欧姆][米]”等。

2. 单位符号

单位的名称用于叙述性文字之中，而单位的符号应与阿拉伯数字表示的数值结合使用，不应单独使用。在标准中使用单位符号时应注意以下问题。

(1) 不应将单位符号和单位名称混合使用。

例如,写作“km/h”或“千米每小时”,而不写作“每小时 km”、“千米/h”或“千米/小时”。

(2) 不应将单位符号和其他信息混合使用。

例如:应写作“含水量 20 mL/kg”,不应写作“20 mL H_2O/kg”,或“20 mL 水/kg”。

(3) 不应使用非标准化的缩略语表示单位符号。

例如:“s”(秒)不得用“sec”代替;“min”(分)不得用“mins”代替;“h”(小时)不得用“hrs”代替;“cm^3”(立方厘米)不得用“cc”代替;“L”(升)不得用“lit”代替;“A”(安培)不得用“amps”代替等。

(4) 不应通过附加下标或其他信息修改法定计量单位的符号。

例如:应写作 $U_{\mathrm{max}}=500\ \mathrm{V}$,不应写作 $U=500\ \mathrm{V}_{\mathrm{max}}$;又如:应写作“质量分数为 5%”或“体积分数为 5%”,不得写作 5%(*m*/*m*)或 5%(*V*/*V*)。

(5) 不应使用“ppm”,“pphm”和“ppb”之类的缩略语。

上述缩略语中的“m”和“b”分别表示“million”和“billion”。而在大数的命名上各国之间存在着差异,例如“billion”在美国、法国表示 10^9,在英国、德国表示 10^{12}。由于这种差异造成了上述缩略语在不同国家有不同的含义,可能会引起混淆。由于这些缩略语只代表纯数字,所以直接用数字表示将更加清楚。

例如:写作“质量分数为 4.2 μg/g ”,或写作“质量分数为 4.2×10^{-6}”;而不写作“质量分数为 4.2 ppm”。又如:写作“相对不确定度为 6.7×10^{-12}”,而不写作“相对不确定度为 6.7 ppb”。

(6) 不应在分母中包含“单位”字样。

有些物理量是由物理量相除得到的,这样的量不应在分母中包含“单位”。因为,“单位”一词是不确定的概念(如分别以 km、m、cm、mm 等为“单位”的长度是不相同的)。

例如:“线质量”的定义是“质量除以长度”,而不是“质量每单位长度”或“每单位长度质量”。因此,线质量的单位名称是“千克每米”,而不是“千克每单位长度”。

(7) 当组合单位是由两个或两个以上的单位相乘而构成时,其组合单位的写法可采用如下两种形式之一:

例如:N · m;Nm。

需要注意的是,当单位符号同时又是词头符号时,应尽量将单位符号置于右侧,以免引起混淆。上述组合单位 Nm 表示“牛顿米”,而 mN 则表示“毫牛顿”而不表示“米牛顿”。

(8) 单位符号应写在全部数值之后,并与数值之间留适当的空隙。惟一例外的是,平面角的单位“度”、“分”和“秒”的单位符号和数值之间不留空隙。

例如:应写成 20°5′7″,不得写成 20 °5 ′7 ″。

(9) 单位符号和单位名称都应作为一个整体使用,不得拆开。

例如:摄氏度的单位符号为“℃”。摄氏温度计的示值为 20 时,只能写成“20 ℃”,不得写成“20° C”或“20 度”;也不应读成“二十度”,或“摄氏二十度”,只能读成二十摄氏度。

3. 字体

量和单位的符号以及数字的字体使用规则为:

(1) 无论条文的其他字体如何,物理量的符号都应使用斜体,符号后不附加下脚点。

(2) 位于下标位置的字母符号,如果代表物理量也必须用斜体。代表其他含义的下标符号用正体。

例如： 正体下标 斜体下标

正体下标	斜体下标
C_{g} （g：气体）	c_p （p：压力）
g_{n} （n：标准）	g_{ik} （ik：连续数）
$T_{1/2}$ （1/2：一半）	I_{λ} （λ：波长）

(3) 数字一般应使用正体，用作下标的数字也应使用正体，而表示数字的字母符号应使用斜体。

例如：三个不同的长度可表示为 l_1，l_2，l_3。其中长度的物理量 l 为斜体，下标的数字 1、2、3 为正体。

(4) 单位符号一律使用正体字母，并均为小写。但来源于人名的单位符号第一个字母需要大写（只有“升”的符号除外，它虽然不是来源于人名，但使用大写字母“L”）。

例如：秒的符号“s”，分的符号“min”，坎[德拉]的符号“cd”；而来源于人名的安[培]的符号为“A”，帕[斯卡]的符号为“Pa”。

(5) SI 词头符号一律用正体字母，SI 词头符号与单位符号之间，不得留空隙。

4. 其他

(1) 注意区分“物体”和描述该物体的“量”。

例如：“表面”和“面积”，“物体”和“质量”，“电阻器”和“电阻”，“线圈”和“电感”等。

(2) 两个或更多的物理量不应相加或相减，除非它们属于相互可比较的同一类量。

例如，过去常用 230 V±5%这种表示相对误差的方法，但是它不符合代数学的基本规则。应写成“(230±11.5)V”、“230×(1±0.05)V”或写成“230 V，具有±5%的相对误差”。

(3) 在公式中提到对数时，需要指定底数。

例如：不得用“log”代替“lg”、“ln”、“lb”和“$\log_a$”。

(4) 物理量 Q 的量纲，可以表示为量纲积：

$$\dim Q = \mathrm{A}^{\alpha}\mathrm{B}^{\beta}\mathrm{C}^{\gamma}\cdots$$

式中，A，B，C，…表示基本量 A，B，C，…的量纲，而 α，β，γ，…则称为量纲指数。

所有量纲指数都等于零的量，往往称为无量纲量。其量纲积或量纲为 $\mathrm{A}^0\mathrm{B}^0\mathrm{C}^0\cdots=1$。

这种量纲一的物理量表示为“数”，在 GB 3101—1986 中认为无量纲量没有单位，而从 GB 3101—1993 起确认它有单位，即“单位一”。

任何量纲一的物理量的 SI 一贯单位的名称为“一”，它的符号为“1”。

在表示这种量的量值时，它们一般并不明确写出。

例如：折射率 $n=1.53\times1=1.53$

词头不应加在“单位一”的符号数字 1 上，构成此单位的十进倍数或分数单位。词头可以用 10 的乘方代替。

有时，$10^{-2}=0.01$ 可以用百分符号%代替（但是符号‰应该避免使用）。此时%成为“单位一”的一种单位符号，使用时需要特别注意。

例如：用“63%～67%”表示范围，此处%是“单位一”的一种单位符号。

六、数和数值

标准中数字的用法应符合 GB/T 15835 的规定。标准中用到的数字有两类：表示物理量的数值和表示非物理量的数，在标准的编写中需要注意区分。

任何数，均应从小数点符号起，向左或向右每三位数字为一组，组间空四分之一个汉字的间隙，但表示年号的四位数除外。例如:23 456、2 345、2.345、2.345 6、2.345 67、2008(年号)。

(一) 非物理量的数

非物理量为日常生活中使用的量,使用的是一般量词。如 30 元、45 天、67 根等。

在标准中表示非物理量的数时,整数一至十,如果不是出现在具有统计意义的一组数字中,可以用汉字"一"、"二"、……"十"表示,例如:一个人、四种产品、五个百分点等。大于十的数用阿拉伯数字表示,例如:选 15 根管子进行物理试验。但行文中要照顾到上下文,求得局部体例上的一致,例如:取 150 个试样,15 个试样为一组,将组内试样排成 3 行,每 5 个 1 行。

(二) 物理量的数值

物理量为用于定量地描述物理现象的量,即科学技术领域里使用的表示长度、质量、时间、电流、热力学温度、物质的量和发光强度的量。

物理量按照正规的表达方式可以写成:

$$A=\{A\}\cdot[A]$$

式中:

A ——某个物理量的符号,应从 GB 3102 规定的物理量的符号中选取;

$[A]$ ——该物理量的某个单位的符号,应从 GB 3102 规定的,与物理量相对应的单位的符号中选取;

$\{A\}$ ——以单位$[A]$表示的该物理量 A 的数值。

如果将某一个物理量用另一个单位表示,而此单位等于原来单位的 k 倍,则新的数值等于原来数值的 $1/k$ 倍。因此,作为数值和单位的乘积的物理量,与单位的选择无关。而物理量 A 的数值$\{A\}$与选取的单位$[A]$有关。因此,表示物理量的数值应使用阿拉伯数字,并且其后应带有法定计量单位符号(见 GB 3100～3102 和 IEC 60027)。

由式:$A=\{A\}\cdot[A]$经过等式移行可得:$\{A\}=A/[A]$

这个等式突出了物理量的数值的含义,即物理量的数值等于物理量和相应单位之比。这种形式可在下述情况下使用:

——当用列表形式表达一组物理量时,表头中的物理量的符号和相应的单位符号之比,对应的就是物理量的数值;

——当用曲线图形式表达一组物理量时,一个坐标轴用来表示物理量的符号和相应的单位符号之比,而另一个坐标轴则用来表示物理量的数值。

这时,在表头或坐标轴上适合使用下列形式:

$\frac{v}{\mathrm{km/h}}$、$\frac{l}{\mathrm{m}}$和$\frac{t}{\mathrm{s}}$或 $v/(\mathrm{km/h})$、l/m 和 t/s

(三) 数和数值的区别

通过以上介绍可以知道,虽然数和数值在表面上看相似,但内涵却不同。例如在田径比赛项目"男子 4×100 m 接力赛"中:100 是物理量长度 l 的以单位为"m"表示的"数值";而"4"是实数的"数",表示四个人。显然,"数值"(100)与"单位"(m)有关,改变"单位","数值"也随之而变;而实数的"数"(4)表示的"人"是改变不了的。这就是数和数值的不同。

在标准中要特别注意数和数值的区别。例如,温度范围的表示是 20～28 ℃,还是 20 ℃～28 ℃;人数的表示是 5～10 人,还是 5 人～10 人?

这里涉及一个数学符号“～”，根据 GB 3102.11—1993 中 11-4.15 的规定，符号“～”的意义是“数字范围”(the range of numbers)，它的应用形式是“a～b”，其中 a 和 b 代表不同的实数(或数)，不代表数值。例如 5～10 表示实数由 5 至 10。因此“～”表示的是“数”(numbers)的范围，不应用来表示物理量的数值(numerical values)范围。

温度是一个物理量，物理量由数值和单位符号的乘积来表示，数值和单位符号不应分开，例如，28 ℃、28 ℉和 28 K 代表不同的温度。因此，用符号“～”表示温度范围时，符号两边应是物理量，即数值和单位，而不应仅仅是物理量的数值，温度范围的正确表示方式应是 20 ℃～28 ℃，表示为“20～28 ℃”是错误的，它混淆了“数”和“数值”。由于“人”不是物理量，所以 5～10 人的表示方式是正确的。

七、数学公式

数学公式在标准中的功能与图、表相似，是条款内容的又一种表述方式。当条款内容涉及数学运算时，采用数学公式表达既简单又方便。

（一）类型

公式应以正确的数学形式表示，由字母符号表示的变量应随公式对其含义进行解释，但已在“符号、代号和缩略语”一章中列出的字母符号除外。

对于物理量的运算，可以使用量关系式或数值关系式。

采用量关系式时，对于物理量速度的计算，表示为：

$$v = \frac{l}{t}$$

式中：

v ——匀速运动质点的速度；

l ——运行距离；

t ——时间间隔。

采用数值关系式时，由于每个物理量都可以表达为物理量的数值和其单位的乘积。未知量 v 的数值和单位，将由已知量 l、t 的数值和单位决定。

计算时，每个物理量中的数值和单位将全部分离，未知量 v 的单位将首先确定，然后再确定已知量 l、t 的单位，由于已知量和未知量之间的单位换算可能会产生系数，而代入的数值也需要预先换算成与规定的单位相应的数值，这样才能得到规定单位的未知量的数值。例如：对于物理量速度的计算，表示为：

$$v = 3.6 \times \frac{l}{t}$$

式中：

v ——匀速运动质点的速度的数值，单位为千米每小时(km/h)；

l ——运行距离的数值，单位为米(m)；

t ——时间间隔的数值，单位为秒(s)；

3.6——单位换算产生的系数。

通过量关系式和数值关系式的比较，在标准条文中表述物理量之间的关系时，采用量关系式比较简单；在方法标准中表述物理量计算关系时，采用数值关系式比较方便。如无特殊要求，则在量关系式和数值关系式之间应首选前者。

公式只能用量的符号来表达，不应使用量的名称或描述量的术语表示。量的名称或多字母缩略术语，不论正体或斜体，亦不论是否含有下标，均不应用来代替量的符号。见示例 5-27 至示例 5-29。

【示例 5-27】

写作

$$\rho = \frac{m}{V}$$

而不写作

$$密度 = \frac{质量}{体积}$$

【示例 5-28】

写作

$$\dim(E) = \dim(F) \times \dim(l)$$

式中：

E ——能量；

F ——力；

l ——长度。

而不写作

$$\dim(\text{能量}) = \dim(\text{力}) \times \dim(\text{长度})$$

或

$$\dim(能量) = \dim(力) \times \dim(长度)$$

【示例 5-29】

写作

$$t_i = \sqrt{\frac{S_{\mathrm{ME},i}}{S_{\mathrm{MR},i}}}$$

式中：

t_i ——系统 i 的统计量；

$S_{\mathrm{ME},i}$ ——系统 i 的残差均方；

$S_{\mathrm{MR},i}$ ——系统 i 由于回归产生的均方。

而不写作

$$t_i = \sqrt{\frac{MSE_i}{MSR_i}}$$

式中：

t_i ——系统 i 的统计量；

MSE_i ——系统 i 的残差均方；

MSR_i ——系统 i 由于回归产生的均方。

（二）表示

在条文中应避免使用多于一行的表示形式，例如，在条文中，a/b 优于 $\frac{a}{b}$。

在公式中应尽可能避免使用多于一个层次的上标或下标符号，例如 $D_{1,\max}$ 优于 $D_{1_{\max}}$；还应避免使用多于两行的表示形式，见示例 5-30 至示例 5-32。

【示例 5-30】

在公式中，使用

$$\frac{\sin[(N+1)\varphi/2]\sin(N\varphi/2)}{\sin(\varphi/2)}$$

而不使用

$$\frac{\sin\left[\frac{(N+1)}{2}\varphi\right]\sin\left(\frac{N}{2}\varphi\right)}{\sin\frac{\varphi}{2}}$$

数学公式的其他表示形式见示例 5-31 和示例 5-32。

【示例 5-31】

$$-\frac{\partial W}{\partial x}+\frac{\mathrm{d}}{\mathrm{d}t}\frac{\partial W}{\partial \dot{x}}=Q\left[\left(-\mathbf{grad}V-\frac{\partial A}{\partial t}\right)_x+(v\times\mathbf{rot}A)_x\right]$$

式中：

W ——动势；

x ——x 坐标；

t ——时间；

$\dot{x}$ ——x 的时间导数；

Q ——电荷；

V ——电位；

A ——磁矢位；

v ——速度。

【示例 5-32】

$$\frac{x(t_1)}{x(t_1+T/2)}=\frac{\mathrm{e}^{-\delta t_1}\cos(\omega t_1+\alpha)}{\mathrm{e}^{-\delta(t_1+T/2)}\cos(\omega t_1+\alpha+\pi)}=-\mathrm{e}^{\delta T/2}\approx-1.392\ 15$$

式中：

x ——x 坐标；

t_1 ——第一个拐点的时间；

T ——周期；

ω ——角频率；

α ——初始相位；

δ ——阻尼系数；

π ——3.141 592 6…。

（三）编号

公式表达的仅仅是从条款中分离出来的局部内容。公式的编号不是必须的，如果为了提及和引用方便，需要对标准中的公式进行编号时，则应使用从 1 开始的带圆括号的阿拉伯数字。

【示例 5-33】

$$x^2+y^2<z^2 \quad \cdots\cdots\cdots\cdots\cdots(1)$$

公式的编号应从引言开始一直连续到附录之前，并与章、条、图和表的编号无关。不准许对公式进行细分[例如(2a)、(2b)等]。附录中公式的编号应前缀附录编号中表明附录顺序的大写字母，字母后跟下脚点[例如(A.1)、(A.2)等]。公式与编号之间用“……”连接。

八、尺寸和公差

尺寸和公差应以无歧义的方式来表示。

（一）尺寸的表示

尺寸的表示应包括“数值和单位”。尺寸是一个物理量，所以每个尺寸的“量”都应该包含“数值和单位”，省略单位是错误的。

例如：80 mm×25 mm×50 mm；不得写成 80×25×50 mm。

（二）公差的表示

1. 和差或角标形式表示的公差

公差可以采取和差形式或角标形式表示。如果所表示的量为量的和差形式，则应将数值用括号括起来，将共同的单位符号置于全部数值之后，或者写成各个量的和差的形式。

例如：t=28.4 ℃±0.2 ℃=(28.4±0.2)℃；不得写成 28.4±0.2 ℃。

如果所表示的量为量的角标形式，当量的中心值和公差值的单位一致时，可将共同的单位符号置于全部数值之后；

例如：80^{+2}_{0} mm，不写作 80^{+2}_{-0} mm。因为“0”不分正负。

当量的中心值和公差值的单位不一致时，可将不同的单位符号分别置于相应数值之后。

例如：80 mm^{+50}_{-25} μm

特别提示：GB 1.1—1987 中 9.4.4 曾经规定：“同一量的符号，其计量单位前后应一致”。GB/T 1.1—1993 发布以后，该条规定就被取消了，也就是说目前允许在某些情况下计量单位前后不一致。如“80 mm^{+50}_{-25} μm”就是典型的计量单位前后不一致的例子，如果表示为前后一致则为 $80^{+0.050}_{-0.025}$ mm。因此，标准中计量单位前后是否一致，应根据具体情况进行处理。

2. 百分号表示的公差

为了避免误解，百分数的公差应以正确的数学形式表示，例如，用“63%～67%”表示范围。

用百分号表示的公差，应特别注意区别是绝对误差还是相对误差，以免发生误解。

例如：表示具有中心值的绝对误差时，应用“(65±2)%”，不应用“65±2%”，也不应用“65%±2%”，后两种形式易误解为相对误差。

若要表示相对误差时，则应表示为“65%，具有±2%的相对误差”。

（三）物理量的范围与物理量的公差

用符号“～”表示的物理量的范围，与用和差形式或角标形式表示的物理量的公差，从概念上讲是不一样的：符号“～”表示的是物理量量值的范围，在这个范围内都是需要的；而用和差形式或角标形式表示时，期望得到的是物理量量值的中心值，但在公差内也是可以接受的。所以在使用时要注意区别，不应随便统一。

九、重要提示

在特殊情况下，如果确实需要给标准使用者一个涉及整个文件内容的提示，以便引起使用者注意，则可在标准名称之后，要素"范围"之前用黑体给出相关内容。这种提示经常是涉及人身安全或健康的内容，或者在涉及安全或健康的标准中给出。

在提示之前通常用"重要提示"或"警告"开头。见示例5-34和示例5-35。

【示例5-34】

重要提示：虽然本标准印刷版本中的颜色符合（根据目测检验在容许偏差内）GB/T 2893.1的要求，但不能将印刷版本用于颜色的匹配。有关颜色匹配的要求，请参考GB/T 2893.1中对安全色的色度属性和光度属性的规定及安全色在颜色体系中的参考值。

［选自GB/T 2893.2—2008《图形符号　安全色和安全标志　第2部分：产品安全标签的设计原则》］

【示例5-35】

警告：使用本标准的人员应有正规实验室工作的实践经验。本标准并未指出所有可能的安全问题。使用者有责任采取适当的安全和健康措施，并保证符合国家有关法规规定的条件。

［选自GB/T 20001.4—2001《标准编写规则　第4部分：化学分析方法》，做了适当修改］

第六章　采用国际标准

本书第一章第四节中已经介绍，我国标准的编写有两种方法，采用国际标准是其中的方法之一。前面各章阐述了使用自主研制标准的方法如何编写标准，本章将重点介绍如何使用采用国际标准的方法编写标准。

为了推动国际标准在各国的采用和应用，促进贸易和交流，ISO 和 IEC 专门制定了 ISO/IEC 指南 21《区域标准或国家标准采用国际标准和其他类型国际文件》。在采用国际标准工作中与国际规定相协调，能够促进我国的采标标准得到国际的承认和各国的相互认可，从而促进我国对外贸易的发展。为此，我国依据 ISO/IEC 指南 21 的主要规定于 2001 年发布了 GB/T 20000.2，并于 2009 年对其进行了修订，形成了 GB/T 20000.2—2009《标准化工作指南　第 2 部分：采用国际标准》。

第一节　采用国际标准的原则

我国历来十分重视采用国际标准工作，把它作为技术经济政策之一来推行。在新时期，为了发展社会主义市场经济，提高我国技术水平和产业竞争力，同时也为了适应国际贸易的需求，减少技术性贸易壁垒，采用国际标准仍然是我国一项十分重要的技术经济措施。

采用国际标准表面上看是标准文本之间的转换，即将国际标准转化为我国标准，实际上却需要综合考虑技术、经济、市场需求等多种因素，技术上在必要时还需要补充试验验证，找出适用于我国的技术解决方案。随着采标标准的应用，可能会带来生产工艺的改进、产品的更新换代、概念体系的确立或更新等变化。这是国际技术本土化或国际国内技术交流的过程，需要遵循一定的原则和综合考虑各种因素，才能达到采用国际标准的良好效果。

一、以国际标准为基础

采用国际标准可以促进国际贸易和国际交流，增强各国间相互理解和认可。由于我国的技术发展水平与发达国家之间存在着一定的差距，所以采用国际标准对于我国来说仍然是引进国际先进技术的一种有效途径。因而制定我国标准应当以相应国际标准为基础，除非这些国际标准由于基本气候、地理因素或者基本的技术问题等原因而对我国无效或者不适用。

采用国际标准时，应当尽可能等同采用国际标准。由于基本气候、地理因素或者基本的技术问题等原因对国际标准进行修改时，应当将与国际标准的差异控制在合理的、必要的并且是最小的范围之内，不应以夸大的无科学依据的基本自然和技术问题拒绝先进的、科学合理的国际标准。

对于国际标准中的基础标准和试验方法标准宜优先并等同采用，因为这些标准（例如术语和定义、量和单位、图形符号、试验方法等标准）构成了贸易与交流的最根本的基础，只有世界各国在这些基础上形成共识，在其他方面才能达成相互理解和认可。

为了与国际标准体系相协调，我国的一项标准应当尽可能采用一项国际标准。对于分部分的国际标准，我国标准在采用时也要有通盘考虑，最好也以分部分的形式制定，并且所分部分的结构与国际标准相协调。在个别例外的情况下，当我国一项标准采用几个国际标准时，应当清楚地说明该标准与所采用的国际标准的对应关系。尤其需要避免将一项国际标准（指未分部分的）的内容拆分成几块，由我国几项标准分别采用，这样做会破坏一项标准的完整性，不利于对标准的理解和应用。

采用国际标准制定我国标准，应尽可能与相应国际标准的制修订过程同步，包括一项标准的立项、发布、修订、修正案、技术勘误等各环节和步骤。需要时可以采用标准制定的快速程序。

二、与我国实际情况相结合

应在条件具备的情况下尽可能地采用国际标准和国外先进标准，这样可以促进技术进步和消除贸易壁垒；但不切实际地一味照搬国际标准和国外先进标准是不可取的，这样不仅不能促进技术进步反而会扼杀技术发展的萌芽，也会造成经济上的浪费。

采用国际标准和国外先进标准应与我国情况相结合，需考虑的实际情况包括以下三个方面：

1. 能否满足保护级别。主要指涉及保障国家安全、防止欺骗、保护人体健康和人身财产安全、保护动植物的生命和健康、保护环境等内容时，相应国际标准是否能够满足我国在这些方面的要求水平。随着我国经济和社会的发展，人们对于提高生活水平的要求会越来越高，采用国际标准的我国标准也应能够满足这些需求。

2. 能否适用于我国的基本气候、地理等自然和文化条件。国际标准的制定需要考虑全球的适用性，但由于各国的自然和文化条件千差万别，仍有可能对具体地域考虑不充分。因此在采用涉及气候、地理等自然和文化条件影响的国际标准时，应充分考虑我国的基本条件。

3. 能否适用于我国的基本技术条件。各国的基本技术条件是制约各国采用国际标准的重大因素。因此，如果采用了不适合我国技术条件的国际标准，则会造成采用国际标准的我国标准不能应用，甚至会制约我国技术的发展。

在采用国际标准和国外先进标准时，要切合实际地充分考虑上述三个方面，根据我国的实际情况，在需要修改的地方应做出相应的修改。

对于国际标准中的产品标准，尤其需要在考虑上述三个方面情况的基础上选择与国际标准的一致性程度（等同、修改或非等效）。因为产品标准受市场、技术、资源等因素影响较大，所以采用国际标准时应考虑我国的市场需求，标准对用户及企业的影响等具体情况，然后再作出决定。

对于国际标准中的安全标准、卫生标准、环境保护标准，采用时除了考虑上述三方面情况外，尤其应注意符合我国有关法律、法规的规定，在确定我国的技术要求时应以保障国家安全、防止欺骗、保护人体健康和人身财产安全、保护动植物的生命和健康、保护环境为正当目标，并且要具有充分的科学依据。

三、关注国际标准化机构的版权政策

采用 ISO、IEC 以及 ISO 公布的国际标准化机构或组织（以下统称国际标准化机构）的标准或其他出版物，需关注它们发布的有关出版物的版权、版权使用权和销售政策文件的规定。由于采用国际标准需要将国际标准的内容纳入我国标准中，因此涉及版权问题。

ISO和IEC已经公布了其标准的版权保护政策文件。ISO和IEC对于成员国采用其标准涉及的版权政策是:如果成员国使用ISO/IEC指南21规定的翻译法和重新起草法采用其标准,则不涉及版权问题;如果使用签署认可法和重新印刷法采用其标准,则涉及版权问题,需按其版权政策支付一定的版税。

其他国际标准化机构对于其出版物的版权保护也有相关文件规定,不同组织的版权保护政策的规定会不同,对于成员国与非成员国的要求也会不同,因此标准起草者需要关注并遵守相关政策,以免在采用国际标准时引起版权纠纷。

四、采用为相似类型的文件

近年来ISO和IEC为了适应技术的快速发展和市场的急需,在工作程序和提供文件形式上采取了灵活措施,发布的文件形式及其制定程序有了明显的变化。目前ISO、IEC发布的文件除标准外,还有导则、指南、技术规范、可公开获得的规范和技术报告等,其中技术规范和可公开获得的规范是代表着技术发展新动向的新型文件,往往反映的是正在发展中的新技术。而国际标准规定的是相对成熟的技术内容。不同类型的文件有不同的性质和作用,因此在采用时,宜转化为我国相类似的文件。目前我国的国家标准化指导性技术文件与ISO、IEC的技术规范和可公开获得的规范的文件类型相似,因此在采用不同类型的国际文件时,宜将国际标准采用为我国标准,将国际新型文件采用为我国国家标准化指导性技术文件。

五、按照我国标准编写规则起草

为了保持我国标准编写(包括标准的版式、格式、文本结构、表述方式等方面)的一致性,与国际标准有一致性对应关系的国家标准应按GB/T 1.1的规定编写。由于GB/T 1.1总体上与ISO/IEC导则第2部分:2004《国际标准的结构和起草规则》相一致,因此按照GB/T 1.1编写的我国标准在文本结构、表述方式等多方面与国际标准是协调的,所以在采用ISO标准、IEC标准时,按照GB/T 1.1的规定进行编写不会出现障碍。而ISO公布的其他国际标准化机构发布的标准往往与ISO标准、IEC标准的文本结构不同,也就是与GB/T 1.1规定的我国标准的结构不同。在这种情况下,采用这些组织的我国标准的文本结构应按照GB/T 1.1的规定作出调整。由于调整后我国标准的文本结构发生了变化,即便是技术内容相同,与对应的国际标准的一致性程度也不可能是等同。

第二节 采用国际标准的程度和方法

与国际标准的一致性程度反映了国家标准与相应国际标准之间是否存在着差异或差异存在的大小,以及这些差异被标示的情况。一致性程度的划分能让标准使用者清楚地了解国家标准与相应国际标准的差异所在,从而了解国际相关领域技术发展状况、技术内容调整所反映的国家技术发展状况,这将有利于标准的应用。

以国际标准为基础制定我国标准时,在分析研究的基础上,需要确定我国标准与相应国际标准的一致性程度。不同的一致性程度需要选取不同的采用国际标准的方法。

一、与国际标准的一致性程度

国家标准与国际标准的一致性程度分为三种:等同、修改和非等效。与国际标准的一致性程度为"等同"和"修改"的国家标准被视为采用了国际标准，而与国际标准的一致性程度为"非等效"的国家标准不被视为采用了国际标准，仅表明该国家标准与国际标准有对应关系。

（一）等同

1. "等同"的含义

国家标准与相应国际标准的一致性程度为"等同"时，存在下述情况：

——国家标准与国际标准的技术内容和文本结构相同；

——同时，国家标准可以包含最小限度的编辑性修改。

技术内容相同是指国家标准将国际标准的规范性技术要素不加改动地保留下来。国家标准可以使用资料性附录、注等形式对国际标准的技术内容酌情增加资料性的补充说明，然而所增加的内容不应变更、增加或删除国际标准的技术内容。

结构相同是指国家标准的章、条、段、表、图和附录的排列顺序及编号与国际标准相同。如果国家标准需要增加资料性附录，应将它们置于所保留的国际标准的附录之后，并按条文中提及这些新增加附录的先后次序编排附录的顺序。每个新增加附录的编号由"附录 N"[N 即英文 National(国家的)的字头]和随后表明顺序的大写拉丁字母组成，字母从"A"开始，例如"附录 NA"、"附录 NB"等。这样增加的国家标准附录的位置及编号不影响原国际标准附录的顺序，因此没有改变国际标准的结构。

每个增加的资料性附录中章、图、表和数学公式的编号均应从 1 开始，编号前应加上代表国家附录的标志"N"和随后表明该附录顺序的大写拉丁字母，后跟下脚点。例如：附录 NA 中的章用"NA. 1"、"NA. 2"等表示；图用"图 NA. 1"、"图 NA. 2"等表示。

在等同的情况下，对于采用和被采用的两个标准来说，国家标准可以接受的内容在国际标准中也可以接受；反之，国际标准可以接受的内容在国家标准中也可以接受。因此，符合国家标准就意味着符合国际标准，符合国际标准也意味着符合国家标准。这种情况称为"反之亦然原则"。

2. "等同"条件下的编辑性修改

由于中文不是 ISO、IEC 的官方语言，因此发布的国际标准没有中文版本，所以在采用国际标准时，国家标准做出编辑性修改是不可避免的。然而不是所有的编辑性修改都属于"等同"允许的范畴，"等同"条件下只准许如下最小限度的编辑性修改。

(1) 小数点符号用". "代替","

在国际标准中表示小数时，使用小数逗点符号","，而在我国使用小数点符号". "。小数点符号". "为我国法定的数学符号，因此在我国标准中需要替换小数点符号。

(2) 对印刷错误的改正或页码变化

印刷错误是指国际标准出版印刷过程中发生的错误，例如拼写错误、章条顺序编号错误等。采用国际标准时，如发现这些印刷错误，而 ISO、IEC 还未发布有关这些错误的勘误，则需要进行纠正。与此同时，由负责该国家标准的技术委员会将此情况通知负责相应国际标准的 ISO 或 IEC 的技术委员会。

我国标准的页码可以和国际标准的页码不一样。由于以下几种情况我国标准的页码与国际标准会有不同：我国标准的版式与国际标准存在不同；我国标准增加了资料性内容(例如资料性附录)；采用翻译法形成的我国标准的文字所占页面与原文不同等。

(3) 从多语种发布的国际标准的版本中删除其中一种或几种语言文本

一些国际标准是以多种语言版本发布的(特别是一些术语标准),例如,国际标准的一个文本以英文、法文和俄文三种语言版本发布。而作为国家标准可以只保留一种语言版本,例如仅保留英文版本,删除了法文、俄文版本的内容。

(4) 纳入国际标准的修正案或技术勘误

国际标准发布后,有可能还发布了对国际标准的修正案(amendment)或技术勘误(technical corrigendum)。这些修正案或技术勘误与标准本身构成了一项国际标准的整体。采用国际标准时,将国际标准的修正案或技术勘误的内容纳入国家标准中,这类修改没有改变原国际标准的技术内容,属于编辑性修改。

(5) 为了与现有的系列标准一致而改变标准名称

采用国际标准的国家标准需要纳入国家标准体系。如果某一系列国家标准或具有多个部分的某一项国家标准的名称与对应的国际标准的名称不同,为了与现有国家标准的名称一致,则需要在对国际标准的名称进行修改后形成国家标准的名称。

(6) 用“本标准”代替“本国际标准”

国际标准的内容中在提及自身时往往使用“本国际标准……”,而采用国际标准的国家标准,由于叙述的角度发生了变化,在提及自身时需要改用“本标准……”;当作为国家标准的某一部分发布时,需要改用“GB/T ×××××的本部分……”或“本部分……”来表述。

(7) 增加资料性内容

国家标准中可以增加原国际标准中没有的资料性内容。典型的资料性内容包括对标准使用者的建议、培训指南或推荐的表格或报告,它们宜以资料性附录的形式给出;其他有关条文解释的资料性内容,可以使用条文的注或脚注的形式给出。需要特别注意的是,增加的资料性内容不应变更、增加或删除国际标准的规定,否则会使国家标准与国际标准之间产生技术性差异。

(8) 删除国际标准中资料性概述要素

这种情况在采用国际标准时较多见。在国家标准中,为了符合本国标准惯例,往往删除国际标准中原有的资料性概述要素,例如:对于封面,由于国家标准的封面与国际标准不同,所以需要改用我国的封面式样;对于前言,国际标准的前言往往陈述国际标准的制定程序及通过条件、与前一版本的差别等固定内容,这些内容对于国家标准参考作用不大,因此需要重新编写国家标准的前言;对于引言,通常根据国际标准引言的内容,将其转化为我国标准的引言,也可删除国际标准的引言。

(9) 增加单位换算的内容

国家标准中应采用我国的法定计量单位。如果使用了与国际标准不同的计量单位制,为了提供参考,可以在国家标准中增加单位换算的内容,例如增加一个有关单位换算的资料性附录。

请注意,除了以上所列最小限度的编辑性修改以外的其他编辑性修改都不是“等同”条件下所允许的,例如删除或修改国际标准的资料性附录等。如果做出了这样的编辑性修改,国家标准与国际标准的一致性程度也不属于“等同”。

(二) 修改

1. “修改”的含义

国家标准与相应国际标准的一致性程度为“修改”时,存在下述情况之一或者二者兼有:

——技术性差异,并且这些差异及其产生的原因被清楚地说明;

——文本结构变化,但同时有清楚的比较。

一致性程度为“修改”时,国家标准还可包含编辑性修改。

"修改"条件下,国家标准与国际标准之间允许存在技术性差异,但是这些差异应被清楚地标明并给出解释。换句话说,如果这些差异没有被清楚地标明,即便只有一两个技术性差异,国家标准与国际标准的一致性程度也不能是"修改"。

"修改"条件下,国家标准与国际标准结构相同,或有结构调整但同时有清楚的比较。如果结构调整较多,宜编排一个附录,以便给出与国际标准的章条编号变化对照表。结构的调整需要慎重,如果不调整结构能解决问题,则尽量不作调整,因为结构的调整最容易造成国家标准与相应国际标准对比的困难。由此,一项国家标准应尽可能仅采用一项国际标准,这不仅便于国家标准与相应国际标准的对比,而且有利于国家标准体系与国际标准体系的协调。只有个别情况下,在能够使用列表形式清楚地说明技术性差异及其原因并很容易与相应国际标准的结构作比较时,才允许一项国家标准采用若干项国际标准,但这种做法也应尽量避免。

在国内,还有另外一种情况,即将一项国际标准的内容进行拆分,并由多项国家标准采用,这种做法极不可取,因为这样做不仅破坏了国家标准体系与国际标准体系的协调性,而且造成了国家标准与国际标准对比的困难,深远影响是造成国际贸易和交流上的困难。

由于与国际标准一致性程度为"修改"的国家标准与对应国际标准存在技术性差异,因此符合该国家标准不表明符合对应的国际标准,即"反之亦然原则"不适用。

2. "修改"包含的情况

"修改"通常包含以下四种情况:

a) 国家标准的内容少于对应的国际标准:国家标准的要求少于国际标准的要求,仅采用国际标准中供选用的部分内容。

b) 国家标准的内容多于对应的国际标准:国家标准的要求多于国际标准的要求,增加了内容或种类,包括附加试验。

c) 国家标准更改了国际标准的某些内容:国家标准与国际标准的一些内容相同,但都含有与对方不同的要求。

d) 国家标准增加了另一种供选择的方案:国家标准中增加了一个与对应的国际标准条款同等地位的条款,作为对该国际标准条款的另一种选择。

除此之外,国家标准可能保留了对应国际标准的全部内容,但增加了不属于该国际标准的一部分附加技术内容。在这种情况下,即使没有对全部保留的国际标准的内容作任何修改,其一致性程度也只能是"修改"或是"非等效",至于是哪一种,取决于技术性差异是否被清楚地标示和解释。

还有一种情形需要特别注意,即"修改"程度所允许的技术性差异并不是毫无限制的。当技术性差异较多从而使国家标准仅保留原国际标准的少量或不重要的条款时,则不管该国家标准是否标明了技术性差异,该标准与国际标准的一致性程度也只能是"非等效"。

(三)非等效

国家标准与相应国际标准的一致性程度为"非等效"时,存在下述情况:国家标准与国际标准的技术内容和(或)文本结构不同,同时这种差异在国家标准中没有被清楚地说明。"非等效"还包括在国家标准中只保留了少量或不重要的国际标准条款的情况。

由此可见,"非等效"与"修改"最重要的区分标志就是技术性差异或结构的变化是否被清楚地指明,即便国家标准与国际标准仅有很少的技术性差异,但若不指明这种差异也只能属于"非等效";当然,如果国家标准与国际标准的技术性差异太大,以至国家标准仅保留了国际标准中少量或不重要的条款,那么无论技术性差异或结构的变化是否被清楚地指明,都只能属于"非等效"。

（四）一致性程度与采标程度的比较

在《采用国际标准管理办法》(2001 年发布)和 GB/T 20000.2—2001 发布以前，我国标准与国际标准的关系用“采用国际标准程度”(简称“采标程度”)表示，划分为等同(代号为 idt)、等效(代号为 eqv)和非等效(代号为 neq)三种程度。与 GB/T 20000.2 规定的三种一致性程度相比，三种采标程度中除了“等同”的含义没有变化以外，“修改”与“等效”以及新旧“非等效”之间含义变化较大。目前我国国家标准中还存在一定数量 2001 年之前发布的采标标准，因此有必要对原采标程度有一个清晰的了解。随着与国际标准有对应关系的我国标准的逐渐修订，我国标准中原采标程度将逐渐被一致性程度所取代。

1. “修改”与“等效”

“等效”程度的含义是：主要技术内容相同，技术上只有很小差异，编写方法不完全相对应。国家标准与国际标准间小的技术性差异指下述技术内容上的不同：在国际标准中可以接受的技术内容而在国家标准中也不至于不被接受，或者在国家标准中可以接受的技术内容而在国际标准中也不至于不被接受[引自 ISO/IEC 指南 21:1981]。尽管 ISO/IEC 指南 21:1981 对“小的技术性差异”给出了定义，但在采用国际标准的实际操作中很难掌握“小的技术性差异”的界定和技术性差异大小的区分。由于标准编写人员对“等效”程度的理解和所掌握的尺度不一，造成了与国际标准“等效”的我国标准在技术内容的差异上大小不一，且技术性差异由于没有被指明而不易识别，不利于标准间的比较和相互认可。

与“等效”程度相比，“修改”程度所允许的技术性差异不仅包含了“小的技术性差异”，而且还包括旧“非等效”(neq)所允许的技术性差异(见下文的“2.”)。看似“修改”程度所允许的技术性差异“宽松”了，但它更强调了对技术性差异的说明和标示的要求。严格按“修改”程度的要求去标示和说明技术性差异，有时需要的工作量很大，因此修改采用国际标准并不“轻松”。

2. 新“非等效”与旧“非等效”

旧“非等效”的代号为 neq，新“非等效”的代号为 NEQ。旧“非等效”(neq)的含义是技术内容有重大差异。国家标准与国际标准间重大的技术性差异指下述技术内容上的不同：在国际标准中可以接受的技术内容而在国家标准中不能接受，或者在国家标准中可以接受的技术内容而在国际标准中不能接受[引自 ISO/IEC 指南 21:1981]。尽管 ISO/IEC 指南 21:1981 对“重大的技术性差异”给出了定义，但理解起来还是比较含糊。而新“非等效”(NEQ)的含义更加明确：只采纳国际标准的少量或不重要的条款属于“非等效”，凡有技术性差异或结构变化而未标明的也属于“非等效”。

与国际标准一致性程度为新“非等效”(NEQ)的国家标准不属于采用国际标准的范畴，而旧“非等效”(neq)并没有明确这一点。由于 ISO、IEC 不认可与国际标准一致性程度为新“非等效”(NEQ)的国家标准采用了国际标准，这意味着新“非等效”(NEQ)的我国标准在国际贸易与交流中要得到国际或各国的认可需要作进一步的解释并经过更加详细的谈判过程。

二、采用国际标准的方法

采用国际标准的方法通常有翻译法、重新起草法、签署认可法和重新印刷法。签署认可法和重新印刷法通常被使用 ISO、IEC 官方语言的欧美国家所采用，由于中文还不是 ISO、IEC 的官方语言，发布的国际标准没有中文版本，因此我国并未采用这两种方法。在采用国际标准时，我国仅选用了翻译法和重新起草法，并做出明确规定：等同采用国际标准时，应使用翻译法；修改采用国际标准时，应使用重新起草法；与国际标准的一致性程度为非等效的国家标准也应使用重新起草法。

随着标准电子版本的发展，可能出现新的采用国际标准的方法，或与现有方法相结合的新方法。在使用新方法情况下，一致性程度的划分和标示方法仍然适用。

（一）翻译法

翻译法指对相应国际标准进行准确翻译而形成国家标准的一种方法。使用翻译法形成的国家标准与原国际标准相比，可存在最小限度的编辑性修改，不保留国际标准的前言，可根据需要将国际标准的引言的内容转化到国家标准的引言中，也可删除国际标准的引言。在文中，除了可将引用的国际文件替换为等同的我国文件以外，均保持原国际标准的内容和结构不变。等同采用国际标准时应使用翻译法。

在翻译的过程中应准确翻译国际标准的助动词，表 6-1 至表 6-4 给出了国际标准条款表述中使用的各种类型的助动词（包括首选的和等效的表述），以及翻译为我国标准时对应的助动词。

表 6-1 给出了用于表示声明符合标准需要满足的要求的助动词的翻译。

表 6-1　要求

不同文本的用词	助动词	在特殊情况下使用的等效表述
国际标准的用词	shall	is to is required to it is required that has to only…is permitted it is necessary
国家标准的翻译	应	应该 只准许
国际标准的用词	shall not	is not allowed[permitted][acceptable][permissible] is required to be not is required that…be not is not to be
国家标准的翻译	不应	不得 不准许

表 6-2 给出了用于表示推荐或不赞成的行动步骤的助动词的翻译。

表 6-2　推荐

不同文本的用词	助动词	在特殊情况下使用的等效表述
国际标准的用词	should	it is recommended that ought to
国家标准的翻译	宜	推荐 建议
国际标准的用词	should not	it is not recommended that ought not to
国家标准的翻译	不宜	不推荐 不建议

表 6-3 给出了用于表示在标准的界限内所允许的行动步骤的助动词的翻译。

表 6-3 允许

不同文本的用词	助动词	在特殊情况下使用的等效表述
国际标准的用词	may	is permitted is allowed is permissible
国家标准的翻译	可	可以 允许
国际标准的用词	need not	it is not required that no…is required
国家标准的翻译	不必	无须 不需要

表 6-4 给出了用于陈述由材料的、生理的或某种原因导致的可能性和能力的助动词的翻译。

表 6-4 能力和可能性

不同文本的用词	助动词	在特殊情况下使用的等效表述
国际标准的用词	can	be able to there is a possibility of it is possible to
国家标准的翻译	能 可能	能够 有可能
国际标准的用词	cannot	be unable to there is no possibility of it is not possible to
国家标准的翻译	不能 不可能	不能够 没有可能

（二）重新起草法

重新起草法指在相应国际标准的基础上重新编写国家标准的一种方法。采用重新起草法的国家标准如果需要增加附录，每个增加的附录的编号应与其他附录一起按照在标准条文中提及的先后顺序编号。用重新起草法编写标准的思路为：不是翻译一个国际标准，而是重新编写一个标准，这时可不拘泥于国际标准的内容和结构，对国际标准的条文可按需改动。

除了修改采用国际标准适用重新起草法以外，与国际标准的一致性程度为非等效的国家标准也适用重新起草法。

（三）未被我国采用的两种方法

除了上述两种方法外，ISO/IEC 指南 21 还提供了另外两种采用国际标准的方法。这两种方法更适用于官方语言是 ISO、IEC 出版语言的国家，因此未被我国采用。

1. 签署认可法

签署认可法指通过发布认可公告声明某国际标准与区域标准或国家标准具有同等地位的一种

方法。认可公告由区域标准组织或国家标准机构发布，可以包括相应的声明信息和指示内容。只有区域标准或国家标准与国际标准在技术内容、文本结构和措辞上完全相同时，才可采用“签署认可法”采用国际标准。每个认可公告宜仅涉及一个国际标准(包括修正案和技术勘误)。

2. 重新印刷法

重新印刷法指把国际标准作为区域或国家标准直接翻印(例如，通过照相、扫描或电子文件)发布的一种方法。此外，区域标准或国家标准还可附上其封面、前言、引言、资料性附录、国际标准的译文、国际标准的修正案和技术勘误。区域标准或国家标准如果改变了标准名称，可显示在其封面上；区域标准或国家标准做出的编辑性修改或技术性修改可以表述在其前言中，如果技术性修改较多也可表述在其资料性附录中；同样，区域标准或国家标准增加的资料性内容可表述在其前言或资料性附录中。

第三节 国家标准双编号方法和一致性程度标示方法

国家标准等同采用国际标准意味着在国际贸易中使用该国家标准将不存在任何障碍，因此等同这一信息应能快速地传达给标准使用者。为此，选择了通过在国家标准编号上给出对应的国际标准信息的编号方法。

我国标准与国际标准存在着一致性程度的信息也应通过一定的方式传达。为此，用一致性程度标识来表示这一信息。

一、国家标准双编号方法

等同采用ISO标准或IEC标准的国家标准编号方法已被欧美各国普遍采用，例如BS ISO 15911:2000、DIN ISO 7919-3:2008、ANSI/ABMA/ISO 12240-1:1998。这种编号方法能够立即反映国家标准对应的国际标准，让标准查询者、使用者一目了然。我国已采用了这种编号方法，只是欧美采用的是仅反映国际标准编号的“单编号方法”，我国采用的是同时反映国家标准编号和国际标准编号的“双编号方法”。

(一) 双编号的组成

国家标准编号由国家标准代号(如GB/T)、国家标准顺序号(如7939)和发布年号(如2008)组成，顺序号和发布年号之间用一字线连接。国家标准编号如GB/T 7939—2008。

ISO、IEC标准编号由国际标准代号(如ISO、IEC)、国际标准顺序号(如6605)和发布年号(如2002)组成，顺序号和发布年号之间用冒号连接。国际标准编号如ISO 6605:2002。

等同采用ISO标准和(或)IEC标准的国家标准编号方法是将国家标准编号与ISO标准和(或)IEC标准编号结合在一起的双编号方法。具体编号方法为将国家标准编号以及ISO标准和(或)IEC标准编号排为一行，两者之间用一斜线分开，见示例6-1。

【示例6-1】

GB/T 7939—2008/ISO 6605:2002

(二) 双编号的使用

在国家标准中使用双编号必须同时满足两个条件：一是国家标准与国际标准的一致性程度应是等同，而不应是修改或非等效；二是国家标准采用的国际标准应是ISO标准和(或)IEC标准(因为使用国际标准编号涉及商标问题),而不应是采用 ISO 公布的其他国际标准化机构发布的标准。只有同时满足这两个条件才能在国家标准中使用双编号。

双编号方法在国家标准中仅用于封面、书眉、封底和版权页上。在国家标准中的其他位置,包括在标准的条款中引用或提及等同采用 ISO 标准和(或)IEC 标准的国家标准,以及在第 2 章"规范性引用文件"或"参考文献"中列出等同采用 ISO 标准和(或)IEC 标准的国家标准时,仅使用国家标准编号,即双编号的前半部分。

双编号方法还可以用在标准目录、年报、学术期刊、书籍、网页等其他媒体上。

二、一致性程度的标示方法

在采用国际标准时,应准确标示国家标准与国际标准的一致性程度。不同的一致性程度用"一致性程度标识"进行区分。一致性程度标识是直观表现国家标准与国际标准关系的标识,它有利于标准使用者等各方面人员迅速掌握、查询国家标准与国际标准关系的详细信息。

(一)一致性程度标识

1. 一致性程度代号

一致性程度代号表明了我国标准与国际标准存在的具体一致性程度,见表 6-5。

表 6-5　一致性程度代号

一致性程度	代号
等同	IDT
修改	MOD
非等效	NEQ

2001 年《采用国际标准管理办法》发布以前,我国使用采标程度的划分方法及各程度代号,见表 6-6。随着标准的不断修订,原采标程度划分方法及其代号将逐渐地被一致性程度划分方法和代号所取代。

表 6-6　采标程度及代号

采标程度	代号
等同	idt
等效	eqv
非等效	neq

2. 一致性程度标识

一致性程度标识由"对应的国际标准编号、逗号和一致性程度代号"组成,例如:ISO 9000:2005,IDT。

2001 年之前的采标程度标示方法由"采标代号和国际标准编号"组成,例如:eqv ISO 7250:1996。

(二)一致性程度标识在标准中的使用

一致性程度标识应在国家标准封面上使用,以便通过查看封面就能快速了解国家标准与国际标准的关系。另外,一致性程度标识还应在规范性引用文件一章中使用,以便准确标示所引文件与国际标准的关系,从而能够判断所引用的国家标准与相应国际标准的技术性差异情况。

1. 封面

与国际标准有一致性对应关系的国家标准，在标准封面上的标准名称的英文译名之下的括号中标示一致性程度标识，即使用“(对应的国际标准编号，一致性程度代号)”的形式，见示例6-2。

当国家标准的英文译名与被采用的国际标准名称不一致时，则在一致性程度标识中，国际标准编号和一致性程度代号之间增加该国际标准英文名称，即使用“(对应的国际标准编号，国际标准英文名称，一致性程度代号)”的形式。见示例6-3至示例6-5。其中示例6-3给出了与国际标准(Standard)的一致性程度标识；示例6-4给出了与国际指南(Guide)的一致性程度标识；示例6-5给出了与国际导则(Directives)的一致性程度标识。

请注意，增加国际标准英文名称的标示方法只在标准封面上使用。

【示例6-2】

质量管理体系　基础和术语

Quality management systems—Fundamentals and vocabulary

(ISO 9000:2005,IDT)

【示例6-3】

滚动轴承　钢球

Rolling bearings—Balls

(ISO 3290:1998,Rolling bearings—Balls—Dimensions and tolerances,NEQ)

【示例6-4】

标准化工作指南　第6部分：标准化良好行为规范

Guide for standardization—Part 6:Code of good practice for standardization

(ISO/IEC Guide 59:1994,Code of good practice for standardization,MOD)

【示例6-5】

标准化工作导则　第1部分：标准的结构和编写

Directives for standardization—

Part 1:Structure and drafting of standards

(ISO/IEC Directives—Part 2:2004,

Rules for the structure and drafting of International Standards,NEQ)

2. 我国文件清单之后

一致性程度标识还应在我国标准所列的文件清单中使用，包括用于“规范性引用文件”一章和参考文献中。在这些地方列出的我国文件，凡与国际标准存在一致性程度，都应在所列的我国文件名称后面加括号列出与国际标准一致性程度标识。

(三) 一致性程度标识在标准目录和其他媒介上的使用

在标准目录、年报、数据库和其他所有相关媒介上宜标示与国际标准的一致性程度标识，这有利于标准使用者查询相关信息。

在数据库中使用的一致性程度标识的格式还宜参考ISONET手册的有关内容。ISONET手册规定了标准类文件、法规文件和它们的主题内容的表述方法，以便于交换有关这些文件的信息。

第四节　对国际标准相关内容的处理

国际标准中的某些内容在转化成我国标准的过程中，需要进行特殊的处理。这些内容涉及国际标准的前言、引言、规范性引用的其他国际文件、参考文献以及国际标准的修正案和技术勘误等。

一、国际标准的前言和引言

（一）不保留国际标准的前言

与国际标准有一致性对应关系的我国标准，不应保留国际标准的前言。由于国际标准的前言往往陈述国际标准的制定程序及通过条件、与前一版本的差别等固定内容，这些内容对于我国标准没有多少参考作用，所以应予以删除。

（二）酌情转化国际标准的引言

在将国际标准转化成我国标准时，对于国际标准的引言，应根据情况具体处理，通常将其中适用的内容转化为我国标准的引言，也可删去国际标准的引言。

二、国际标准中规范性引用的其他国际文件

在将国际标准转化为我国标准的过程中，会遇到如何处理国际标准中规范性引用的其他国际文件的问题。这些被引用的国际文件能否被我国文件所替换，和所起草的我国标准与国际标准的一致性程度（等同、修改、非等效）有关。

使用一致性程度标识来标示我国标准与国际标准的对应关系始于 2001 年，然而在我国标准中目前还有一些 2001 年之前发布的采标标准，这些标准使用采标程度标示与对应的国际标准的关系。因此，在转化国际标准形成我国标准时，当只能用原采标程度对应关系的我国标准代替国际标准中的规范性引用文件的情况下，需要根据下述具体情况进行处理。

然而，无论一致性程度如何，在与国际标准有一致性程度对应关系的我国标准中，凡用我国文件代替国际标准引用的国际文件时，应在我国标准的“规范性引用文件”一章中列出我国文件；凡保留引用了国际文件时，应在我国标准的“规范性引用文件”一章中列出保留的国际文件[如是标准，则列出国际标准编号（或代号与顺序号）、国际标准名称的中文译名及用括号括起的原文名称]（见示例 6-6）。

以下分别介绍与国际标准一致性程度为等同、修改和非等效三种情况下，如何处理国际标准中引用的国际文件。

（一）等同采用国际标准的情况

1. 对于引用的国际文件的处理

我国标准等同采用国际标准时，对于国际标准规范性引用的国际文件，在我国标准中需要进行如下处理：

第一，国际标准注日期引用的国际文件，如果有等同（包含 IDT、idt）采用的我国文件（指国家标准、国家标准化指导性技术文件、行业标准），则用我国文件代替国际文件。与国际文件对应关系

不是等同的我国文件不能用于代替引用的国际文件，因为这些文件与对应的国际文件存在着技术性差异或没有对应关系。

第二，国际标准注日期引用的国际文件，如果没有等同采用的我国文件，则应保留引用国际文件。

第三，国际标准不注日期引用的国际文件应全部保留。这种情况下，无论是否有对应的我国文件，都不应用我国文件代替。这是由于不注日期引用国际文件的目的是使用最新版本，而目前即使有与所引用国际文件等同的我国文件，也不能保证我国文件能够保持与国际文件最新版本同步。

需要特别注意：当规范性引用的其他国际文件被不是“等同”于该国际文件的我国文件替代时，即视为存在技术性差异，因此我国标准与相应国际标准的一致性程度就不是“等同”了。

2. 引用文件在标准中的标示

凡在我国标准的“规范性引用文件”一章中列出代替国际文件的我国文件时，应在我国文件名称后加括号标示一致性程度标识（见示例 6-6）。

为了提供参考，凡是保留引用的国际文件，如果存在与其有一致性对应关系的我国文件，应在前言中陈述编辑性修改的位置之前列出这些文件，同时在我国文件名称后加括号标示一致性程度标识（见示例 6-7）；如果保留引用了国际文件的所有部分，仅列出我国文件的代号和顺序号及“（所有部分）”，并在文件名称之后加方括号列出国际文件的代号和顺序号及“（所有部分）”，不标示一致性程度代号（见示例 6-7）；如果需要列出的我国文件较多，宜编排一个资料性附录以便列出这些文件，并在前言中说明以附录形式列出相应的我国文件（见示例 6-8）。

【示例 6-6】

2　规范性引用文件

…………

GB/T 225—2006　钢　淬透性的末端淬火试验方法（ISO 642：1999，IDT）

GB/T 20568—2006　金属材料　管环液压试验方法（ISO 15363：2000，IDT）

ISO 1460：1992　钢产品镀锌层质量试验方法（Test method for gravimetric determination of the mass per unit area of galvanized coatings on steel products）

ISO 3534（所有部分）　统计学　词汇和符号（Statistics—Vocabulary and symbols）

【示例 6-7】

前　　言

…………

与本标准中规范性引用的国际文件有一致性对应关系的我国文件如下：

——GB/T 1839—2003　钢产品镀锌层质量试验方法（ISO 1460：1992，MOD）

——GB/T 3358（所有部分）　统计学术语［ISO 3534（所有部分）］

本标准做了下列编辑性修改：

…………

【示例 6-8】

> **前　言**
>
> …………
>
> 与本标准中规范性引用的国际文件有一致性对应关系的我国文件见附录 NA。
>
> 本标准做了下列编辑性修改：
>
> …………

（二）修改采用国际标准的情况

1. 对于引用的国际文件的处理

我国标准修改采用国际标准时，对于国际标准规范性引用的国际文件，在我国标准中需要进行如下处理：

凡是有适用的我国文件，应用我国文件代替国际文件；凡没有适用的我国文件，如果国际文件适用应保留引用国际文件。

这里适用的我国文件没有严格限制，只要经过研究认为适用就可代替国际文件，不过有三点需要说明：

首先，可以用 2001 年之前发布的采标标准代替，包括采标程度为等效(eqv)和旧非等效(neq)的我国标准。由于这两类采标程度的我国标准与对应国际标准的技术性差异能够说清楚(等效和旧非等效的我国标准按 1993 年颁布的《采用国际标准和国外先进标准管理办法》的规定都应在前言中说明与国际标准的技术性差异)。

其次，如果用非等效(NEQ)于国际文件的我国文件，或用与国际文件无一致性程度关系的我国文件代替国际标准规范性引用的国际文件，则在采用国际标准的我国标准前言中陈述技术性差异时，应简要说明非等效或无对应关系的我国文件与相应国际文件之间在引用的具体内容方面的技术性差异。这是因为，修改采用国际标准就应对技术性差异做清楚的说明，这种说明不但包括我国标准与国际标准文本本身技术内容的差异，还包括两个标准规范性引用文件之间的差异。规范性引用文件之间的技术性差异通常可在所引用的我国文件中了解到，但是如果用非等效于国际文件的我国文件，或用与国际文件无一致性程度关系的我国文件代替国际标准规范性引用的国际文件，则即使找到所引用的我国文件，也无法从该文件中了解其与对应国际文件之间的技术性差异。因此，需要采用国际标准的我国标准在前言中简要说明这些非等效或无对应关系的我国文件与相应国际文件之间在引用的具体内容方面的技术性差异。

第三，如果用与国际文件有一致性对应关系的我国文件代替国际文件，但改变了注日期或不注日期的引用方式，则在我国标准的前言中陈述技术性差异时，应加以说明。

2. 引用文件在标准中的标示

凡在我国标准的“规范性引用文件”一章中列出我国文件时，对于其中与国际文件有一致性对应关系的我国文件，应在我国文件名称后加括号标示一致性程度标识。

(1) 对于注日期引用文件之间的代替，一致性程度标识见示例 6-9。

【示例 6-9】

GB/T 10893.2—2006　压缩空气干燥器　第 2 部分：性能参数(ISO 7183-2：1996，MOD)

GB/T 11021—2007　电气绝缘　耐热性分级(IEC 60085：2004，IDT)

GB/T 16903.1—2008　标志用图形符号表示规则　第 1 部分：公共信息图形符号的设计原则(ISO 22727：2007，NEQ)

(2) 对于不注日期引用文件之间的代替，应在我国文件的名称后标示：(当前最新版本的我国文件编号，该版本我国文件与对应的国际文件之间的一致性程度标识)。见示例 6-10。

由于我国文件与国际文件之间的一致性程度是针对具体版本的，因此无法对没有标注日期的我国文件标示其与国际文件的一致性程度。在这种情况下，只有标注了我国文件的日期，才能给出具体版本与对应的国际文件的一致性程度是等同、修改还是非等效。所以，在示例 6-10 中先给出了标准最新版本的编号，再标示与国际标准的一致性程度。

【示例 6-10】

GB/T 15140　航空货运集装单元(GB/T 15140—2008，ISO 8097：2001，MOD)

(3) 对于不注日期引用的国际文件的所有部分的代替，应在中括号中标示国际文件的代号及顺序号和"(所有部分)"字样(见示例 6-11)。我国文件与国际文件对应部分之间的一致性程度应根据情况进行标示。当我国文件或国际文件所分部分较少时，则在前言中陈述技术性差异时列出我国文件各部分最新版本与国际文件各部分之间的一致性程度(见示例 6-12)；当我国文件或国际文件所分部分较多时，用附录的形式列出，同时在前言中指出该附录(见示例 6-13)。

【示例 6-11】

GB/T 27050(所有部分)　合格评定　供方的符合性声明[ISO 17050(所有部分)]

【示例 6-12】

前　　言

…………

——关于规范性引用文件，本标准做了具有技术性差异的调整，以适应我国的技术条件，调整的情况集中反映在第 2 章"规范性引用文件"中，具体调整如下：

…………

- 用 GB/T 27050(所有部分)代替 ISO 17050(所有部分)，两项标准各部分之间的一致性程度如下：
  - GB/T 27050.1—2006　合格评定　供方的符合性声明　第 1 部分：通用要求(ISO 17050-1：2004，IDT)；
  - GB/T 27050.2—2006　合格评定　供方的符合性声明　第 2 部分：支持性文件(ISO 17050-2：2004，IDT)。

…………

【示例6-13】

> **前 言**
>
> …………
>
> ——关于规范性引用文件，本标准做了具有技术性差异的调整，以适应我国的技术条件，调整的情况集中反映在第2章"规范性引用文件"中，具体调整如下：
>
> …………
>
> • 用GB/T 6988(所有部分)代替IEC 61082(所有部分)，两项标准各部分之间的一致性程度见附录A。
>
> …………

（三）与国际标准的一致性程度为"非等效"的情况

1. 对于引用的国际文件的处理

我国标准与国际标准的一致性程度为非等效时，对于国际标准规范性引用的国际文件，在我国标准中做如下处理：

凡是有适用的我国文件，应用我国文件代替国际文件；凡没有适用的我国文件，如国际文件适用可保留引用国际文件。

2. 引用文件在标准中的标示

凡在我国标准的"规范性引用文件"一章中列出我国文件时，对于其中与国际文件有一致性对应关系的我国文件，在标示一致性程度标识时，可选择：

——不标示与国际文件的一致性程度标识；

——仅标示对应的国际文件的代号和顺序号，例如"(IEC 60085)"；

——按修改采用的情况下规定的方法标示与国际文件的一致性程度标识。

（四）用原采标程度对应关系的我国标准代替引用的国际文件

如果用2001年之前发布的我国采标标准，代替国际标准中的规范性引用文件，在标示与国际标准的关系时，仍使用原采标标识，即在清单中我国标准名称的后面加括号标出：采标代号和国际标准编号。对于不注日期的我国标准，同样先给出我国标准当前版本的编号。见示例6-14。

【示例6-14】

GB/T 16679—1996 信号与连接线的代号(idt IEC 1175:1993)

GB/T 788 图书杂志开本及其幅面尺寸(GB/T 788—1999,neq ISO 6716:1983)

GB/T 16679 信号与连接线的代号(GB/T 16679—1996,idt IEC 1175:1993)

三、国际标准中提及的参考文献

对于国际标准中提及的参考文献，可以用适用的我国文件代替。在此情况下，我国标准可在其"参考文献"中列出这些我国文件，对于其中与国际文件有一致性对应关系的我国文件，在标示与国际文件的关系时可以采取三种做法：不标示与国际文件的一致性程度标识；仅给出相应国际文件的代号和顺序号；标示一致性程度标识。

对于在参考文献中保留引用的国际文件的名称，不必译成中文。

四、国际标准的修正案和技术勘误

当采用国际标准时，应把国际标准已经出版的全部修正案和技术勘误的内容纳入我国标准。国际标准修正案和技术勘误内容的纳入不影响我国标准与相应国际标准的一致性程度。我国标准前言中应包括国际标准修正案和技术勘误内容的说明以及标示方法的说明[见第五节“二、”中的(一)]。

采用国际标准的我国标准发布以后，相应国际标准可能还会发布修正案和技术勘误，对于这些修正案和技术勘误，也宜尽快以国家标准修改单的形式采用。

第五节 一致性程度和差异的陈述与标示

以国际标准为基础制定我国标准时，与国际标准一致性程度相关的信息应通过各种方式准确、快速地传递给标准使用者。需要提供的信息包括我国标准与国际标准一致性程度的信息、结构变化的信息、技术性差异和编辑性修改的信息等。提供信息的位置包括我国标准的封面、“规范性引用文件”一章、参考文献以及我国标准前言、附录和标准条文的页边空白处等。在本章第三节、第四节介绍了在封面、“规范性引用文件”一章和参考文献中如何提供这些信息，本节将介绍在我国标准前言、附录和标准条文的页边空白处中如何说明和标示相关信息。

一、前言中陈述一致性程度的信息

与国际标准有一致性程度对应关系的我国标准应在前言中陈述相关信息，具体包括：采用国际标准方法、与被采用国际标准的一致性程度、国际标准编号和国际标准名称的中文译名。该信息在前言中的具体陈述位置见第四章第二节中的“一、”。

示例6-15分别给出了与国际标准一致性程度为等同、修改和非等效的我国标准前言中相关信息的陈述。按照GB/T 20000.2—2009的规定，与国际标准一致性程度为非等效不属于采用国际标准。所以在示例6-15所示的与国际标准一致性程度为非等效的前言表述中不陈述为“本标准使用重新起草法非等效采用IEC指南104:1997……”，而陈述为“本标准使用重新起草法参考IEC指南104:1997《安全出版物……》编制，与IEC指南104:1997的一致性程度为非等效。”

【示例6-15】

本部分使用翻译法等同采用ISO 5414-1:2002《削平型直柄刀具用带紧固螺钉的刀具夹头(立铣刀夹头) 第1部分:刀具柄部传动系统的尺寸》。

本部分使用重新起草法修改采用ISO 3864-1:2002《图形符号 安全色和安全标志 第1部分:工作场所和公共区域中安全标志的设计原则》。

本标准使用重新起草法参考IEC指南104:1997《安全出版物的编写及基础安全出版物和多专业公用安全出版物的应用》编制，与IEC指南104:1997的一致性程度为非等效。

二、详细差异的标示和说明

当我国标准与国际标准之间存在着差异时，应在我国标准中清楚地指明这些差异。在标准中指明差异涉及多个位置，包括：前言、标准条文的页边空白处和附录。

在我国标准条文中应标示与国际标准存在技术性差异的位置以及纳入国际标准修正案和技术勘误的位置。

在我国标准前言中应按照以下顺序说明：

a) 结构变化的情况；

b) 技术性差异情况及原因；

c) 编辑性修改的情况。

当我国标准与国际标准的一致性程度为非等效时，在前言中不必说明上述内容；当我国标准等同采用国际标准时，在前言中仅陈述纳入国际标准修正案和技术勘误的情况以及最小限度的编辑性修改。

（一）结构变化的说明

我国标准的结构与所采用的国际标准相比有变化时，如结构调整较少，宜在我国标准前言中陈述结构变化情况（见示例 6-16）。当结构调整较多时，宜编排一个附录，列出与国际标准的章条编号变化对照表，同时在我国标准前言中指明包含章条编号变化对照表的附录。示例 6-17 中下画线标示的内容为在前言中指明包含章条编号变化对照表的附录，示例 6-18 为列出章条编号变化对照表的资料性附录。

【示例 6-16】

前　言

…………

本部分使用重新起草法修改采用 ISO/IEC 指南 2:1996《标准化和相关活动的通用词汇》。

本部分根据 GB/T 1.1—2000 的规则对 ISO/IEC 指南 2:1996 中未编号的“范围”一章给出了章编号“1”，设置第 2 章“术语和定义”，将随后的术语和定义归集到第 2 章中，因此，本部分的术语条目的编号在 ISO/IEC 指南 2:1996 的章条编号前加“2”。例如，ISO/IEC 指南 2:1996 中的 1.1，在本部分中编号为 2.1.1。

…………

【示例 6-17】

前　言

…………

本标准使用重新起草法修改采用 ISO 12135:2002《金属材料准静态断裂韧度的统一试验方法》。

本标准与 ISO 12135:2002 相比，在结构上有较多调整，附录 A 中列出了本标准与 ISO 12135:2002 章条编号变化对照一览表。

…………

【示例 6-18】

附　录　A

（资料性附录）

本标准与 ISO 10387:1994 相比的结构变化情况

本标准与 ISO 10387:1994 相比，章条编号发生了变化，具体对照情况见表 A.1。

表 A.1 本标准与 ISO 10387:1994 的章条编号对照情况

本标准章条编号	对应 ISO 标准章条编号
3.1	5.2
3.1.1	5.2.1
3.1.2	5.2.2
4	6
4.1	6.1.2、6.2.1、6.2.2、6.2.3、6.2.4、6.2.5
4.2	6.1.5
4.3	6.1.3、6.1.6
5.1	6.3.1、6.3.2、6.3.3
5.2	5.1、5.1.1、5.1.2
6.1	7
6.2	6.1.1、7
附录 A	—
附录 B	—

(二)技术性差异的标示和说明

当我国标准与国际标准之间存在技术性差异时,应清楚地指明这些差异并说明差异产生的原因。如果不指明这些差异,由于采用国际标准的我国标准与相应国际标准表述不同或文本结构不同,技术性差异很难被识别出来。清楚地标示差异具有两方面的功能:其一,随时提醒标准起草者考虑这些差异是否仍有存在的必要。因为,即使有些差异已经没有存在的必要了,由于它们没有被指明,也可能会被忽视而仍然保留在标准中。其二,提醒标准使用者注意这些技术性差异所反映出的国内和国外之间技术、产品使用环境等方面的差异。

建议技术性差异的陈述以"增加"、"修改"或"删除"为引导。

当技术性差异(及其原因)很少时,宜在我国标准前言中说明,见示例 6-19。

【示例 6-19】

前　　言

…………

本标准使用重新起草法修改采用 ISO 12737:2005《金属材料　平面应变断裂韧度 K_{IC} 试验方法》。

本标准与 ISO 12737:2005 相比存在结构变化,增加了 8.4 和第 10 章。

本标准与 ISO 12737:2005 的技术性差异及其原因如下:

——关于规范性引用文件,本标准做了具有技术性差异的调整,以适应我国的技术条件,调整的情况集中反映在第 2 章"规范性引用文件"中,具体调整如下:

- 用等同采用国际标准的 GB/T 12160 代替 ISO 9513(见 6.3);
- 用等同采用国际标准的 GB/T 16825.1 代替 ISO 7500-1(见 6.1);
- 用等同采用国际标准的 GB/T 20832 代替 ISO 3785(见 7.3.2);
- 增加引用了 GB/T 8170(见第 10 章)。

——增加了“8.4　断口形貌观察”，断口形貌记录着试样断裂的重要信息，也是分析不同试样之间 K_{IC} 差距的重要依据。

——增加了第 10 章中 K_{IC} 试验结果数值的修约要求，以提高判定的可操作性，消除歧义，避免质量纠纷。

…………

当技术性差异（及其原因）较多时，应在文中这些差异涉及的条款的外侧页边空白位置用垂直单线（|）进行标示。具体标示方法为：

——修改了条文的内容，或者增加了一条或一段，在涉及的条或段的外侧页边空白位置标示垂直单线；

——增加了一章或一个附录，或者删除了国际标准中的章或附录中的内容，仅在相应的章或附录标题的外侧页边空白位置标示垂直单线。

对于增加章或附录的情况，如果在其外侧页边空白位置全部标示垂直单线，则标示的范围过大；对于已被删除的内容由于无法在其外侧标示，只能在其所在的章或附录标题的外侧页边空白位置进行标示。

如果技术性差异较多，宜将条文中用垂直单线（|）标示的技术性差异归纳在一起，编排一个资料性附录，在附录中用表格形式列出技术性差异及其原因。同时，在我国标准前言中应说明条文中垂直单线（|）的含义（即表示所标出的位置与国际标准存在技术性差异），并指出列出技术性差异及其原因的附录，见示例 6-20 中下画线标示的内容。示例 6-21 为列出技术性差异及其原因一览表的资料性附录。

【示例 6-20】

前　　言

…………

本标准使用重新起草法修改采用 ISO 12135:2002《金属材料准静态断裂韧度的统一试验方法》。

本标准与 ISO 12135:2002 相比，在结构上有较多调整，附录 A 中列出了本标准与 ISO 12135:2002 相比章条编号变化对照一览表。

本标准与 ISO 12135:2002 相比存在技术性差异，这些差异涉及的条款已通过在其外侧页边空白位置的垂直单线（|）进行了标示，附录 B 中给出了相应技术性差异及其原因的一览表。

…………

【示例 6-21】

附　录　B

（资料性附录）

本标准与 ISO 12135:2002 的技术性差异及其原因

表 B.1 给出了本标准与 ISO 12135:2002 的技术性差异及其原因。

表 B.1　本标准与 ISO 12135:2002 的技术性差异及其原因

本标准的章条编号	技术性差异	原　因
2	关于规范性引用文件，本标准做了具有技术性差异的调整，以适应我国的技术条件，调整的情况集中反映在第 2 章“规范性引用文件”中，具体调整如下： • 用等同采用国际标准的 GB/T 12160 代替 ISO 9513(见 5.6.3)； • 用等同采用国际标准的 GB/T 16825.1 代替 ISO 7500-1(见 5.6.2)； • 用等同采用国际标准的 GB/T 20832 代替 ISO 3785(见 5.4.2.2)； • 增加引用了 GB/T 8170(见第 9 章)	适应我国技术条件
4	增加参数符号 Vg、Ap、$\delta_{Q0.2BL}$ 的定义	界定符号的名称定义，使其后的图例和公式计算更清晰
7.4.1.2	重新定义 Δa_{max}	
7.5.1.1	增加 δ-Δa 阻力曲线上边界线的界定方法	增加可操作性，便于标准的执行
7.6.1.2	明确 $\delta_{Q0.2BL}$ 的定义，增加其界定方法	
9	增加性能测定结果数值的修约	
附录 C	改变数值计算的步长值	提高数据的准确度
附录 I.6.2	改变初始裂纹长度的计算公式	
附录 J	增加剖面法测定 CTOD	增加可操作性，便于标准的执行

（三）编辑性修改的说明

1. 等同采用国际标准

当我国标准等同采用国际标准时，如对国际标准做了最小限度的编辑性修改，则在我国标准前言中仅陈述九种最小限度的编辑性修改[见本章第二节“一、”中的(一)]中的四种：

——纳入国际标准修正案或技术勘误的内容；

——改变标准名称；

——增加资料性附录；

——增加单位换算的内容。

我国标准中纳入了国际标准修正案和(或)技术勘误后，应在标准中改动过的条款的外侧页边空白位置用垂直双线(‖)标示。在我国标准的前言中应陈述两种信息：第一，简要说明纳入的修正案和(或)技术勘误信息，包括修正案的编号或技术勘误的发布时间等；第二，说明条文中垂直双线(‖)的含义[即表示纳入了国际标准修正案和(或)技术勘误的内容]。(见示例 6-22)

【示例 6-22】

前　　言

…………

本部分使用翻译法等同采用 IEC 60691:2002《热熔断体的要求和应用指南》。

本部分纳入了 IEC 60691:2002/Amd.1:2006 的修正内容，这些修正内容涉及的条款已通过在其外侧页边空白位置的垂直双线（‖）进行了标示。

…………

在前言中陈述其他编辑性修改，见示例 6-23。

【示例 6-23】

前　　言

…………

本部分使用翻译法等同采用 ISO 5414-1:2002《削平型直柄刀具用带紧固螺钉的刀具夹头　第 1 部分：刀具柄部传动系统的尺寸》。

本部分做了下列编辑性修改：

——为与现有标准系列一致，将标准名称改为《削平型直柄刀具夹头　第 1 部分：刀具柄部传动系统的尺寸》；

——增加了资料性附录 NA，米制值转换为对应英制值的换算表。

…………

2. 修改采用国际标准

对于修改采用国际标准的我国标准，如有编辑性修改，则在前言中除了陈述上述等同条件下所列的四种最小限度编辑性修改以外，还应陈述等同条件下所列编辑性修改之外的其他编辑性修改，例如删除或修改国际标准的资料性附录。（见示例 6-24）

【示例 6-24】

前　　言

…………

本标准使用重新起草法修改采用 ISO 12737:2005《金属材料　平面应变断裂韧度 K_{IC} 试验方法》。

……

本标准做了下列编辑性修改：

——删除了 ISO 12737:2005 的附录 D（资料性附录）“试验夹具”；

——增加了附录 E（资料性附录）“C 形拉伸试样试验”；

——增加了附录 F（资料性附录）“圆形紧凑拉伸试样试验”。

…………

第六节 采用国际标准的我国标准编写实例

为了帮助读者形成一个连贯和完整的概念，本节分别用与国际标准一致性程度为等同、修改和非等效的三个国家标准为例，说明采用国际标准的我国标准的编写。为了给出准确的样板，本节给出的示例是在实际发布的标准的基础上修改形成的。

一、等同采用国际标准

GB/T 786.1—2009《流体传动系统及元件图形符号和回路图 第1部分：用于常规用途和数据处理的图形符号》等同采用 ISO 1219-1：2006《流体传动系统和元件 图形符号和回路图 第1部分：用于常规用途和数据处理的图形符号》，该国家标准中与采用国际标准有关的格式和内容如下。

（一）封面

GB/T 786.1 的封面格式和内容见图 6-1。从图中可看出，封面右上角国家标准编号采用了双编号方法，国家标准英文译名下标示了等同采用国际标准的一致性程度标识。

（二）前言

GB/T 786.1 的前言中有关采用国际标准的内容如下：

本部分使用翻译法等同采用 ISO 1219-1：2006《流体传动系统和元件 图形符号和回路图 第1部分：用于常规用途和数据处理应用的图形符号》。

与本部分中规范性引用的国际文件有一致性对应关系的我国文件如下：

GB/T 4457(所有部分) 技术制图 图样画法、GB/T 4458(所有部分) 机械制图 图样画法、GB/T 17450 技术制图 图线、GB/T 18686 技术制图 CAD 系统用图线的表示[ISO 128(所有部分)]

GB/T 16901.1—2008 技术文件用图形符号表示规则 第1部分：基本规则(ISO 81714-1：1999，MOD)

GB/T 16901.2—2000 图形符号表示规则 产品技术文件用图形符号 第2部分：图形符号(包括基准符号库中的图形符号)的计算机电子文件格式规范及其交换要求(eqv ISO 81714-2：1998)

GB/T 20063(所有部分) 简图用图形符号[ISO 14617(所有部分)]

本部分做了下列编辑性修改：

——增加了资料性附录 NA“液压传动 阀的油口、底板、控制装置和电磁铁的标注”，以指导使用；

——增加了资料性附录 NB“气压传动 控制阀和其他元件的气口、控制机构的标注”，以指导使用。

（三）国际标准引言的处理

GB/T 786.1 在采用 ISO 1219-1：2006 时删除了原国际标准的引言。

（四）规范性引用文件

GB/T 786.1 在第2章“规范性引用文件”中所列的规范性引用文件清单如下：

GB/T 17446—1998　流体传动系统及元件　术语(idt ISO 5598:1985)

GB/T 18594—2001　技术产品文件　字体　拉丁字母、数字和符号的 CAD 字体(ISO 3098-5:1997,IDT)

ISO 128(所有部分)　技术制图　一般表示原则(Technical drawings—General principles of representation)

ISO 14617(所有部分)　简图用图形符号(Graphical symbols for diagrams)

ISO 81714-1　产品技术文件用图形符号的设计　第 1 部分:基本规则(Design of graphical symbols for use in technical documentation of products—Part 1:Basic rules)

ISO 81714-2　产品技术文件用图形符号的设计　第 2 部分:图形符号(包括基准符号库中的图形符号)的计算机电子文件格式规范及其交换要求(Design of graphical symbols for use in technical documentation of products—Part 2:Specification for graphical symbols in a computer sensible form including graphical symbols for a reference library,and requirements for their interchange)

(五)文中编辑性修改

在 GB/T 786.1 的标准文本中用"GB/T 786 的本部分"代替"ISO 1219 的本部分"一词;小数点符号用"."代替","。

(六)附录

GB/T 786.1 增加了两个资料性附录。

增加的第一个资料性附录,编号为 NA,其位置安排在从 ISO 1219-1:2006 转化过来的附录之后,附录中各章、条编号分别按"NA.1、NA.2、NA.3、……"和"NA.1.1、NA.1.2、NA.1.3、……"的顺序编排。附录中图和表的编号分别按"图 NA.1、图 NA.2、图 NA.3、……"和"表 NA.1、表 NA.2、表 NA.3、……"的顺序编排。

增加的第二个资料性附录,编号为 NB,其位置紧跟附录 NA,附录中各章、条编号分别按"NB.1、NB.2、NB.3、……"和"NB.1.1、NB.1.2、NB.1.3……"的顺序编排。附录中图和表的编号分别按"图 NB.1、图 NB.2、图 NB.3、……"和"表 NB.1、表 NB.2、表 NB.3、……"的顺序编排。

(七)参考文献

GB/T 786.1 的参考文献清单如下:

[1]　ISO 1219-2,Fluid power systems and components—Graphic symbols and circuit diagrams—Part 2:Circuit diagrams

[2]　ISO 3511-2,Process measurement control functions and instrumentation—Part 2:Extention of basic requirements

[3]　ISO 3511-3,Process measurement control functions and instrumentation—Part 3:Detailed symbols for instrument interconnection diagrams

[4]　ISO 9461,Hydraulic fluid power—Identification of valve ports,subplates,control devices and solenoide

[5]　ISO 11727,Pneumatic fluid power—Identification of ports and control mechanisms of control values and other components

(八)其他内容

GB/T 786.1 除上述与 ISO 1219-1:2006 的不同之处,其他内容与 ISO 1219-1:2006 的内容完

全一致，即使用 ISO 1219-1:2006 相应内容的译文。

二、修改采用国际标准

GB/T 229—2007《金属材料 夏比摆锤冲击试验方法》修改采用 ISO 148-1:2006《金属材料 夏比摆锤冲击试验 第 1 部分：试验方法》，该国家标准中与采用国际标准有关的格式和内容如下。

（一）封面

GB/T 229 的封面格式和内容见图 6-2。从图中可看出，国家标准英文译名下标示了修改采用国际标准的一致性程度标识。由于国家标准的英文译名不同于 ISO 148-1:2006 的英文名称，因此一致性程度标识中增加了该国际标准的英文名称。

（二）前言

GB/T 229 的前言中有关采用国际标准的内容如下：

本标准使用重新起草法修改采用 ISO 148-1:2006《金属材料 夏比摆锤冲击试验 第 1 部分：试验方法》。

本标准与 ISO 148-1:2006 相比，在结构上增加了一条(8.8)和一个附录(附录 E)。

本标准与 ISO 148-1:2006 的技术性差异及其原因如下：

——关于规范性引用文件，本标准做了具有技术性差异的调整，以适应我国的技术条件，调整的情况集中反映在第 2 章“规范性引用文件”中，具体调整如下：
- 用修改采用国际标准的 GB/T 3808 代替 ISO 148-1:2006 引用的 ISO 148-2(见 7.2)；
- 增加引用了 GB/T 2975(见 6.4)；
- 增加引用了 GB/T 8170(见 8.8)；
- 增加引用了 JJG 145(见 7.2)；
- 删除了 ISO 148-1:2006 引用的 ISO 286-1(见 ISO 148-1:2006 的第 2 章和表 2)。

——增加了深度 2 mm 的 U 型缺口试样，并在表 2 中增加了宽度为 7.5 mm 和 5 mm 的 U 型缺口试样(见 6.2)，以适应国内部分冶金产品技术标准的要求。

——增加了“试验前应检查摆锤空打时的回零差或空载能耗。试验前应检查砧座跨距，砧座跨距应保证在(40+0.2)mm 以内”(见 8.1)，有利于获得稳定正确的试验结果。

——增加了“当使用气体介质冷却试样时，试样距低温装置内表面以及试样与试样之间应保持足够的距离，试样应在规定温度下保持至少 20 min”(见 8.2.2)，以保证试样温度符合规定。

——增加了试验机的能力下限(见 8.4)，力求准确获得冲击能量。

——增加了“由于试验机打击能量不足使试样未完全断开，吸收能量不能确定，试验报告应注明用×J 的试验机试验，试样未断开”(见 8.5)，明确了试样未断开情况下试验报告的具体写法。

——增加了试验结果，以增加可操作性(见 8.8)。

本标准做了下列编辑性修改：

——将标准名称修改为《金属材料 夏比摆锤冲击试验方法》；

——增加了资料性附录 E“试样从高温或低温装置中移出在 3 s～5 s 内打断的温度补偿值”。

（三）规范性引用文件

GB/T 229 在第 2 章中所列的规范性引用文件清单如下：

GB/T 2975　钢及钢产品力学性能试验取样位置及试样制备(GB/T 2975—1998,eqv ISO 377:1997)

GB/T 3808　摆锤式冲击试验机的检验(GB/T 3808—2002,ISO 148-2:1998,MOD)

GB/T 8170　数值修约规则

JJG 145　摆锤式冲击试验机检定规程

（四）文中编辑性修改和技术性差异

在 GB/T 229 的标准文本中用“本标准”代替“ISO 148 的本部分”一词;小数点符号用“.”代替“,”。

在 GB/T 229 的标准文本中凡是需要进行技术修改的内容均作相应的修改。

（五）附录

增加资料性附录 E“试样从高温或低温装置中移出在 3 s～5 s 内打断的温度补偿值”。

（六）参考文献

GB/T 229 的参考文献清单如下:

[1]　ISO 3785 Metallic materials—Designation of test specimen axes in relation to texture

[2]　ISO 14556 Steel—Charpy V-notch pendulum impact test—Instrumented test method

[3]　ASTM E23 Standard Test Methods for Notched Bar Impact Testing of Metallic Materials

[4]　Nanstad, R. K., Swain, R. L. and Berggren, R. G., Influence of Thermal Conditioning Media on Charpy Specimen Test Temperature, ‘Charpy Impact Testing: Factors and Variables’, ASTM STP 1072, ASTM, 1990, p. 195

三、与国际标准一致性程度为非等效

GB/T 700—2006《碳素结构钢》与 ISO 630:1995《结构钢　钢板、宽扁钢、钢棒、型钢和异型钢》一致性程度为非等效,其有关与国际标准关系的内容表述如下。

（一）封面

GB/T 700 的封面格式和内容见图 6-3。从图中可看出,国家标准英文译名下标示了与国际标准的一致性程度为非等效的一致性程度标识。由于国家标准的英文译名不同于 ISO 630:1995 的英文名称,因此一致性程度标识中增加了该国际标准的英文名称。

（二）前言

GB/T 700 的前言中与国际标准有关的内容如下:

本标准使用重新起草法参考 ISO 630:1995《结构钢　钢板、宽扁钢、钢棒、型钢和异型钢》编制,与 ISO 630:1995 的一致性程度为非等效。

本标准与 ISO 630:1995 的主要差别如下:

——不设屈服强度 185 N/mm^2 级和 355 N/mm^2 级的牌号;

——设 195 N/mm^2 级、215 N/mm^2 级的牌号 Q195、Q215;

——Q235 和 Q275 的 A 级钢磷含量降低 0.005%;

——Q235B 级钢按脱氧方法将厚度分两档,且碳含量均为 0.20%;

——大于 80 mm～100 mm 厚的 Q275 钢材,屈服强度提高 10 N/mm^2;

——增加冷弯试验；

——根据国内情况规定具体的组批规则。

说明：

在与国际标准一致性程度为非等效的国家标准前言中，不需要指明与国际标准的技术性差异或编辑性修改，但如果简要说明与国际标准的技术性差异有利于在未来的贸易往来中得到各方的认可，因此鼓励在与国际标准一致性程度为非等效的国家标准前言中简要说明与国际标准的技术性差异。

（三）其他内容

GB/T 700 的其他内容与起草无国际标准作为基础的国家标准没有区别。

ICS 23.100.01；01.080.30
J 20

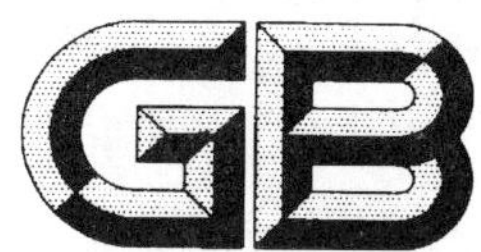

中华人民共和国国家标准

GB/T 786.1—2009/ISO 1219-1:2006
代替 GB/T 786.1—1993

流体传动系统及元件图形符号和回路图 第1部分：用于常规用途和数据处理的图形符号

Fluid power systems and components—Graphic symbols and circuit diagrams—
Part 1: Graphic symbols for conventional use and date-processing applications

（ISO 1219-1:2006，IDT）

XXXX-XX-XX 发布　　　　XXXX-XX-XX 实施

中华人民共和国国家质量监督检验检疫总局
中国国家标准化管理委员会　发布

图 6-1　等同采用国际标准的国家标准封面示例

ICS 77.040.10
H 22

中华人民共和国国家标准

GB/T 229—2007
代替GB/T 229—1994，GB/T 12778—1991

金属材料　夏比摆锤冲击试验方法

Metallic materials—Charpy pendulum impact test method

（ISO 148-1:2006，Metallic materials—Charpy pendulum impact test—Part 1: Test method，MOD）

2007-11-23 发布　　　　2008-06-01 实施

中华人民共和国国家质量监督检验检疫总局
中国国家标准化管理委员会　发布

图 6-2　修改采用国际标准的国家标准封面示例

ICS 77.140.45
H 40

中华人民共和国国家标准

GB/T 700—2006
代替 GB/T 700—1988

碳素结构钢

Carbon structural steels

(ISO 630:1995, Structural steels—
Plates, wide flats, bars, sections and profiles, NEQ)

2006-11-01 发布　　　　2007-02-01 实施

中华人民共和国国家质量监督检验检疫总局
中国国家标准化管理委员会　发布

图 6-3　与国际标准非等效的国家标准封面示例

第七章　标 准 的 编 排

标准的编排是标准的表现形式，编排的好坏不仅影响着标准版面的美观，而且会影响到标准的使用效果。编排应与标准的结构相协调，好的编排将会使标准的结构更加清晰明了，从而方便标准使用者。标准的编排格式示例参见附录五。

第一节　各类页面的编排格式

标准的版面是否美观，第一印象首先来自标准的页面编排格式。标准中的单独页面包括封面、目次、前言、引言、正文首页、附录、参考文献和索引等。标准的各类页面中涉及的结构和内容各不相同，页面的编排格式也会相差很大。

一、封面

标准封面上的信息包括标准名称、英文译名、层次、标志、编号、ICS 号、中国标准文献分类号、发布日期、实施日期、发布部门等，还可能包括被代替标准的编号、与国际标准的一致性程度标识。

国家标准、行业标准、地方标准和企业标准的封面格式见图 7-1 至图 7-4。

（一）标准名称

标准名称由多个要素组成时，各要素之间应空一个汉字的间隙。标准名称可分为上下多行编排，行间距应为 3 mm。标准名称的字体为“一号黑体”。

标准名称的英文译名各要素的第一个单词首字母大写，其余字母小写，但专用名词不管其位置第一个字母均大写，英文译名各要素之间的连接号为一字线。标准名称的英文译名字体为“四号黑体”。

（二）与国际标准的一致性程度标识

国家标准、行业标准如果有对应的国际标准，则应在标准封面的标准英文译名之下标识出该标准与国际标准的一致性程度，并加上圆括号。在圆括号中写明：对应的国际标准编号、国际标准的英文名称（只有在我国标准名称的英文译名与国际标准原文名称不一致时才给出）、一致性程度代号。与国际标准的一致性程度标识字体为“四号宋体”。

（三）标准编号和被代替标准编号

封面上标准编号中，标准代号与标准顺序号之间空半个汉字的间隙，标准顺序号与年号之间的连接号为一字线。标准编号的字体为“四号黑体”。

如果有被代替的标准，则在标准编号之下另起一行编排被代替标准的编号。被代替标准编号之前编排“代替”二字，标准编号和被代替标准的编号右端对齐（见图 7-1 至图 7-4）。当被代替标准多于一个时，则可在同一行给出多个被代替标准编号，各编号之间用逗号分隔（见示例 7-1）。如果被代替标准较多，在一行排不下，则可只列出其中较重要的一项标准，并在其年号后写出“等”（见示例 7-2），其他被代替的标准在前言中给出。被代替标准的编号的字体为“五号宋体”。

【示例 7-1】

GB/T 1.1—2009

代替 GB/T 1.1—2000，GB/T 1.2—2002

【示例 7-2】

GB/T ×××××—2003

代替 GB/T ×××××—1998 等

（四）ICS 号、中国标准文献分类号和备案号

封面上的 ICS 号和中国标准文献分类号，应分为上下两行编排，左端对齐。

如果标准为行业标准、地方标准或企业标准，则应在封面上的 ICS 号和中国标准文献分类号下标出备案号，并与其上的内容左端对齐。

ICS 号、中国标准文献分类号和备案号均为“五号黑体”。

见图 7-1 至图 7-4。

（五）标准封面版式

标准文本采用 A4 幅面（210 mm×297 mm）。从图 7-1 至图 7-4 中可以看出，封面左侧空 25 mm。右侧只空 15 mm。这种安排考虑了预留装订或打孔位置，便于标准使用者将标准装订成册。

单位为毫米

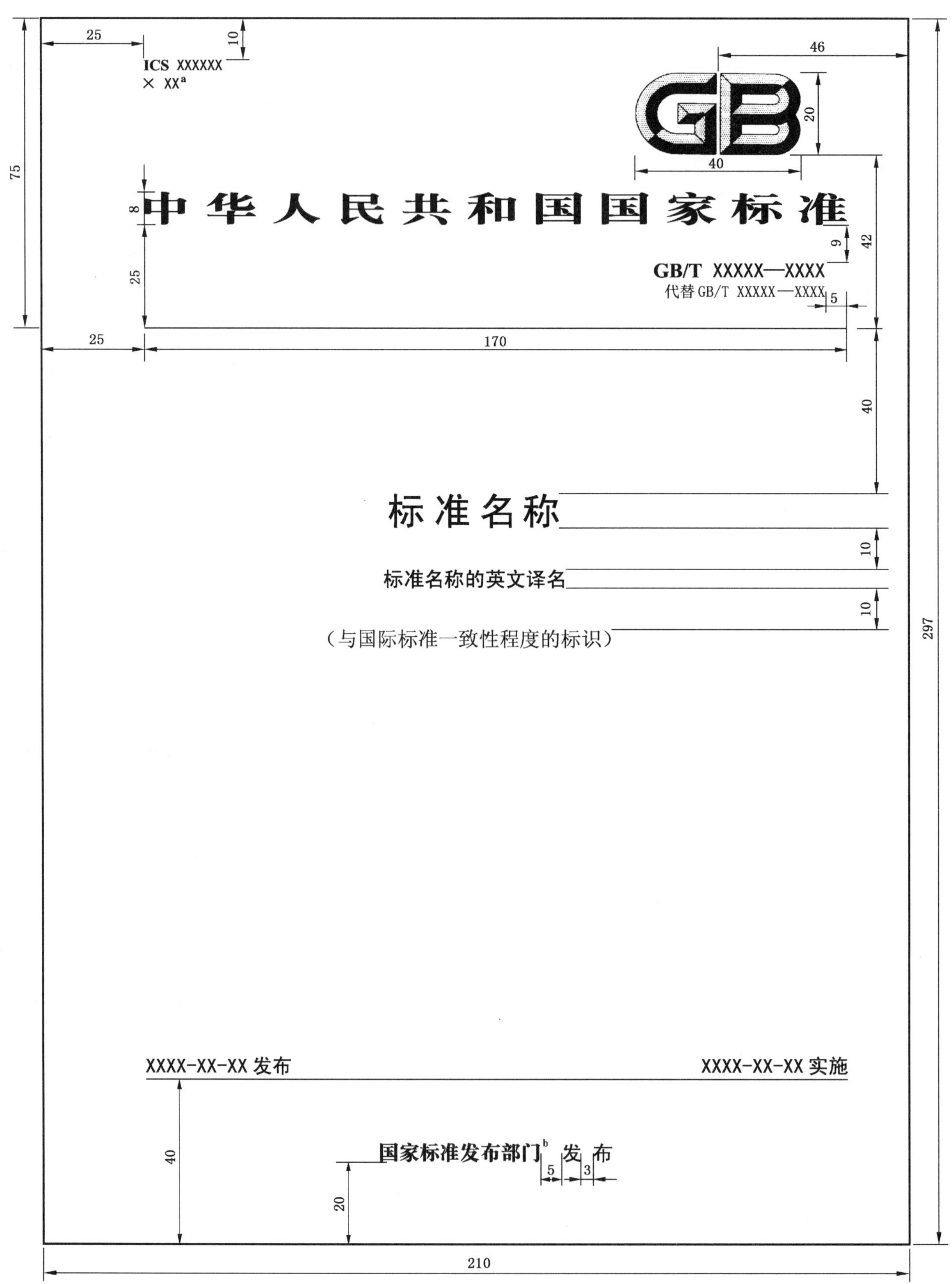

a 填写中国标准文献分类号。

b 国家标准的发布部门按有关规定填写。

图 7-1 国家标准封面格式

单位为毫米

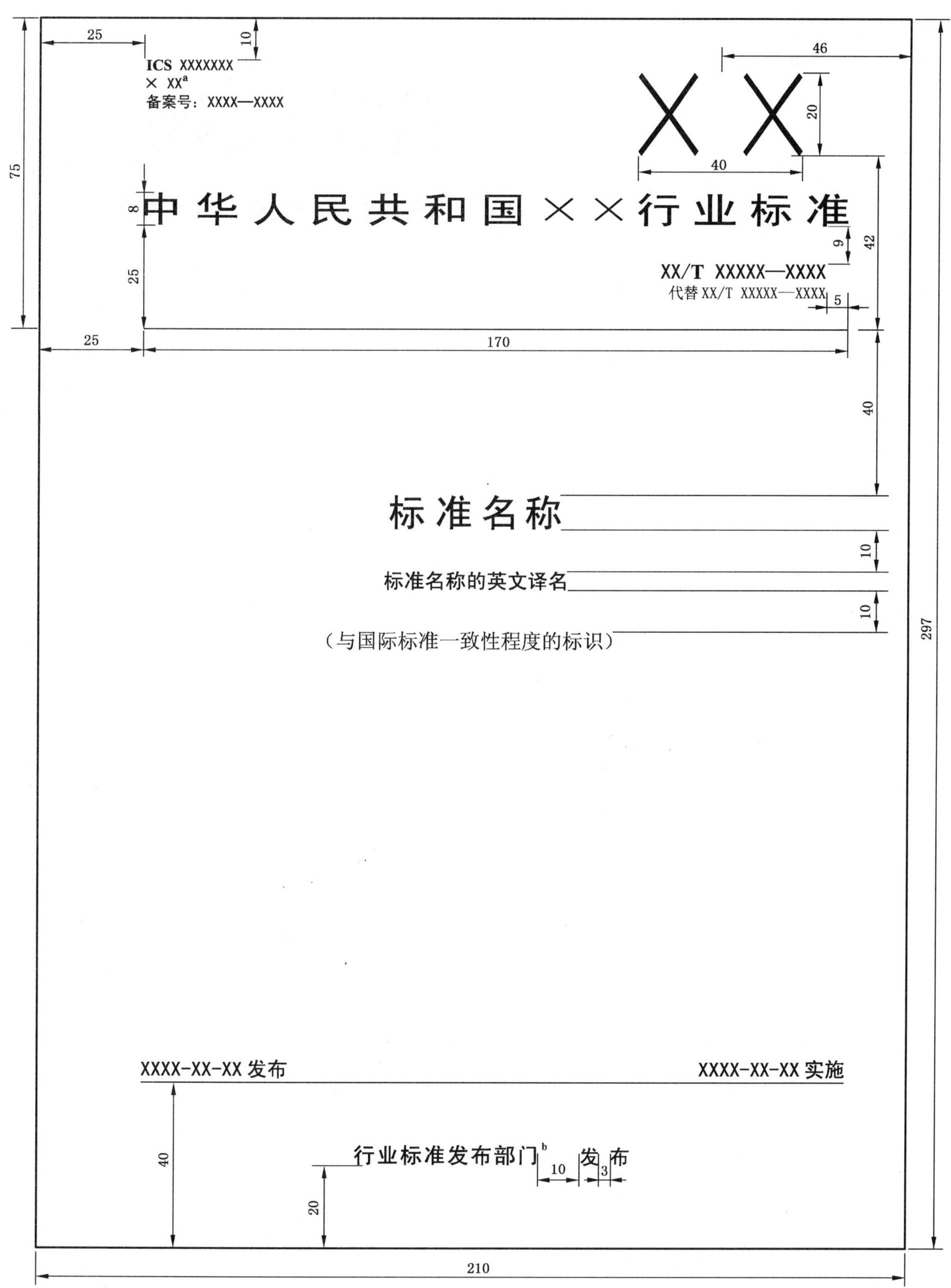

[a] 填写中国标准文献分类号。

[b] 行业标准发布部门按有关规定填写。

图 7-2 行业标准封面格式

单位为毫米

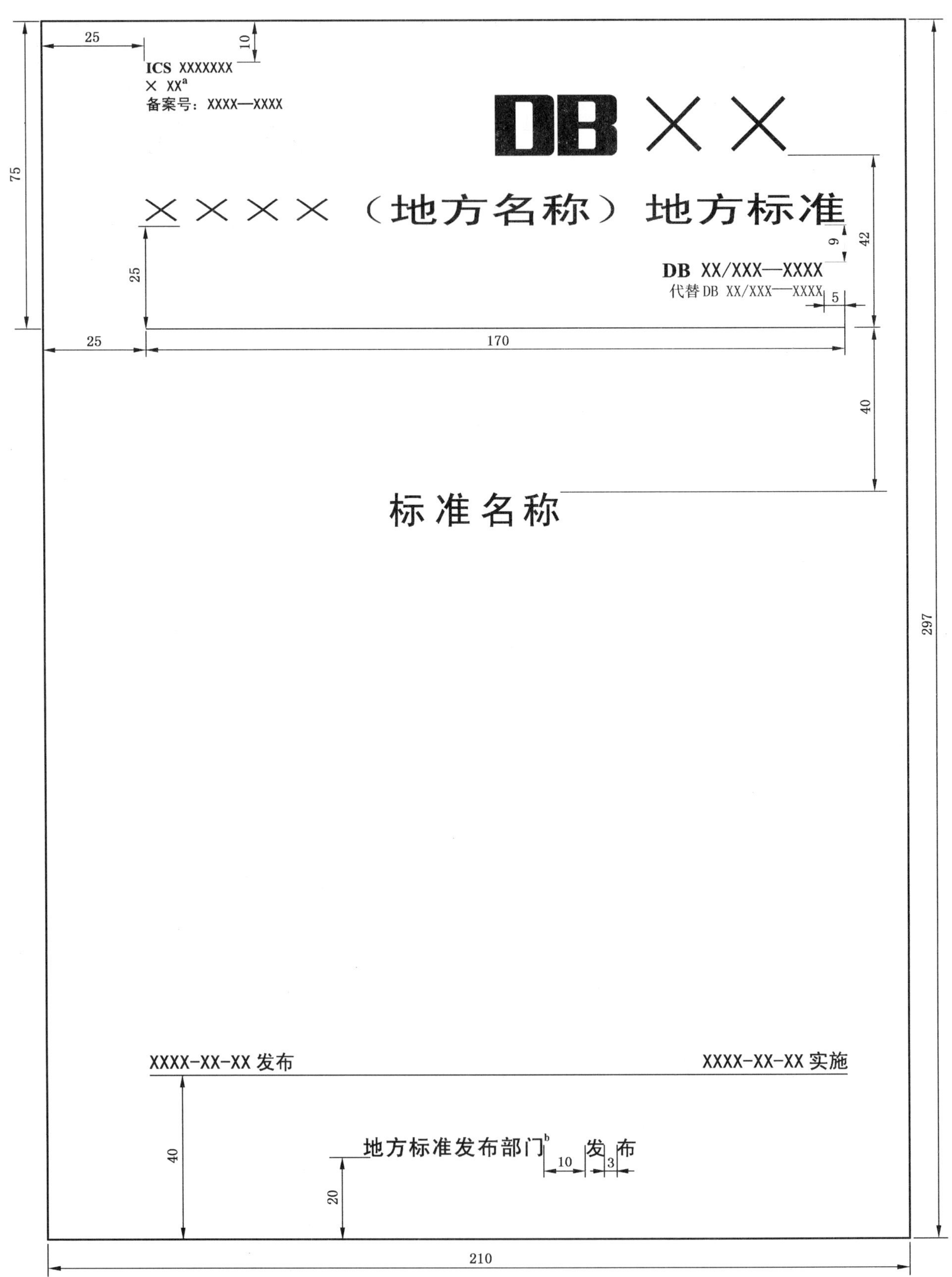

[a] 填写中国标准文献分类号。

[b] 地方标准发布部门按有关规定填写。

图 7-3 地方标准封面格式

单位为毫米

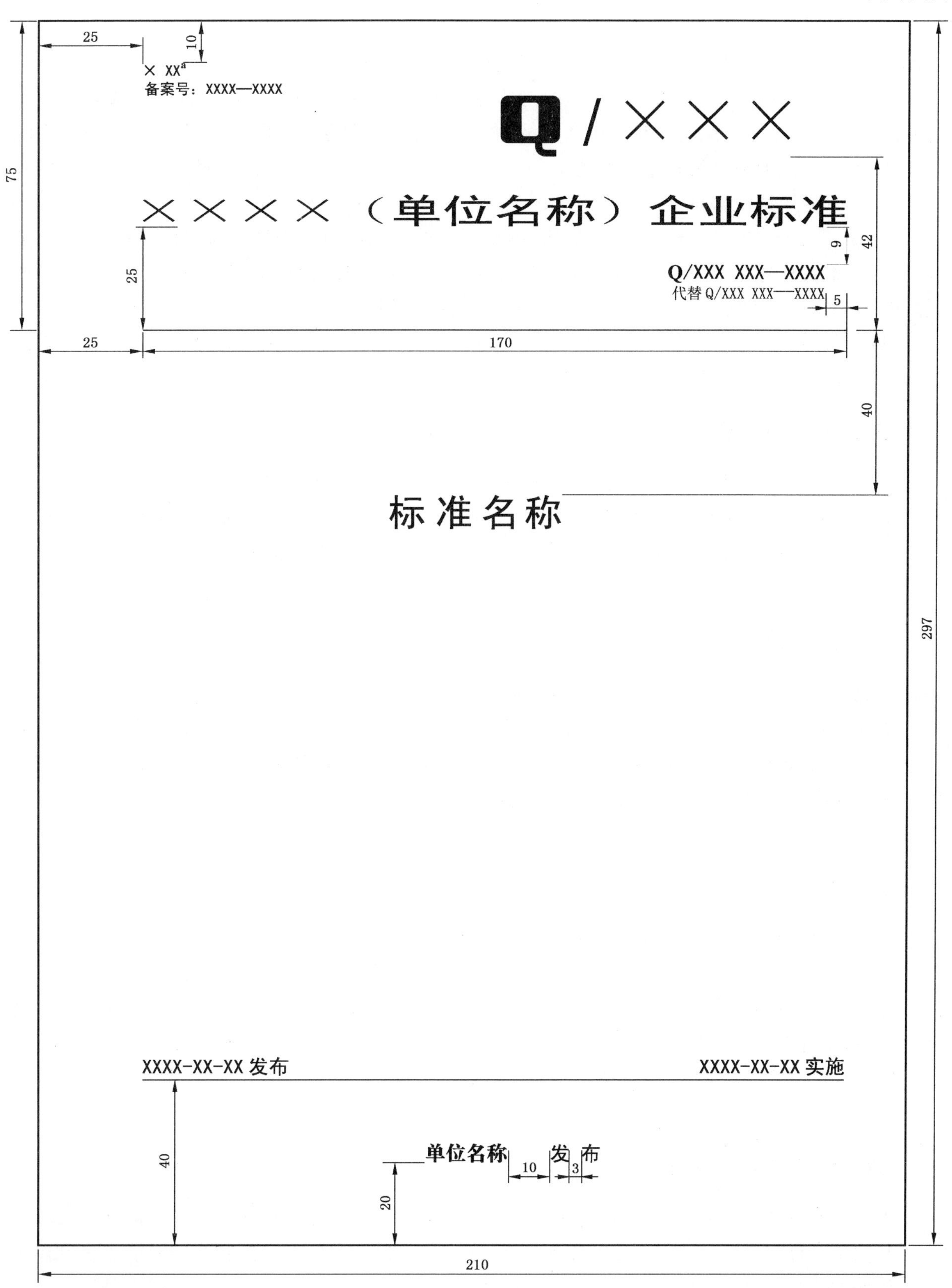

[a] 填写中国标准文献分类号。

图 7-4　企业标准封面格式

二、目次

目次应紧跟封面，另起一面，其编排格式见图 7-5。

目次中所列的前言、引言、章、附录、参考文献、索引等前后各空四分之一行。图或表的目次与其前面的内容均空一行编排。目次中所列的前言、引言、章、附录、参考文献、索引、图、表等均应顶格起排，第一层次的条以及附录的章均空一个汉字起排，第二层次的条以及附录的第一层次的条均空两个汉字起排，依此类推。

章、条、图、表的目次应给出编号，后跟标题；附录的目次应给出编号，后跟附录的性质并加圆括号，其后为附录标题。章、条、图、表的编号以及附录的性质与其后面的标题之间应空一个汉字的间隙。前言、引言、各类标题、参考文献、索引与页码之间均用“……”连接。页码不加括号。

“目次”标题与书眉之间空 15 mm 的间距，与目次内容之间空 12 mm 的间距。“目次”标题的字体为“三号黑体”，目次中所列的内容为“五号宋体”。

三、前言和引言

前言和引言均应另起一面，引言应位于前言之后，其编排格式见图 7-6。

从图 7-6 中可以看出，前言和引言的格式与目次的格式基本相同，即前言和引言的标题与书眉之间空 15 mm 的间距，与内容之间的间距为 12 mm，前言和引言的标题字体也为“三号黑体”，内容的字体为“五号宋体”。

四、正文首页

正文首页应从单数页起排，其编排格式见图 7-7。

从图 7-7 中可以看出，正文首页的格式、字体、字号与目次、前言、引言相同，标准名称与书眉之间空 15 mm 的间距，与正文内容之间空 12 mm 的间距，标准名称的字体为“三号黑体”。正文首页中标准名称由多个要素组成时，各要素之间应空一个汉字的间隙，标准名称也可分成上下多行编排。

五、附录

每个附录均应另起一面，其编排格式见图 7-8。

从图 7-8 中可以看出，附录编号(即“附录×”)的每个字之间空一个汉字的间距，附录编号、附录的性质[即“(规范性附录)”或“(资料性附录)”]以及附录标题，每项各占一行，置于附录条文之上居中位置，字体都为“五号黑体”。

附录标题与书眉之间空 15 mm 的间距，与内容之间空 5 mm 的间距，附录内容的字体为“五号宋体”。

六、参考文献和索引

参考文献和索引均应另起一面，索引位于参考文献之后，其编排格式见图 7-9 和图 7-10。

从图 7-9 和图 7-10 中可以看出，参考文献和索引的格式、字体、字号与附录相同，参考文献或索引的标题与书眉之间空 15 mm 的间距，与内容之间空 5 mm 的间距，标题文字为“五号黑体”，参考文献或索引内容的文字为“五号宋体”。

参考文献中所列文件均空两个汉字起排，回行时顶格编排，每个文件之后不加标点符号。所列标准的编号与标准名称之间空一个汉字的间隙。

索引内容顶格起排。根据情况，索引内容可列为单栏或双栏。

七、单数页、双数页和封底

标准单数页、双数页和封底的编排格式见图 7-11、图 7-12 和图 7-13。

八、幅面

标准文本应采用 GB/T 788 规定的 A 系列规格纸张的 A4 幅面（210 mm×297 mm），允许公差±1 mm。

在特殊情况下（例如，图、表不能缩小时），标准文本幅面可根据实际需要延长和（或）加宽，倍数不限，此时，书眉上标准编号的位置应做相应调整。

单位为毫米

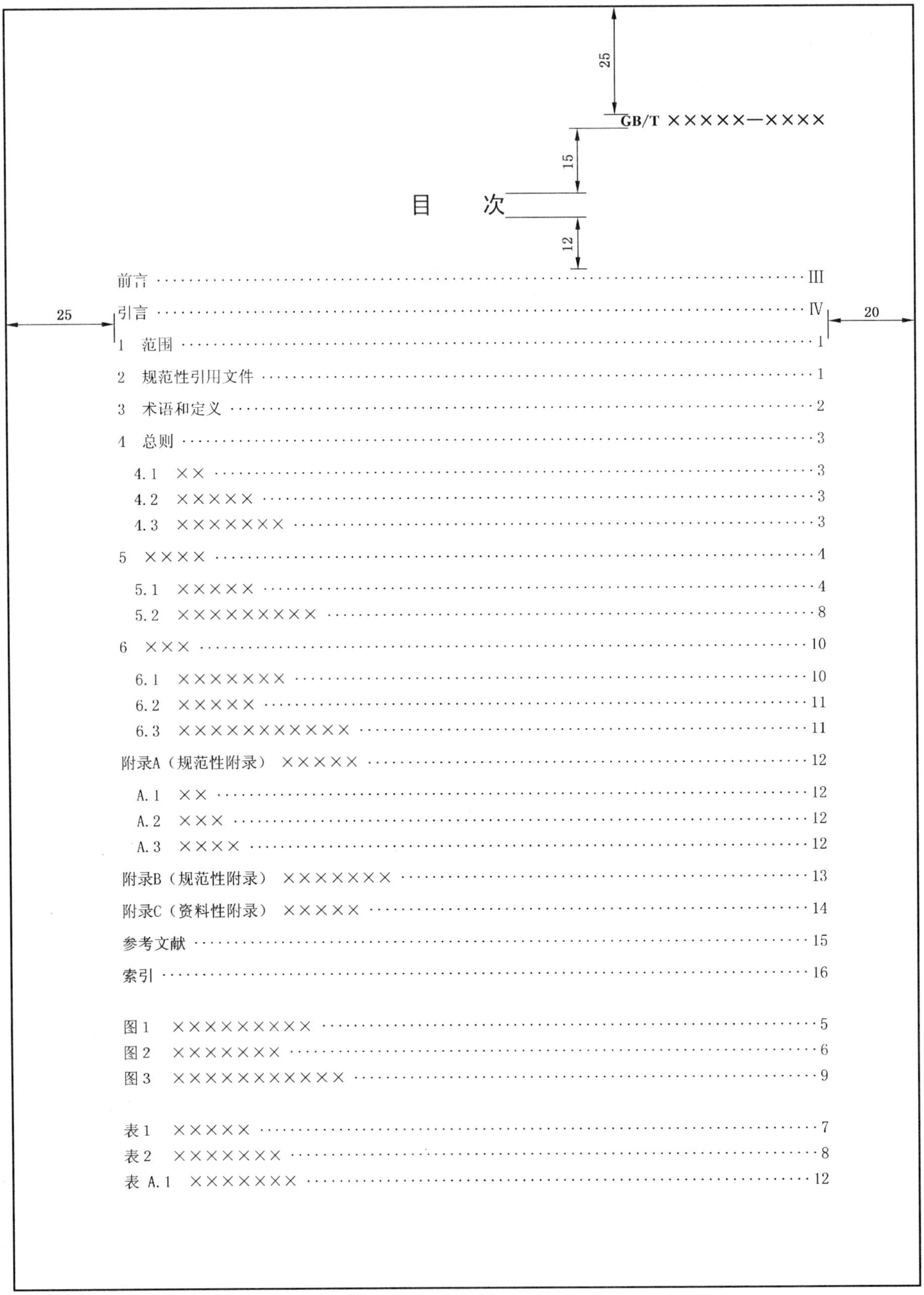

25

GB/T ×××××—××××

15

目　　次

12

25　　20

注：以单数页为例。

图 7-5　目次格式

单位为毫米

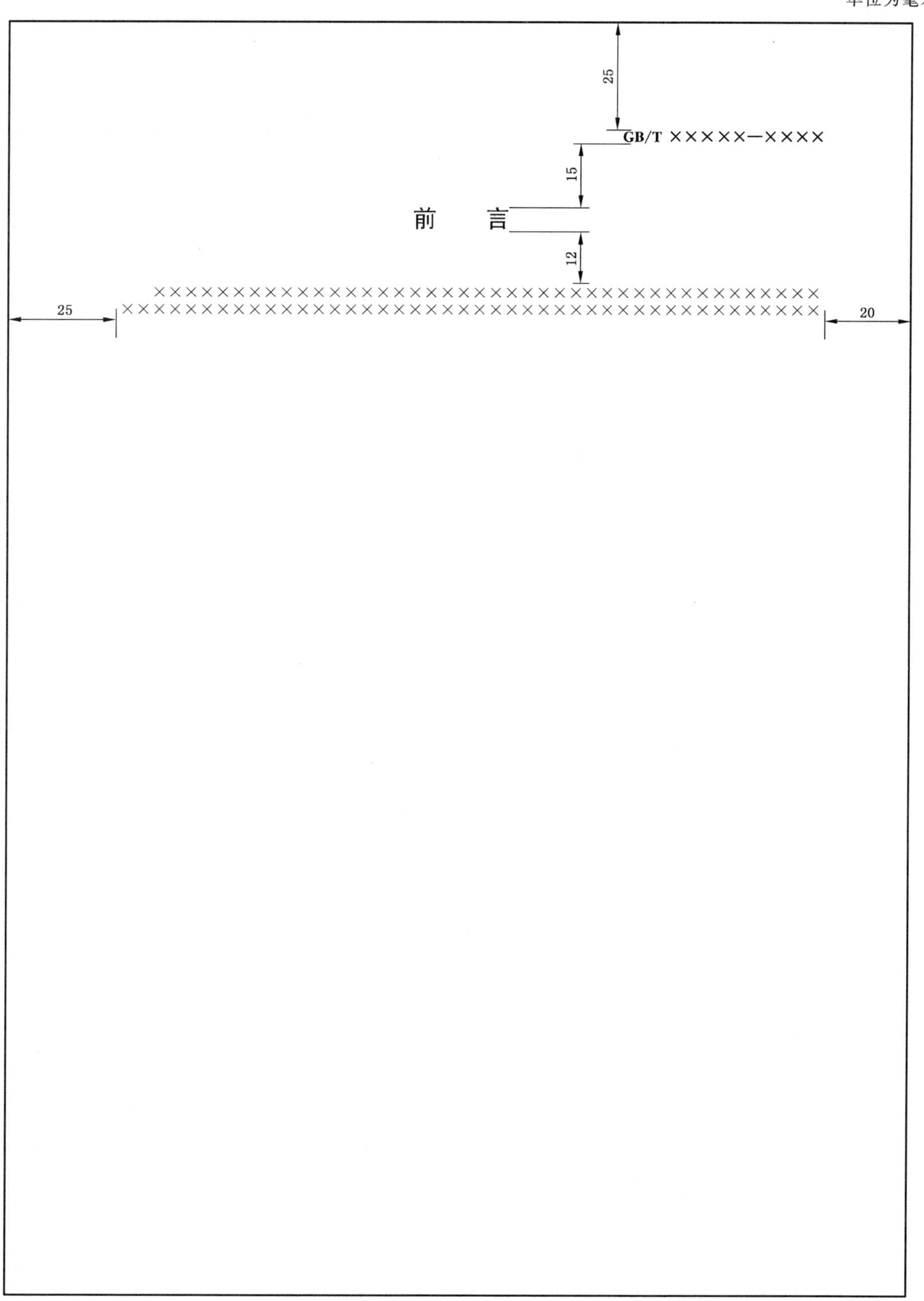

注 1：以单数页为例。

注 2："引言"格式与此格式相同，只将"前言"改为"引言"。

图 7-6　前言或引言格式

单位为毫米

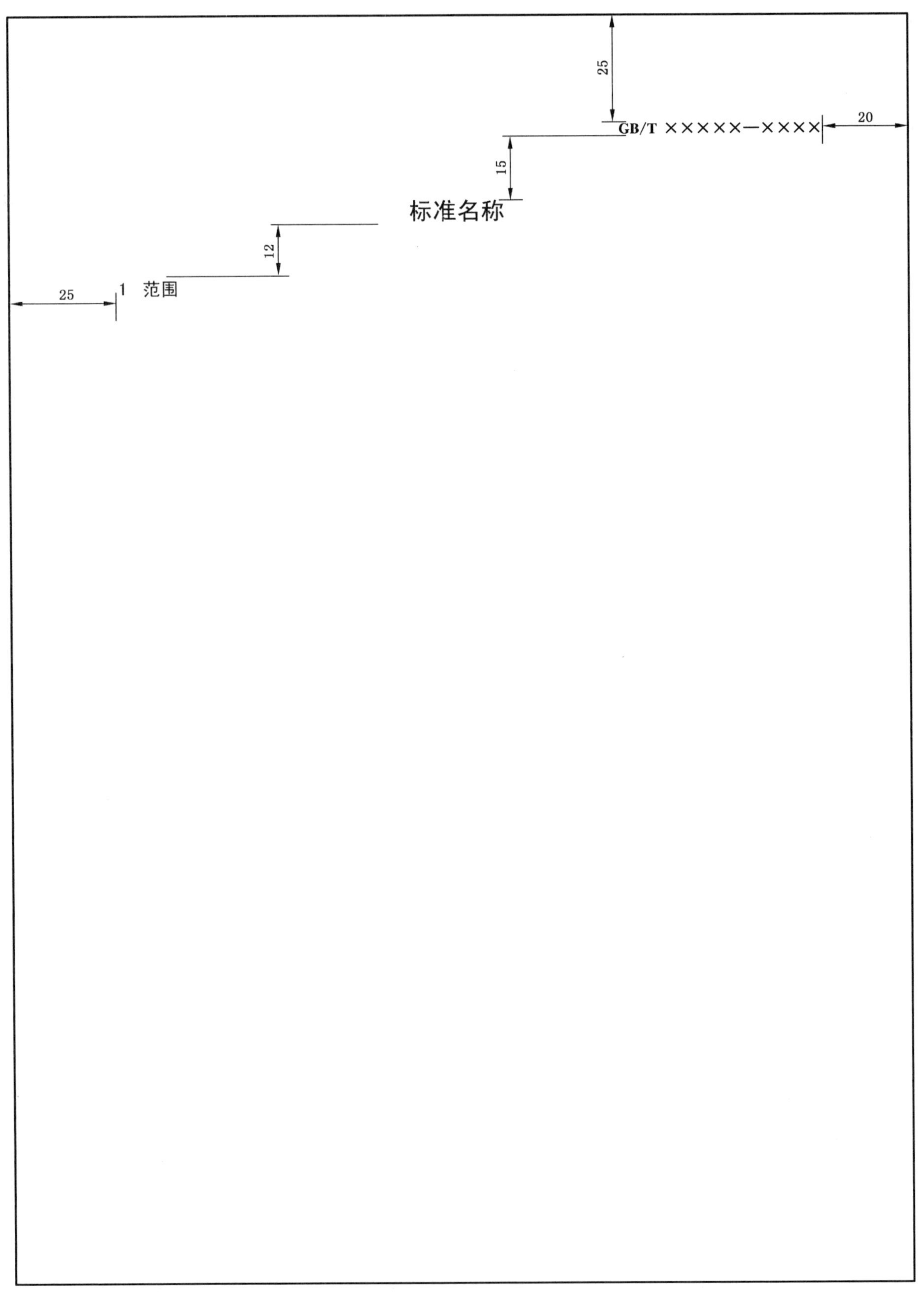

图 7-7 正文首页格式

单位为毫米

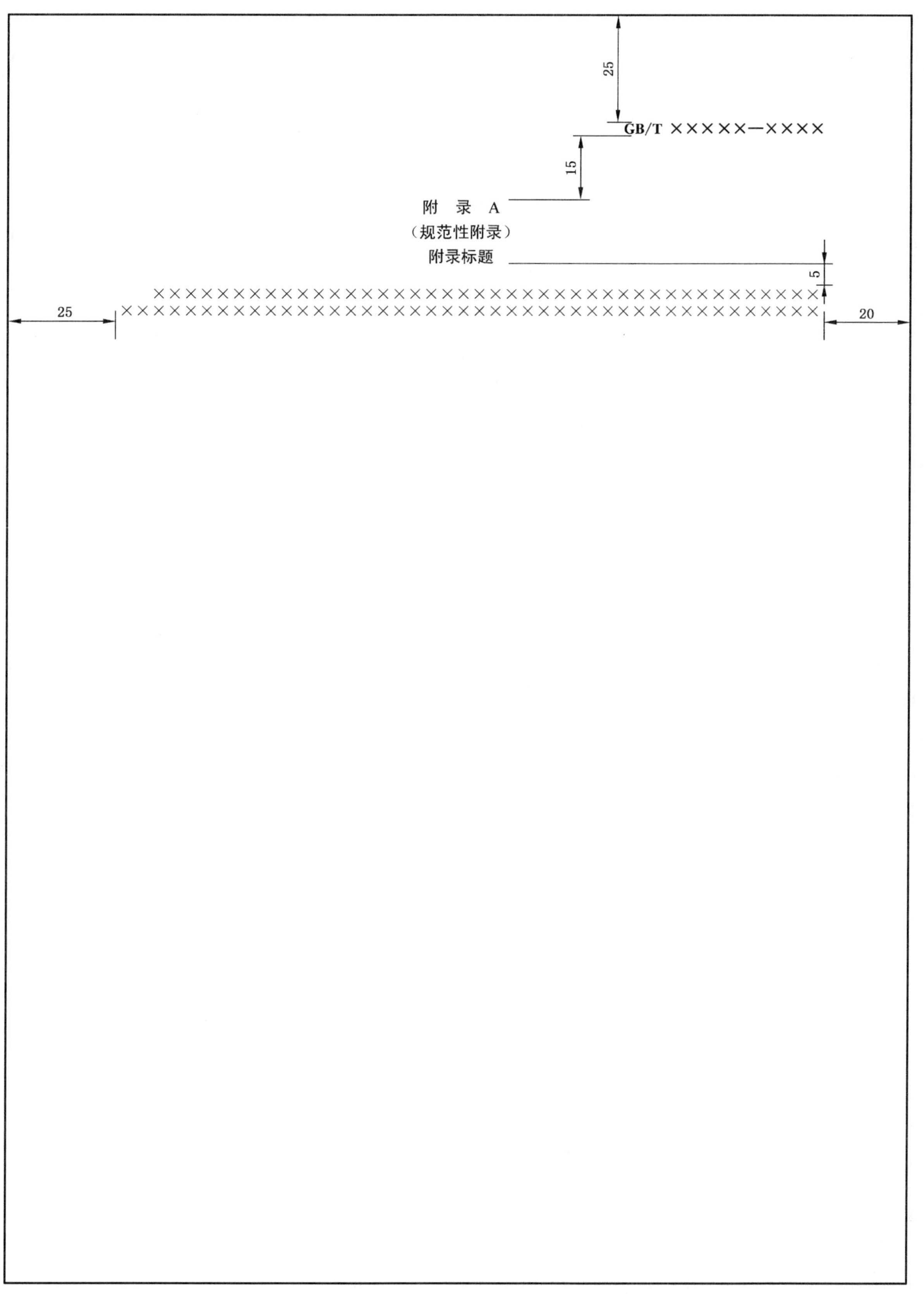

注：以单数页为例。

图 7-8　附录格式

单位为毫米

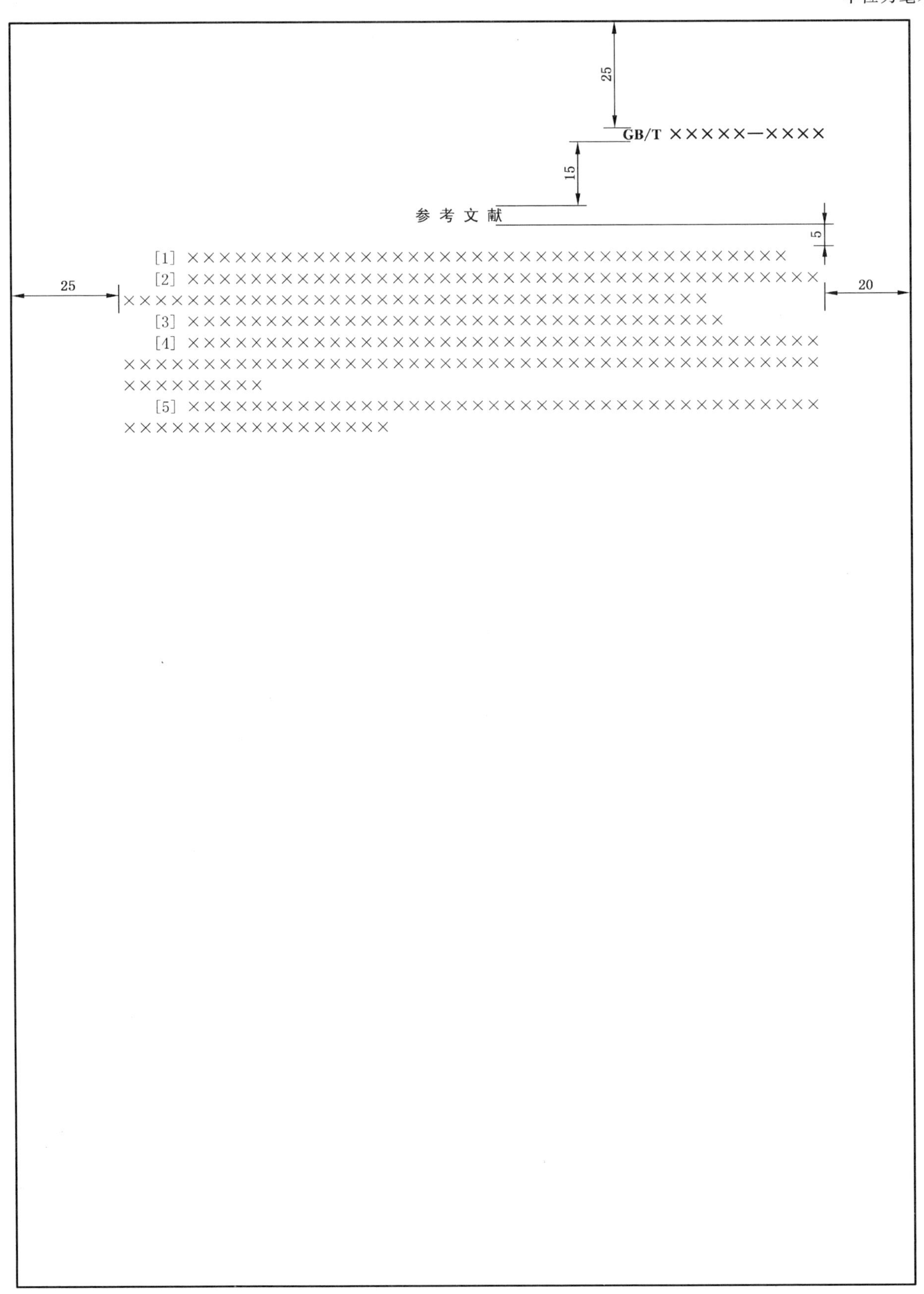

注：以单数页为例。

图 7-9　参考文献格式

单位为毫米

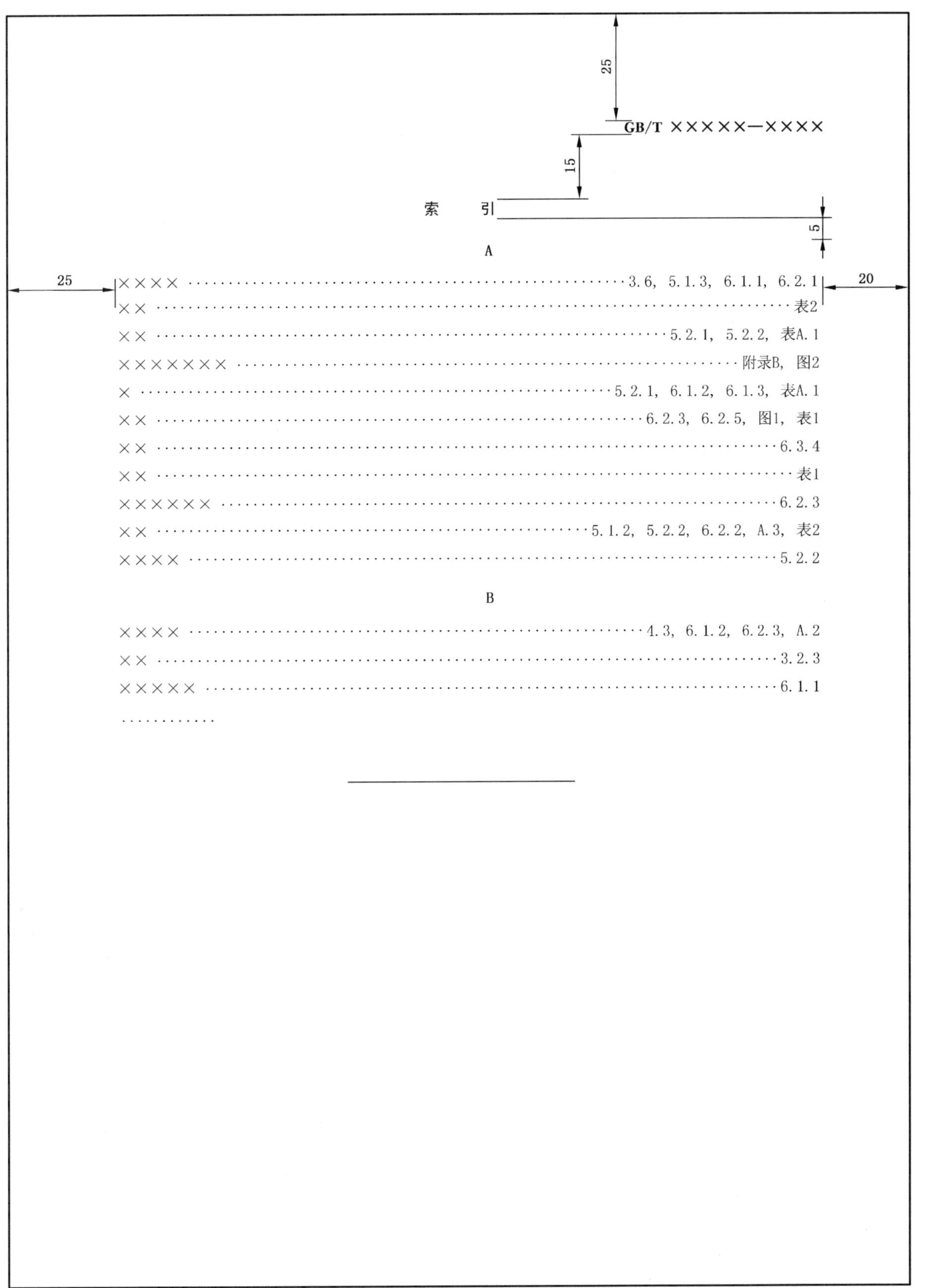

注：以“索引”为标准的最后一个要素，并位于单数页为例。

图 7-10　索引格式

单位为毫米

图 7-11 单数页格式

单位为毫米

图 7-12　双数页格式

单位为毫米

图 7-13 封底格式

第二节　编排细则

标准版面的美观，不仅取决于各页面的编排，还取决于如何编排标准中各要素内容的具体细节。

一、规范性引用文件

规范性引用文件的编排格式为：所列文件均空两个汉字起排，回行时顶格编排，每个文件之后不加标点符号。所列标准的编号与标准名称之间空一个汉字的间隙。

规范性引用文件清单前的引导语的编排格式与标准条文的段的编排格式相同。

二、术语和定义

标准中的"术语和定义"一章不应采用表的形式编排。

除条目编号外，其余各项均应另起一行空两个汉字起排，并按下列顺序给出：

——条目编号，顶格编排，字体为五号黑体；

——术语及英文对应词，两者之间空一个汉字的间隙，除非原文本身要求大写，英文对应词的第一个字母小写，术语和英文对应词的字体为五号黑体；

——符号；

——术语的定义或说明，字体为五号宋体，回行时顶格编排；

——概念的其他表述形式；

——示例；

——注。

三、章、条、段

章、条的编号应顶格编排。章的编号与其后的标题，条的编号与其后的标题或文字之间空一个汉字的间隙。

章的编号和章标题应单独占一行，前后各空一行；条的编号和条标题也应单独占一行，前后各空半行。章、条的编号及标题的字体为五号黑体。

段的文字空两个汉字起排，回行时顶格编排。

四、列项

每一项前面的破折号、圆点或字母编号均应空两个汉字起排，其后的文字以及文字回行均应置于距版心左边五个汉字的位置。

字母编号下一层次列项的破折号、圆点或数字编号均应空四个汉字起排，其后的文字以及文字回行均应置于距版心左边七个汉字的位置。

五、注和脚注

标明注、图注和表注的"注："或"注×："均应另起一行空两个汉字起排，其后接排注的内容，回行时与注的内容的文字位置左对齐。

脚注编号应另起一行空两个汉字起排，其后脚注内容的文字以及文字回行均应置于距版心左边五个汉字的位置。

图的脚注编号应另起一行空两个汉字起排，其后脚注内容的文字以及文字回行均应置于距版心左边四个汉字的位置。

表的脚注编号应另起一行空两个汉字起排，其后脚注内容的文字以及文字回行均应置于距表的左框线四个汉字的位置。

标明注的“注”或“注×”的字体为小五号黑体；注、图注、表注、脚注、脚注编号、图的脚注、表的脚注的字体均为小五号宋体。

六、示例

每个示例应另起一行空两个汉字起排。“示例：”或“示例×：”宜单独占一行，字体为小五号黑体。文字类的示例为小五号宋体，回行时宜顶格编排。

七、公式

标准中的公式应另起一行居中编排，较长的公式宜在等号（＝）后回行，或者在加号（＋）、减号（－）等运算符号后回行。公式中的分数线，长横线和短横线应明确区分，主要的横线应与等号取平。

公式的编号应右端对齐，公式与编号之间用“……”连接。

公式下面的“式中：”应空两个汉字起排，单独占一行。公式中需要解释的符号应按先左后右，先上后下的顺序分行说明，每行空两个汉字起排，并用破折号与释文连接，回行时与上一行释文的文字位置左对齐。各行的破折号对齐。

八、图和表

每幅图与其前面的条文，每个表与其后面的条文均宜空一行。

图题和表题均应置于其编号之后，与编号之间空一个汉字的间隙。

图的编号和图题应置于图下方居中位置；表的编号和表题应置于表上方居中位置。图的编号和图题、表的编号和表题的前后各空半行，字体为五号黑体。图、表中的数字和文字，图、表右上方关于单位的陈述均为小五号宋体。续图、续表的“（续）”为五号宋体。

表的外框线、表头的框线、表注和（或）表内的段的上框线均应为粗实线，仅有表的脚注时其上框线也为粗实线。

九、终结线、书眉和页码

在标准的最后一个要素之后，应有标准的终结线。终结线为居中的粗实线，长度为版心宽度的四分之一。终结线应排在标准的最后一个要素之后，不准许另起一面编排（见图 7-10）。

从标准的目次开始在每页书眉位置应给出标准编号，单数页排在书眉右侧（见图 7-11），双数页排在书眉左侧（见图 7-12）。标准编号为五号黑体。

从目次页到正文首页前用正体大写罗马数字从“Ⅰ”编页码；正文首页起用阿拉伯数字从“1”开始另编页码。页码单数页排在右下侧（见图 7-11），双数页排在左下侧（见图 7-12）。页码为小五号宋体。

十、标准的字号、字体

标准中各个位置的文字的字号和字体如表 7-1 所示。

表 7-1 标准中的字号和字体

序号	页别	位置	文字内容	字号和字体
01	封面	左上第一、二行	ICS号、中国标准文献分类号	五号黑体
02		左上第三行	备案号	五号黑体
03		右上第一行	标准的标志	专用美术体字
04		右上第二行	标准编号	四号黑体
05		右上第三行	代替标准编号	五号宋体
06		第一行	中华人民共和国国家标准	专用字
07		第一行	中华人民共和国××行业标准	专用字
08		第二行	标准名称	一号黑体
09		第三行	标准名称的英文译名	四号黑体
10		第四行	与国际标准的一致性程度标识	四号宋体
11		倒数第二行	发布日期、实施日期	四号黑体
12		倒数第一行	标准发布部门	专用字
13		右下	发布	四号黑体
14	目次	第一行	目次	三号黑体
15			目次内容	五号宋体
16	前言	第一行	前言	三号黑体
17			前言内容	五号宋体
18	引言	第一行	引言	三号黑体
19			引言内容	五号宋体
20	正文首页	第一行	标准名称	三号黑体
21	各页		章、条的编号和标题	五号黑体
22			标准条文、列项及其编号	五号宋体
23			标明注的“注”、“注×”	小五号黑体
24			标明示例的“示例”、“示例×”	小五号黑体
25			条文的示例	小五号宋体
26			注、图注、表注	小五号宋体
27			脚注、脚注编号、图的脚注、表的脚注	小五号宋体
28			图的编号、图题；表的编号、表题	五号黑体
29			续图、续表的“(续)”	五号宋体
30			图、表右上方关于单位的陈述	小五号宋体
31			图中的数字和文字	六号宋体
32			表中的数字和文字[a]	小五号宋体
33	附录	第一行	附录编号	五号黑体
34		第二行	(规范性附录)、(资料性附录)	五号黑体
35		第三行	附录标题	五号黑体
36			附录内容	五号宋体
37	参考文献	第一行	参考文献	五号黑体
38			参考文献内容	五号宋体
39	索引	第一行	索引	五号黑体
40			索引内容[b]	五号宋体

表 7-1（续）

序号	页别	位 置	文字内容	字号和字体
41	封底	右上角	标准编号	四号黑体
42	单双数页	书眉右、左侧	标准编号	五号黑体
43		版心右、左下角	页码	小五号宋体
[a] 以表的形式编写的术语标准，表中的文字使用五号宋体。 [b] 术语标准索引内容的字体应符合 GB/T 20001.1 的规定。				

第八章 GB/T 1.1和GB/T 20000.2的修订情况

本书所涉及的关于标准编写的基本内容，都可以在GB/T 1.1—2009《标准化工作导则　第1部分：标准的结构和编写》和GB/T 20000.2—2009《标准化工作指南　第2部分：采用国际标准》中找到依据。本章将为大家介绍这两个标准修订的思路、与先前版本（GB/T 1.1—2000、GB/T 1.2—2002和GB/T 20000.2—2001）的区别，以及它们同ISO/IEC对应的文件的关系等背景性资料，以便帮助读者更加全面地理解这两个标准。对新版标准和前一版本之间的主要技术变化的介绍，将促使熟悉GB/T 1.1—2000与GB/T 20000.2—2001的读者能够较快地了解并掌握新版标准，从而将标准中的技术细节准确地应用到标准的编写中。

第一节　GB/T 1.1—2009《标准化工作导则　第1部分：标准的结构和编写》

自1958年以来，GB/T 1《标准化工作导则》一直是指导标准编写的最基础、最核心的国家标准，其间该标准经过了多次修订。2009年，最新修订的GB/T 1.1—2009《标准化工作导则　第1部分：标准的结构和编写》正式发布。新版标准与对应的国际文件ISO/IEC导则第2部分：2004《国际标准的结构和起草规则》的一致性程度仍然为非等效。GB/T 1.1—2009代替GB/T 1原来的两个部分，即GB/T 1.1—2000《标准化工作导则　第1部分：标准的结构和编写规则》和GB/T 1.2—2002《标准化工作导则　第2部分：标准中规范性技术要素内容的确定方法》，这将有利于标准起草者从遵循标准制定的方法论出发，编写出更加科学的标准，达到标准内容和形式上的统一。

一、修订原则

由于多年来对标准化原理与方法的研究所积累的经验，使得GB/T 1.1—2009虽然仍以ISO/IEC导则为基础，但是标准的结构、技术要素的选择、一些问题的阐述等与ISO/IEC导则存在着明显的不同。另外，新版标准充分考虑了我国各行各业标准化事业蓬勃发展的需求，能够成为各领域制定标准所依据的最基础的标准。从总体上来看，本次修订贯彻了以下三个原则。

1. 提高GB/T 1.1的普适性

GB/T 1.1的历次版本都是从传统制造业的角度出发，以产品标准为例进行编写。然而，随着标准化事业的发展，我国的标准所涉及的范围已经远远超出了制造业的范围，作为全国各行各业在编写标准时共同遵守的基础标准，GB/T 1.1关注的范围理应更加广泛。因此，这次对GB/T 1.1—2000的修订，更加注重我国标准编写的自身特点，以规定普遍适用于各类标准的规范性一般要素、资料性概述要素和资料性补充要素等内容为主，对规范性技术要素只规定了几个通用的要素。至于其他规范性技术要素，需要在编写具体标准时结合各行业的特点，按照标准编写的目的，并参照相关标准(GB/T 20000、GB/T 20001和GB/T 20002)进行确定。因此，GB/T 1.1—2009更加适用于各类标准的编写。

2. 保持与国际上的标准表述形式相一致

我国标准的编写方法除了自主研制标准外，还有大量标准是采用国际标准或以国际标准或国外标准为基础形成的。因此，与国际上通常的标准表述形式相一致，可以使自主研制形成的和采用国际标准形成的我国标准的编写方法以及标准的表现形式相统一。这样给我国标准的编写人员提供了极大的方便，只要熟悉GB/T 1.1的规定，无论是采用何种方法编写我国标准，都会感到没有障碍。因此在修订GB/T 1.1—2000时，虽然与所依据的ISO/IEC导则的一致性程度为非等效，并且对ISO/IEC导则的结构进行了较大的调整，但在编写方法和表述形式上仍然尽可能与国际规则相一致。

3. 保持与先前版本的连续性

GB/T 1.1是指导我国各类标准编写的最基础的标准，尽可能保持它与先前版本的连续性可以避免增加不必要的成本。因此，本次修订对先前版本的技术内容，尤其是编写格式的规定，除必须修改以外，尽可能保持不变。

二、与ISO/IEC导则第2部分的联系及区别

对GB/T 1.1—2000的修订，主要依据ISO/IEC导则第2部分:2004《国际标准的结构和起草规则》。虽然新版标准与ISO/IEC导则的一致性程度仍为非等效，但GB/T 1.1—2009在考虑我国实际情况的前提下，尽可能做到使标准的编写方法和表述形式与国际规则相一致。

1. 主体技术内容保持一致

GB/T 1.1—2009的主体技术内容与ISO/IEC导则基本保持一致，例如，在标准的内容划分、层次划分、各类要素的起草与表述等方面。这种一致性，既保证了我国标准的编写在总体上与国际标准相接轨，也方便了采用国际标准形成我国标准，使得在等同采用国际标准时，能够选择翻译法；在修改采用国际标准时，可在翻译文本的基础上，修改需要改变的内容，从而使国家标准与被采用的国际标准之间的对比成为可能。

2. 未包括规范性技术要素中仅适合产品标准的内容

为了提高标准的普适性，GB/T 1.1—2009按照前文“一、”中阐述的“修订原则”，删除了国际标准规范性技术要素中仅适用于产品标准的规定。例如ISO/IEC导则第2部分:2004《国际标准的结构和起草规则》中关于“抽样”、“试验方法”、“标识、标签和包装”等方面的规定，没有被包括在GB/T 1.1—2009中。

3. 保持汉语汉字的习惯和特色

汉语汉字有其本身的特点，因此在标准编写尤其是对标准格式的规定上，首先要遵循汉字表述

的习惯格式，不可能完全与国际标准相一致。例如，在标准的编排格式方面，段、列项等的起排，目次、前言、引言标题的位置等都是按照汉语的排版习惯编排的。又如，在助动词的表述上，标准中规定"能"只表示能力，不表示可能性，这不同于ISO/IEC导则中的规定，英文"can"既表示能力，又表示可能性。

三、与GB/T 1.1—2000、GB/T 1.2—2002相比的主要变化

GB/T 1.1—2009与GB/T 1.1—2000和GB/T 1.2—2002相比主要存在以下四点变化。表8-1给出了较详细的变化对照。

1. 整合先前版本的技术内容

本次修订将GB/T 1的两个部分(即GB/T 1.1—2000和GB/T 1.2—2002)的有关内容进行整合后形成了一个部分。GB/T 1.1—2009融入了GB/T 1.2—2002中的下述内容：目的性原则、性能原则、可证实性原则、标准化项目标记、专利等。经过整合后，诸如规范性技术内容的确定、标准的结构、编写规则等与标准编写有关规定，都融入一个独立的部分中，这样极大地方便了标准的编制人员。

2. 提高标准本身结构的严谨性和表述的准确性

与先前版本相比，GB/T 1.1—2009的整体结构更加严谨、更有逻辑性。新标准共分为9章：范围、规范性引用文件、术语和定义、总则、结构、要素的起草、要素的表述、其他规则、编排格式。新的标准对要素的界定更加明确，仅将标准中"表1　标准中要素的典型编排"(见本书第二章中表2-1)第二栏中的内容确定为要素，标准中第6章"要素的起草"即针对该栏中的要素进行规定，第7章"要素的表述"则针对表中第三栏的内容作出规定。

在条款表述所用的助动词中，做了两个方面的修改。其一，"能"、"不能"仅表达"能力"，而不再表达"可能性"；增加助动词"可能"、"不可能"，用作可能性的表述。其二，每个助动词仅保留1个或2个更加准确的等效表述形式，简化了助动词的等效表述。修改后的助动词表述更符合汉语本身的含义，也更加准确。

3. 促使我国标准的编写更加简化

GB/T 1.1—2009中的一些规定简化了我国标准的编写工作。例如标准中规定，只有正在起草的与国际文件存在一致性程度的我国标准，才需在其规范性引用文件清单所列的标准中，标示与国际文件的对应关系。这一规定使得凡是与国际文件无对应关系的我国标准，都无须在其规范性引用文件一章所列标准中再标示与国际标准的一致性程度，极大地简化了我国标准的编写。

4. 使得我国标准的形式更加清晰

新的标准对标准编排格式的修改，使得今后我国标准的编写形式更加清晰。标准中对"章"、"条"标题前后空行的规定，对"图的编号和图题"、"表的编号和表题"前后空行的规定，对"图与其前面的条文"、"表与其后面的条文"空行的规定，对目次中显示的标准中不同层次的要素退格的规定等都使得今后标准的内容更加清晰，这样便于对标准内容的检索与查找。

表 8-1 GB/T 1.1—2009 与 GB/T 1.1—2000 相比主要变化对照表

项目	GB/T 1.1—2009	GB/T 1.1—2000	GB/T 1.1—2009 的特点
封面	增加"标准征求意见稿和送审稿的封面显著位置应给出征集标准是否涉及专利的信息"	未作规定	规范了在封面中专利信息征集的表述
	标示了"标准编号"位置的尺寸	标示"代替标准编号"位置的尺寸	更加简洁,便于操作
目次	对目次中显示的标准中不同层次的要素规定了退格要求	不退格	目次显示的内容清晰、明确,便于检索
前言	前言的内容中增加了给出"标准编制所依据的起草规则,提及GB/T 1.1"的规定	未作规定	更加严谨,清楚
	增加了"有关专利的说明"	未作规定	规范了在前言中专利信息的表述
	删除了说明附录性质的规定	说明附录的性质	规范了前言所表述的信息内容
	明确了"标准的提出信息"的表述可根据情况省略	未作规定	更加灵活、便于操作
引言	增加了已经识别出涉及专利时,引言中应表述的内容	未作规定	规范了在引言中专利信息的表述
规范性引用文件	修改了引导语	原引导语	更加简洁
	增加了列出国际标准、国外标准的表述	未作规定	更加全面、明确
	增加了如果引用文件可在线获得的表述	未作规定	更加全面、明确
	与国际标准无一致性程度的我国标准无须标示与国际标准一致性程度标识	未作规定	更加简洁
引用	增加了规范性引用标准之外的正式出版文件所遵守的原则	未作规定	更加全面、明确
术语和定义	修改了引导语	原引导语	更加准确,适用范围更广
	删除了附录"术语和定义的起草和表述",将与编写非术语标准中的"术语和定义"有关的内容移入正文中	2000年版的附录C	只规定编写非术语标准中的"术语和定义",更加符合GB/T 1.1的定位
	增加了"术语和定义"一章不应采用表的形式编排的规定	未作规定	更加明确

表 8-1（续）

项目	GB/T 1.1—2009	GB/T 1.1—2000	GB/T 1.1—2009 的特点
要求	删除了针对产品标准的规定	包含针对产品标准的规定	更加符合 GB/T 1.1 的定位
标记	增加了标准化项目的标记的规定	未作规定（规定在 GB/T 1.2—2002 中）	整合 GB/T 1.2—2002
抽样；试验方法；标志、标签和包装	删除	2000 年版的 6.3.4、6.3.5 和 6.3.7	更加符合 GB/T 1.1 的定位
参考文献	增加了对文献清单中每个参考文献前应给出序号的规定	未作规定	更加全面、明确
	增加了列出国际、国外文献无须给出中文译名的规定	未作规定	更加简洁、明确
章	章的编号和章标题应占三行	章的标题占两行	使得章的编号和标题区别于条的编号与标题，变得更加醒目、便于查找
条	可将无标题条首句中的关键术语或短语标为黑体，以标明所涉及的主题	未作规定	更加全面、明确
	增加了条的编号和条标题应占两行的规定	未作规定	使得条的编号和标题更加醒目、便于查找
列项	可将各项中的关键术语或短语标为黑体，以标明各项所涉及的主题	未作规定	更加全面、明确
	删除了列项中再分段的规定	第一层次列项中的段空四个字起排，回行时应置于距版心左边四个字的位置	更符合逻辑，因为如果列项中的某一项再分段，将破坏各项之间的并列关系
附录	每个附录均应另起一面，不再允许接排	允许附录接排	更加规范
条款表述所用的助动词	简化了助动词等效表述，每个助动词仅保留 1 个或 2 个等效表述	原等效表述多至 4 个	更加准确，并且便于理解和使用
	“能”的等效表述中不再有“可能”；“不能”的等效表述中不再有“不可能” 增加助动词“可能”、“不可能”，用作可能性的表述	“可能”、“不可能”分别为“能”“不能”的等效表述	更加符合汉语“能”、“不能”的原意
	删除了对应的英文表述	有英文表述	更加符合 GB/T 1.1 的定位

表 8-1（续）

项目	GB/T 1.1—2009	GB/T 1.1—2000	GB/T 1.1—2009 的特点
技术要素的表述	增加了“技术要素的表述”	未作规定	更加全面、明确
图	增加了关于“图的接排”的规定	未作规定	更加全面
	增加了对于分图的详细规定	未作规定	更加全面
	增加了图与其前面的条文宜空一行的规定	未作规定	更加醒目、美观
	增加了图的编号和图题应占两行的规定	未作规定	使得图的编号和图题更加醒目
表	增加了表与其后面的条文宜空一行的规定	未作规定	更加醒目、美观
	增加了表的编号和表题应占两行的规定	未作规定	使得表的编号和表题更加醒目
	增加了“表的外框线、表头的下框线、表注和（或）表内的段的上框线均应为粗实线，仅有表的脚注时其上框线也为粗实线”的规定	未作规定	更加醒目、美观
缩略语	修改了缩略语在文中的表述，首次出现时先给出完整的中文词语或术语，在其后的圆括号中给出缩略语	第一次使用某个缩略语时应在其后给出完整的词或词组，并加上圆括号	符合中文行文习惯
专利	增加了说明相关专利的要求	未作规定（规定在 GB/T 1.2—2002 中）	整合 GB/T 1.2—2002
数值的选择	增加了关于“数值的选择”的规定	未作规定（规定在 GB/T 1.2—2002 中）	整合 GB/T 1.2—2002
数和数值的表示	数字的用法引用了 GB/T 15835 的规定	未作规定	更加全面、明确
公式	增加了“公式不应使用量的名称或描述量的术语表示”的规定	未作规定	更加全面

第二节　GB/T 20000.2—2009《标准化工作指南　第 2 部分：采用国际标准》

国际标准凝结了全球工业界、研究人员、消费者和法规制定部门的智慧和经验，对于促进国际贸易与交流具有十分重要的作用。我国 1984 年制定了《采用国际标准管理办法》，1993 年和 2001 年进行了两次修订，2001 年颁布了新的《采用国际标准管理办法》。为了配合新办法的实施并且给予编写采用国际标准的我国标准更加具有可操作性的指导，我国根据 ISO/IEC 指南 21：1999《区域标准或国家标准采用国际标准》，起草、发布了 GB/T 20000.2—2001《标准化工作指南　第 2 部分：采用国际标准的规则》。随着我国采用国际标准经验的积累和 ISO/IEC 指南 21 的修订，为了提高我国采用国际标准的规范性，这次根据ISO/IEC指南21-1:2005《区域标准或国家标准采用国际标准和其他类型国际文件 第1部分：采用国际标准》的主要规定，在修订GB/T 20000.2—2001的基础上，制定了GB/T 20000.2—2009《标准化工作指南 第2部分：采用国际标准》。GB/T 20000.2—2009规定了国家标准与相应国际标准一致性程度的划分方法；采用国际标准的方法；识别技术性差异和编辑性修改的标示方法；等同采用国际标准的国家标准编号方法；国家标准与相应国际标准一致性程度的标示方法。

一、修订原则

本次修订是GB/T 20000.2—2001首次发布后的第一次修订，在积累了标准实施后的丰富经验，并借鉴相对应的ISO/IEC指南21修订内容的基础上，对一些具体标准编写方法做了简化处理，同时，强化了国际标准版权保护在采用国际标准工作中的地位。

1. 遵循ISO、IEC对采用国际标准的基本要求

ISO/IEC指南21-1:2005关于国家标准与国际标准一致性程度划分、技术性差异的标示方法等基本要求构成了各国在采用国际标准中协调一致的基础。只有遵循这些基本要求，采用国际标准的国家标准才能被ISO、IEC承认其“采用”这一事实。GB/T 20000.2—2009严格地对这些基本要求进行了转化，以保证我国标准采用国际标准的符合度达到要求，最终得到国际的承认和各国的相互认可。

2. 适应我国标准编写和编号方法的特点

为了适应我国标准编写和编号方法的特点，增加可操作性，对于ISO/IEC指南21-1:2005中提供的可选择的采用国际标准的方法，GB/T 20000.2—2009根据我国标准编写和编号方法的特点做出了取舍。

二、与ISO/IEC指南21-1:2005的联系及区别

GB/T 20000.2—2009转化了ISO/IEC指南21-1:2005的全部基本要求，只对ISO/IEC指南21-1:2005可选择的部分且不适用的内容做了删减，同时为了提高标准使用的可操作性，增加了一些具体的指导和示范内容。

1. 仅选择采用国际标准方法中的翻译法和重新起草法

ISO/IEC指南21-1:2005提供了签署认可法和再版法的采用国际标准方法，GB/T 20000.2—2009仅选用再版法中的翻译法和重新起草法。由于签署认可法和再版法中的重新印刷法不适用于与ISO、IEC官方语言不同的汉语，所以我国没有采用。同时，GB/T 20000.2—2009还删除了ISO/IEC指南21-1:2005中用于说明签署认可法的资料性附录C“采用国际标准通告的示例”。

2. 仅选用国家标准的双编号方法

ISO/IEC指南21-1:2005为等同采用国际标准的国家标准提供了两种编号方法——单编号和双编号方法。由于单编号方法（国家标准代号加国际标准编号）仅能体现与国际标准的联系，不能直接反映该标准的国家标准编号信息。而双编号既能反映国家标准的识别信息，也能反映国际标准的识别信息。为了便于目前阶段国家标准的管理，GB/T 20000.2—2009仅选用ISO/IEC指南21-1:2005中等同采用国际标准的国家标准的双编号方法。另外，由于仅选用了一种编号方法，所

以简化了相应示例说明内容，因而删除了 ISO/IEC 指南 21-1:2005 的资料性附录 E“等同采用国际标准的国家标准注日期编号方法的示例”。

3. 选择将修改内容融入标准条款中的编写方法

选用将对国际标准的修改内容直接改在国家标准条款中的做法。删除了 ISO/IEC 指南 21:2005 中提供的方法：在国家标准条文中保留国际标准条款，在紧接着需要做相应修改的条款的位置，以“国家的注”字样为开头添加国家的编辑性修改；以“国家的技术性差异”字样为开头添加国家的技术性差异内容，并用黑框括起或用下划线标出。因为这种标示方法与我国国家标准版式相差较大，所以没有采用。

4. 直接将替换的引用文件纳入标准条文并列入规范性引用文件清单

ISO/IEC 指南 21-1:2005 建议将国际标准规范性引用的文件保留在采标标准的条文中，如果其中有些文件需要替换成国家的文件，则在前言中说明。为了给标准编写者和标准使用者以更清晰和明确的指示，GB/T 20000.2—2009 规定，将需要替换的我国文件直接纳入我国标准引用这些文件的相应条款，并在“规范性引用文件”一章中列出引用的我国文件。

5. 增加了以附录形式说明结构变化和技术性差异的示例

为了对以附录形式列出结构变化和技术性差异的说明提供一个更加具体的展示，GB/T 20000.2—2009 增加了资料性附录 G，提供了用附录形式编排结构变化对照一览表和技术性差异及原因一览表的示例。

三、与 GB/T 20000.2—2001 相比的主要变化

GB/T 20000.2—2009 代替 GB/T 20000.2—2001《标准化工作指南　第 2 部分：采用国际标准的规则》，与 GB/T 20000.2—2001 相比，主要存在以下技术变化。表 8-2 给出了具体变化对照。

1. 适用范围做了相应调整

与 GB/T 20000.2—2001 相比，GB/T 20000.2—2009 在“范围”一章做了适当调整：

首先，仅适用于我国标准采用 ISO 标准、IEC 标准和 ISO 公布的其他国际标准化机构发布的标准，不再适用于国家标准采用其他类型国际文件，也不再供国家标准采用区域和其他国家的标准时参考。原因在于，一方面国家标准采用其他类型国际文件的规定将单独制定成为 GB/T 20000 的另一个部分；另一方面，由于 GB/T 20000.2—2009 建立在 ISO、IEC 提供的一整套以国家标准与国际标准一致性程度划分和相应标识为核心的方法，其他不是 ISO 公布的国际标准化机构或区域标准化机构未必接受这套方法。

其次，在适用范围中增加了如下表述：“本部分第 7 章规定的等同采用 ISO 标准和(或)IEC 标准的国家标准的编号方法不适用于采用 ISO 公布的其他国际标准化机构发布的标准”，这是由于在采用 ISO、IEC 以外的其他国际标准化机构发布的标准时，如果使用它们的标准编号可能会涉及商标问题。

2. 增加了关注被采用国际标准版权的规定

采用国际标准需要将国际标准的内容纳入国家标准中，因此涉及版权问题。解决版权问题是采用国际标准的先决条件，本次修订增加了采用国际标准时需关注 ISO、IEC 以及 ISO 公布的其他

国际标准化机构的有关版权政策文件的规定。

3. 保持我国标准编写形式的统一性

本次修订删除了等同采用国际标准(尤其针对ISO公布的其他国际标准化机构发布的标准)时，国家标准的文本结构应与国际标准一致的规定。这一改变是为了保持我国标准编写形式(包括标准的版式、格式、文本结构、表述方式等方面)的统一性，也就是说与国际标准有一致性对应关系的国家标准与自主制定的国家标准一样都应按GB/T 1.1的规定编写。ISO公布的其他国际标准化机构发布的标准往往与ISO标准、IEC标准的文本结构不同，也就是与GB/T 1.1规定的我国标准的结构不同，因此采用这些组织的我国标准的文本结构应按照GB/T 1.1的规定作出调整。

4. 简化编辑性修改的陈述

根据采用国际标准的标准编写实践经验，本次修订简化了在国家标准前言中陈述编辑性修改的规定。GB/T 20000.2—2009中仅保留了几项具有实质意义的编辑性修改的陈述，例如标准名称的改变、资料性附录的增加等；对于一些没有实质意义的编辑性修改，不再要求陈述，例如"本国际标准"改为"本标准"，用小数点符号"."代替符号","等。

5. 对于国际标准规范性引用的国际文件做出更加严谨的处理

GB/T 20000.2—2001未明确规定在国家标准等同采用国际标准时，如何处理国际标准不注日期规范性引用的国际文件问题。为了严格遵守ISO/IEC指南21-1:2005关于"等同"程度的定义，本次修订明确规定，在等同采用时，对于国际标准不注日期规范性引用的国际文件，在国家标准中应全部规范性引用。

6. 增加了助动词翻译的规定

GB/T 20000.2—2001对于国际标准中助动词的翻译未作规定，而标准中的助动词决定着相应条款的性质，对于标准的正确使用十分重要，需要做出明确规定。本次修订根据ISO/IEC导则第2部分《国际标准的结构和起草规则》和GB/T 1.1的相应规定，专门增加了一个附录，对此做出明确规定。

7. 增加和修改了对具体要求的示范内容

为了给"以附录形式说明结构变化和技术性差异"一个更具操作性的示范，本次修订增加了一个资料性附录"国家标准与国际标准章条编号变化对照一览表和技术性差异及其原因一览表的示例"。

本次修订还用一些采用国际标准的国家标准实例替换了前一版本中给出的一些虚拟示例，增强了示例的示范效果。

表8-2　GB/T 20000.2—2009与GB/T 20000.2—2001相比主要变化对照表

项目	GB/T 20000.2—2009	GB/T 20000.2—2001	GB/T 20000.2—2009的特点
国家标准前言有关采用国际标准信息的表述	陈述与国际标准一致性程度时，将采用方法和与国际标准一致性程度结合在一起用一句话表述	采用方法和与国际标准一致性程度分为两句表述	陈述更加简洁

表 8-2（续）

项目	GB/T 20000.2—2009	GB/T 20000.2—2001	GB/T 20000.2—2009 的特点
国家标准前言有关采用国际标准信息的表述	陈述与国际标准一致性程度时，删除了关于国际标准语言版本（例如英文版、法文版）的陈述	有国际标准语言版本的陈述	陈述更加简洁
	陈述编辑性修改时，仅陈述如下编辑性修改： ——纳入国际标准修正案或技术勘误的内容； ——改变标准名称； ——增加资料性附录； ——增加单位换算的内容	陈述所有编辑性修改	陈述更加简洁
	为陈述技术性差异给出了更具技术特征的示例	前言中陈述技术性差异的示例不具有技术典型性	更具参考价值
	明确规定了与国际标准非等效的国家标准不必说明技术性差异和编辑性修改以及结构的改变	未作明确规定	更具可操作性
	明确要求不保留国际标准的前言	原则上不保留国际标准的前言	更具可操作性和实际意义
国家标准文本结构的处理	增加了针对采用 ISO 公布的其他国际标准化机构发布的标准时，结构应按 GB/T 1.1 调整的规定	等同采用国际标准，文本结构应与国际标准一致，包括 ISO 公布的其他国际标准化机构发布的标准	避免国家标准文本结构因采用 ISO 公布的其他国际标准化机构发布的标准而产生混乱，以保持国家标准文本结构的协调一致
规范性引用文件的处理	按等同、修改、非等效三种一致性程度下的国家标准分别表述国际标准规范性引用文件的替换信息的标识	总体表述如何处理国际标准规范性引用文件及替换信息的标识	规定更加清晰明确
	等同采用国际标准的国家标准，对于国际标准不注日期规范性引用的国际文件应全部保留引用	未作规定	更加严谨规范
	增加了保留引用的国际文件的标示方法	未作规定	更具可操作性
	增加了与保留引用的国际文件对应的我国文件信息的标示方法	未作规定	提供对应的我国文件信息
	非等效于国际标准的国家标准，对于国际标准规范性引用的文件，其中替换成与国际文件有一致性对应关系的我国文件，可不标示与国际文件一致性程度标识，也可仅标示相应国际文件的代号和顺序号	此种情况应标示与国际文件一致性程度标识	操作更加简便

表 8-2（续）

项目	GB/T 20000.2—2009	GB/T 20000.2—2001	GB/T 20000.2—2009 的特点
规范性引用文件的处理	在“规范性引用文件”一章中，对于与国际标准有对应关系且名称不一致的国家标准，标示一致性程度标识时，不必标出对应的国际标准英文名称	此种情况应标出国际标准英文名称	操作更加简便
	修改采用时，对于国际标准不注日期规范性引用的分部分标准的所有部分的替换，增加了国家标准与国际标准一致性程度的标示方法	未作规定	更具可操作性
参考文献的处理	将国际标准中的参考文献替换成与其有一致性对应关系的我国文件时，可不标示与国际文件一致性程度标识	此种情况应标示与国际文件一致性程度标识	操作更加简便
	对于保留的参考文献中的国际文件的名称，不必译成中文	未作规定	更具可操作性
采用国际标准的原则	增加了采用国际标准时需关注ISO、IEC以及ISO公布的其他国际标准化机构的有关版权政策文件的规定	未作规定	更加严谨规范
	增加了将国际文件采用为我国同类型文件的规定	未作规定	更加严谨规范

附 录

附录一　ISO 确认并公布的国际标准化机构或组织

下面列出了 ISO 世界标准服务网公布的除 ISO、IEC、ITU 三大国际标准组织之外的其他国际标准化机构或组织：

国际标准化机构（ International Standardizing Bodies ）

BIPM —— 国际计量局(Bureau international des poids et mesures)

BISFA —— 国际人造纤维标准化局(International Bureau for the Standardization of Man-made Fibres)

CCSDS —— 航天数据系统咨询委员会(Consultative Committee for Space Data Systems)

CIB —— 国际建筑物研究和创新理事会(International Council for Research and Innovation in Building and Construction)

CIE —— 国际照明委员会(International Commission on Illumination)

CIMAC —— 国际内燃机理事会(International Council on Combustion engines)

CODEX —— 食品法典委员会(Codex Alimentarius Commission)

CORESTA —— 烟草制品社会调查合作中心(Cooperation Centre for Scientific Research Relative to Tobacco)

FDI —— 世界牙科联合会(International Dental Federation)

FIATA —— 货物运输协会国际联合会(International Federation of Freight Forwarders Associations)

FIB —— 建筑混凝土国际联合会(International Federation for Structural Concrete)

FSC —— 林业工作理事会(Forest Stewardship Council)

IAEA —— 国际原子能机构(International Atomic Energy Agency)

IATA —— 国际航空运输协会(International Air Transport Association)

ICAO —— 国际民航组织(International Civil Aviation Organization)

ICC —— 国际谷物科学和技术协会(International Association for Cereal Science and Technology)

ICCROM —— 国际文化财产保护与修复研究中心(International Centre for the Study of the Preservation and Restoration of Cultural Property)

ICDO —— 国际民防组织(International Civil Defence Organisation)

ICID —— 国际排灌委员会(International Commission on Irrigation and Drainage)

ICRP —— 国际辐射防护委员会(International Commission on Radiological Protection)

ICRU —— 国际辐射单位和测量委员会(International Commission on Radiation Units and Measurements)

ICUMSA —— 糖分析方法国际委员会(International Commission for Uniform Methods of Sugars)

IDF —— 国际制酪业联合会(International Dairy Federation)

IETF —— 互联网工程任务组(Internet Engineering Task Force)

IFLA —— 国际图书馆协会与学会联合会(International Federation of Library Associations and Institutions)

IFOAM —— 国际有机农业联盟(International Federation of Organic Agriculture Movement)

IGU —— 国际天然气联合会(International Gas Union)

IIR —— 国际制冷学会(International Institute of Refrigeration)

IIW —— 国际焊接协会(International Institute of Welding)

ILO —— 国际劳工组织(International Labour Office)

IMO —— 国际海事组织(International Maritime Organization)

IOC —— 国际橄榄油理事会(International Oil Council)

ISTA —— 国际种子测试协会(International Seed Testing Association)

IULTCS —— 皮革加工与药剂师协会国际联盟(International Union of Leather Technologists and Chemists Societies)

IUPAC —— 国际理论和应用化学联合会(International Union of Pure and Applied Chemistry)

IWTO —— 国际毛纺组织(International Wool Textile Organization)

OIE —— 国际兽疫防治局(International Office of Epizootics)

OIML —— 国际法制计量组织(International Organization of Legal Metrology)

OIV —— 国际葡萄与葡萄酒局(International Vine and Wine Office)

OTIF —— 国际铁路客运政府间组织(Intergovernmental Organisation for International Carriage by Rail)

RILEM —— 国际原料和结构测试研究实验室联盟(International Union of Testing and Research Laboratories for Materials and Structures)

UIC —— 国际铁路联盟(International Union of Railways)

UN/CEFACT —— 管理、商业和运输程序及操作简易中心(Centre for the Facilitation of Procedures and Practices for Administration,Commerce and Transport)

UNESCO —— 联合国教科文组织(United Nations Educational,Scientific and Cultural Organization)

UPU —— 万国邮政联盟(Universal Postal Union)

WCO —— 国际海关组织(World Customs Organization)

WHO —— 世界卫生组织(World Health Organisation)

WIPO —— 世界知识产权组织(World Intellectual Property Organisation)

WMO —— 世界气象组织(World Meteorological Organization)

区域标准化机构(Regional Standardizing Bodies)

- 非洲:

ARSO —— 非洲区域标准化组织(African Regional Organization for Standardization)

- 美洲:

COPANT —— 泛美标准委员会(Pan American Standards Commission)

- 阿拉伯国家:

AIDMO —— 阿拉伯工业发展和矿业组织(Arab Industrial Development and Mining Organization)

• 亚洲和太平洋地区：

ACCSQ —— 东盟标准和质量咨询委员会(ASEAN Consultative Committee for Standards and Quality)

PASC —— 太平洋地区标准会议(Pacific Area Standards Congress)

• 独联体：

EASC —— 标准化、计量和认证欧亚理事会(Euro Asian Council for Standardization, Metrology and Certification)

• 欧洲：

CEN —— 欧洲标准化委员会(Comité Européen de Normalisation)

CENELEC —— 欧洲电工标准化委员会(Comité Européen de Normalisation Electrotechnique)

ETSI —— 欧洲电讯标准学会(European Telecommunications Standards Institute)

UN/ECE —— 联合国欧洲经济委员会(UN Economic Commission for Europe)

UNECE-WP7 —— 联合国欧洲经济委员会农业质量标准工作组(UNECE Working Party on Agricultural Quality Standards)

其他开展相关活动的国际或区域组织（Other International/Regional Organizations）

IAF —— 国际认可论坛(International Accreditation Forum, Inc)

IFAN —— 国际标准用户联盟(International Federation of Standards Users)

ILAC —— 国际实验室认可合作(International Laboratory Accreditation Cooperation)

ITC —— 联合国贸易和发展会议与世界贸易组织国际贸易中心(International Trade Centre UNCTAD/WTO)

WTO —— 世界贸易组织(World Trade Organization)

附录二　编写标准常用的基础标准目录

一、标准化工作导则、指南和编写规则

GB/T 1.1—2009　标准化工作导则　第1部分：标准的结构和编写

GB/T 1.2—××××　标准化工作导则　第2部分：标准制定程序

注：正在制定中。

GB/T 20000.1—2002　标准化工作指南　第1部分：标准化和相关活动的通用词汇

GB/T 20000.2—2009　标准化工作指南　第2部分：采用国际标准

GB/T 20000.3—2003　标准化工作指南　第3部分：引用文件

GB/T 20000.4—2003　标准化工作指南　第4部分：标准中涉及安全的内容

GB/T 20000.5—2004　标准化工作指南　第5部分：产品标准中涉及环境的内容

GB/T 20000.6—2006　标准化工作指南　第6部分：标准化良好行为规范

GB/T 20000.7—2006　标准化工作指南　第7部分：管理体系标准的论证和制定

GB/T 20001.1—2001　标准编写规则　第1部分：术语

GB/T 20001.2—2001　标准编写规则　第2部分：符号

GB/T 20001.3—2001　标准编写规则　第3部分：信息分类编码

GB/T 20001.4—2001　标准编写规则　第4部分：化学分析方法

GB/T 20002.1—2008　标准中特定内容的起草　第1部分：儿童安全

GB/T 20002.2—2008　标准中特定内容的起草　第2部分：老年人和残疾人的需求

二、标准化术语

GB/T 2900(所有部分)　电工术语

GB/T 5271(所有部分)　信息技术　词汇

GB/T 10112—1999　术语工作　原则与方法

GB/T 14733(所有部分)　电信术语

GB/T 27000—2006　合格评定　词汇和通用原则

IEC 60050(所有部分)　国际电工词汇

注：又见《IEC多语种词典　电学、电子学和电信学》，可在 http://domino.iec.ch/iev 下载。

三、量、单位及其符号

GB/T 2987　电子管参数符号

GB 3100—1993　国际单位制及其应用

GB 3101—1993　有关量、单位和符号的一般原则

GB 3102(所有部分)　量和单位

GB/T 13394—1992　电工技术用字母符号　旋转电机量的符号

GB/T 14559—1993　变化量的符号和单位

IEC 60027(所有部分)　电工技术用文字符号

四、符号、代号和缩略语

GB/T 2659—2000　世界各国和地区名称代码
GB/T 4880(所有部分)　语种名称代码
GB/T 11617—2000　辞书编纂符号

五、参考文献

GB/T 7714—2005　文后参考文献著录规则

六、技术制图

GB/T 4457.2—2003　技术制图　图样画法　指引线和基准线的基本规定
GB/T 4457.4—2002　机械制图　图样画法　图线
GB/T 4458(所有部分)　机械制图
GB/T 14689—2008　技术制图　图纸幅面和格式
GB/T 14690—1993　技术制图　比例
GB/T 14691(所有部分)　技术产品文件　字体
GB/T 17450—1998　技术制图　图线
GB/T 17451—1998　技术制图　图样画法　视图
GB/T 17452—1998　技术制图　图样画法　剖视图和断面图
GB/T 17453—2005　技术制图　图样画法　剖面区域的表示法
GB/T 18686—2002　技术制图　CAD 系统用图线的表示
ISO 128(所有部分)　技术制图　一般表示原则
ISO 129(所有部分)　技术制图　尺寸和公差的表示方法

七、技术文件编制

GB/T 5094(所有部分)　工业系统、装置与设备以及工业产品　结构原则与参照代号
GB/T 6988(所有部分)　电气技术用文件的编制
GB/T 16679—1996　信号与连接线的代号
GB/T 17564(所有部分)　电气元器件的标准数据元素类型和相关分类模式
IEC 61355　设施、系统和设备的文件的分类和名称

八、符号、数字

GB/T 15834—1995　标点符号用法
GB/T 15835—1995　出版物上数字用法的规定

九、图形符号

GB/T 4728(所有部分)　电气简图用图形符号
GB/T 5465.2—2008　电气设备用图形符号　第 2 部分:图形符号
GB /T 10001(所有部分)　标志用公共信息图形符号
GB/T 15565(所有部分)　图形符号　术语
GB/T 16273(所有部分)　设备用图形符号

GB/T 16900—2008　图形符号表示规则　总则

GB/T 16901.1—2008　技术文件用图形符号表示规则　第1部分:基本规则

GB/T 16901.2—2000　图形符号表示规则　产品技术文件用图形符号　第2部分:图形符号(包括基准符号库中的图形符号)的计算机电子文件格式规范及其交换要求

GB/T 16902.1—2004　图形符号表示规则　设备用图形符号　第1部分:原形符号

GB/T 16902.2—2008　设备用图形符号表示规则　第2部分:箭头的形式和使用

GB/T 16903.1—2008　标志用图形符号表示规则　第1部分:公共信息图形符号的设计原则

GB/T 16903.2—2008　标志用图形符号表示规则　第2部分:测试程序

GB/T 20063(所有部分)　简图用图形符号

ISO 7000　设备用图形符号　索引和一览表

ISO 14617(所有部分)　简图用图形符号

十、极限、配合和表面特征

GB/T 131—2006　产品几何技术规范(GPS)技术产品文件中表面结构的表示法

GB/T 157—2001　产品几何量技术规范(GPS)圆锥的锥度与锥角系列

GB/T 1182—2008　产品几何技术规范(GPS)几何公差　形状、方向、位置和跳动公差标注

GB/T 1184—1996　形状和位置公差　未注公差值

GB/T 1800(所有部分)　极限与配合[ISO 286(所有部分)]

GB/T 1801—1999　极限与配合　公差带和配合的选择

GB/T 1804—2000　一般公差　未注公差的线性和角度尺寸的公差

GB/T 3505—2000　产品几何技术规范　表面结构　轮廓法　表面结构的术语、定义及参数

GB/T 4096—2001　产品几何量技术规范(GPS)棱体的角度与斜度系列

GB/T 4249—1996　公差原则

GB/T 15757—2002　产品几何量技术规范(GPS)表面缺陷　术语、定义及参数

GB/T 16671—1996　形状和位置公差　最大实体要求、最小实体要求和可逆要求

GB/T 18779(所有部分)　产品几何量技术规范(GPS)工件与测量设备的测量检验

GB/T 18780(所有部分)　产品几何量技术规范(GPS)几何要素

GB/T 19765—2005　产品几何量技术规范(GPS)产品几何量技术规范和检验的标准参考温度

十一、优先数

GB/T 321—2005　优先数和优先数系

GB/T 2471—1995　电阻器和电容器优先数系

GB/T 2822—2005　标准尺寸

GB/T 19763—2005　优先数和优先数系的应用指南

GB/T 19764—2005　优先数和优先数化整值系列的选用指南

IEC 指南 103　配合尺寸的指南(Guide on dimensional coordination)

十二、统计方法

GB/T 2828(所有部分)　计数抽样检验程序

GB/T 2829—2002　周期检验计数抽样程序及表(适用于对过程稳定性的检验)

GB/T 3358(所有部分) 统计学术语
GB/T 6378(所有部分) 计量抽样检验程序
GB/T 6379(所有部分) 测量方法与结果的准确度(正确度与精密度)
GB/T 13262—2008 不合格品百分数的计数标准型一次抽样检验程序及抽样表
GB/T 13264—2008 不合格品百分数的小批计数抽样检验程序及抽样表
GB/T 13393—2008 验收抽样检验导则
其他有关统计方法的国家标准见国家标准目录。

十三、环境状况及有关试验

GB/T 20877—2007 电工产品标准中引入环境因素的导则
ISO 554 条件和(或)测试的标准大气 规范
ISO 558 条件和测试 标准大气 定义
ISO 3205 优先试验温度
ISO 4677-1 条件和测试的大气 相对湿度的确定 第1部分:通风干湿表法
ISO 4677-2 条件和测试的大气 相对湿度的确定 第2部分:涡流干湿表法
IEC 指南 106 规定设备性能等级环境条件的指南
有关环境状况及有关试验的国家标准见国家标准目录。

十四、安全

GB/T 16499—2008 安全出版物的编写及基础安全出版物和多专业共用安全出版物的应用导则

十五、电磁兼容(EMC)

GB/Z 18509—2001 电磁兼容 电磁兼容标准起草导则

十六、符合性和质量

GB/T 19000—2008 质量管理体系 基础和术语
GB/T 19001—2008 质量管理体系 要求
GB/T 19004—2000 质量管理体系 业绩改进指南
GB/T 27050.1—2006 合格评定 供方的符合性声明 第1部分:通用要求
GB/T 27050.2—2006 合格评定 供方的符合性声明 第2部分:支持性文件
ISO/IEC 指南 23 第三方认证体系标示符合标准的方法
IEC 指南 102 电子元器件 质量评定(鉴定批准和能力批准)用规范结构

十七、企业标准化

GB/T 15496—2003 企业标准体系 要求
GB/T 15497—2003 企业标准体系 技术标准体系
GB/T 15498—2003 企业标准体系 管理标准和工作标准体系

十八、服务

GB 5296(所有部分) 消费品使用说明

GB 9969.1—2008　工业产品使用说明书　总则

GB/T 15624.1—2003　服务标准化工作指南　第1部分:总则

GB/T 16784—2008　工业产品售后服务　总则

十九、环境管理

GB/T 24040—2008　环境管理　生命周期评价　原则与框架

GB/T 24044—2008　环境管理　生命周期评价　要求与指南

附录三　与标准化有关的部分规范性文件目录

1. 中华人民共和国标准化法,1988 年 12 月 29 日
2. 国务院,中华人民共和国标准化法实施条例,1990 年 4 月 6 日
3. 国家技术监督局,中华人民共和国标准化法条文解释,1990 年 7 月 23 日
4. 国家技术监督局,国家标准管理办法,1990 年 8 月 24 日
5. 国家技术监督局,行业标准管理办法,1990 年 8 月 24 日
6. 国家技术监督局,企业标准化管理办法,1990 年 8 月 24 日
7. 国家技术监督局,全国专业标准化技术委员会章程,1990 年 8 月 24 日
8. 国家技术监督局,地方标准管理办法,1990 年 9 月 6 日
9. 国家技术监督局,关于进一步加强行业标准备案工作的通知,1996 年 9 月 4 日
10. 国家技术监督局,采用快速程序制定国家标准的管理规定,1998 年 1 月 8 日
11. 国家质量技术监督局,国家标准英文版翻译出版工作管理暂行办法,1998 年 4 月 22 日
12. 国家质量技术监督局标准化司,关于规范使用标准代号的通知,1998 年 11 月 18 日
13. 国家质量技术监督局,国家标准化指导性技术文件管理规定,1998 年 12 月 24 日
14. 国家质量技术监督局,关于规范使用国家标准和行业标准代号的通知,1999 年 8 月 24 日
15. 国家质量技术监督局,国家标准英文版翻译指南,2000 年 2 月 12 日
16. 国家质量监督检验检疫总局,采用国际标准管理办法,2001 年 11 月 21 日
17. 国家标准化管理委员会,关于加强强制性标准管理的若干规定,2002 年 3 月 7 日

附录四 与行业标准和地方标准有关的信息

附表 4-1 中华人民共和国行业标准情况

序号	标准类别	标准代号	批准发布部门	标准制定部门
1	林业	LY	国家林业局	国家林业局
2	纺织	FZ	国家发改委	中国纺织工业协会
3	医药	YY	国家食品药品监督管理局	国家食品药品监督管理局
4	烟草	YC	国家烟草专卖局	国家烟草专卖局
5	有色冶金	YS	国家发改委	中国有色金属工业协会
6	地质矿产	DZ	国土资源部	国土资源部
7	土地管理	TD	国土资源部	国土资源部
8	海洋	HY	国家海洋局	国家海洋局
9	档案	DA	国家档案局	国家档案局
10	商检	SN	国家质量监督检验检疫总局	国家认证认可监督管理委员会
11	国内贸易	SB	商务部	商务部
12	稀土	XB	国家发改委稀土办公室	国家发改委稀土办公室
13	城镇建设	CJ	建设部	建设部
14	建筑工业	JG	建设部	建设部
15	卫生	WS	卫生部	卫生部
16	物资管理	WB	国家发改委	中国物流与采购联合会
17	公共安全	GA	公安部	公安部
18	包装	BB	国家发改委	中国包装工业总公司
19	旅游	LB	国家旅游局	国家旅游局
20	气象	QX	中国气象局	中国气象局
21	供销	GH	中华全国供销合作总社	中华全国供销合作总社
22	粮食	LS	国家粮食局	国家粮食局
23	体育	TY	国家体育总局	国家体育总局
24	农业	NY	农业部	农业部
25	水产	SC	农业部	农业部
26	水利	SL	水利部	水利部
27	黑色冶金	YB	国家发改委	中国钢铁工业协会
28	轻工	QB	国家发改委	中国轻工业联合会
29	民政	MZ	民政部	民政部
30	教育	JY	教育部	教育部
31	石油天然气	SY	国家发改委	中国石油和化学工业协会

附表 4-1（续）

序号	标准类别	标准代号	批准发布部门	标准制定部门
32	海洋石油天然气	SY(10000 号以后)	国家发改委	中国海洋石油总公司
33	化工	HG	国家发改委	中国石油和化学工业协会
34	石油化工	SH	国家发改委	中国石油和化学工业协会
35	兵工民品	WJ	国防科学工业委员会	中国兵器工业总公司
36	建材	JC	国家发改委	中国建筑材料工业协会
37	测绘	CH	国家测绘局	国家测绘局
38	机械	JB	国家发改委	中国机械工业联合会
39	汽车	QC	国家发改委	中国机械工业联合会
40	民用航空	MH	中国民航管理总局	中国民航管理总局
41	船舶	CB	国防科学工业委员会	中国船舶工业总公司
42	航空	HB	国防科学工业委员会	中国航空工业总公司
43	航天	QJ	国防科学工业委员会	中国航天工业总公司
44	核工业	EJ	国防科学工业委员会	中国核工业总公司
45	铁道	TB	铁道部	铁道部
46	劳动和劳动安全	LD	劳动和社会保障部	劳动和社会保障部
47	交通	JT	交通部	交通部
48	电子	SJ	信息产业部	信息产业部
49	通信	YD	信息产业部	信息产业部
50	广播电影电视	GY	国家广播电影电视总局	国家广播电影电视总局
51	电力	DL	国家发改委	国家发改委
52	金融	JR	中国人民银行	中国人民银行
53	文化	WH	文化部	文化部
54	环境保护	HJ	国家环境保护总局	国家环境保护总局
55	新闻出版	CY	国家新闻出版总署	国家新闻出版总署
56	煤炭	MT	国家发改委	中国煤炭工业协会
57	地震	DB	中国地震局	中国地震局
58	海关	HS	海关总署	海关总署
59	邮政	YZ	国家邮政局	国家邮政局
60	中医药	ZY	国家中医药管理局	国家中医药管理局
61	安全生产	AQ	国家安全生产管理局	
62	文物保护	WW	国家文物局	

资料来源：国家标准化管理委员会网站（http://www.sac.gov.cn/templet/default/ShowArticle.jsp?id=4660）

附表 4-2　省、自治区、直辖市行政区划代码表

名称	代码	名称	代码
北京市	110000	湖南省	430000
天津市	120000	广东省	440000
河北省	130000	广西壮族自治区	450000
山西省	140000	海南省	460000
内蒙古自治区	150000	重庆市	500000
辽宁省	210000	四川省	510000
吉林省	220000	贵州省	520000
黑龙江省	230000	云南省	530000
上海市	310000	西藏自治区	540000
江苏省	320000	陕西省	610000
浙江省	330000	甘肃省	620000
安徽省	340000	青海省	630000
福建省	350000	宁夏回族自治区	640000
江西省	360000	新疆维吾尔自治区	650000
山东省	370000	台湾省	710000
河南省	410000	香港特别行政区	810000
湖北省	420000	澳门特别行政区	820000

附录五　标准编排格式示例

标准编排格式示例如下。

ICS ××.×××
×××

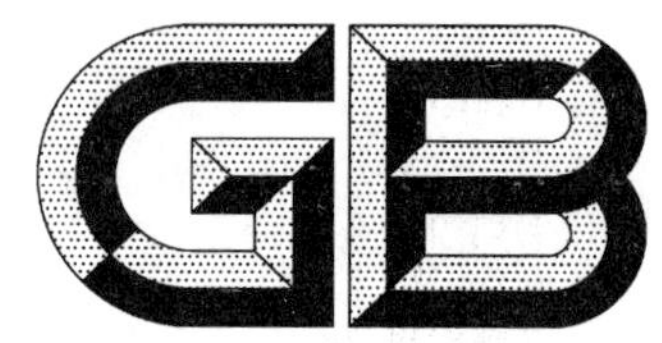

中华人民共和国国家标准

GB/T ×××××.1—20××
代替 GB/T ×××××.1—2001

×××××××
第1部分：××××××××××

××××××××××××××××××××——
Part 1：××××××××××××××××××××××

（ISO ××××：2006，×××××××××××××××××——
Part 1：××××××××××××××××××××××，MOD）

20××-××-××发布　　　　20××-××-××实施

中华人民共和国国家质量监督检验检疫总局
中国国家标准化管理委员会　发布

GB/T ×××××.1—20××

目　　次

GB/T ×××××.1—20××

前　　言

GB/T ×××××《××××××××》分为三个部分：

——第 1 部分：×××××××××××；

——第 2 部分：××××××××；

——第 3 部分：××××××。

本部分为 GB/T ×××××的第 1 部分。

本部分按照 GB/T 1.1—2009 给出的规则起草。

本部分代替 GB/T ×××××.1—2001《×××××××　第 1 部分：××××××××××》，与 GB/T ×××××.1—2001 相比主要技术变化如下：

——关于×××××××的规则修改为：×××××××××××××××××××××（见×.×.×，2001 年版的×.×.×）；

——增加了××××××××（见×.×.×）；

——修改了×××××××××××××（见×.×.×，2001 年版的×.×.×）；

——增加了××××××××××××××××（见第×章）；

——删除了×××××××××××（2001 年版的×.×.×）；

——增加了×××××××××（见附录×）。

本部分使用重新起草法修改采用 ISO ××××:2006《×××××××　第 1 部分：×××××××××××》。

本部分与 ISO ××××:2006 相比，在结构上增加了一条，即 7.3.2。

本部分与 ISO ××××:2006 的技术性差异及其原因如下：

——××；

——××；

——××；

——××。

本部分还做了下列编辑性修改：

——在附录 A 中，删除 ISO ××××:2006 的资料性附录 A 中的 A.2.5；

——增加了资料性附录 C“××××××××××”；

——删除 ISO ××××:2006 的资料性附录 C“×××××”。

本部分由全国××××××××标准化技术委员会(SAC/TC ×××)归口。

本部分起草单位：中国×××研究院、中国×××××标准化研究所、×××××××××研究院、××××××××××、×××××××××。

本部分主要起草人：×××、×××、××、×××、××。

本部分于1988年4月首次发布，1995年1月第一次修订，2001年11月第二次修订，本次为第三次修订。

GB/T ×××××.1—20××

引　言

××。

×××。

GB/T ×××××.1—20××

×××××××
第1部分:××××××××××

1 范围

GB/T ×××××的本部分规定了××。

本部分适用于×××。

2 规范性引用文件

下列文件对于本文件的应用是必不可少的。凡是注日期的引用文件,仅注日期的版本适用于本文件。凡是不注日期的引用文件,其最新版本(包括所有的修改单)适用于本文件。

GB/T ××× ××××××××××××××××××××××(GB/T ×××—××××,eqv ISO ×××:××××)

GB/T ×××× ××××××××××××(GB/T ××××—××××,ISO ××××:××××,MOD)

GB/T ×××××.1—×××× ××××××× 第1部分:××××××××××××××××××××××(ISO ××××-1:××××,IDT)

3 术语和定义

下列术语和定义适用于本文件。

3.1

×××××　××××

××。

3.2

×××××××× ××××× ×××××××

××。

3.3

×××××× ×××××××

GB/T ×××××.1—20××

　　×××。

4　符号

下列符号适用于本文件。

b ——××××××××××××。

D ——×××××××。

d ——××××××。

d_e ——×××××××××。

m_d ——×××××××××××××××。

m_1 ——××××××××××。

s ——×××××××××××××××××××××。

5　标题

5.1　标题

5.1.1　×××[1]。

5.1.2　××。

5.2　标题

　　×××。

　　×××××××××××××××××××××：

a) ××。

b) ×××××××××××××××××××××××××××××××××：

   1) ×××××××××××××××××××××××××××××××××××××；

   2) ××。

---

1) ××。

GB/T ×××××.1—20××

5.3　标题

××××××××××××××××××××××××××××××××××××××
××[2)]×××××××××××××××××××××××××××××××××××××
×××××××××××××××××××。

注：×××。

6　标题

6.1　标题

6.1.1　标题

××××××××××××××××××××××××××××××××××××××
××
×××××××××××××××××××[3)]。

6.1.2　标题

××××××××××××××××××××××××××××××××××××××
×××××××××××××××××。

注1：××。

注2：××。

6.2　标题

××××××××××××××××××××××××××××××××××××××
××
××
××
××××××××××××××××××××××××。

注1：×××。

---

2)　××。

3)　××。

GB/T ×××××.1—20××

　　×××。

注2：××。

6.3 标题

6.3.1 ××。

6.3.2 ××。

示例：××。

6.4 标题

6.4.1 ×××。

　　××××××××××××××××××××××××××××××××××：

——××。

——××××××××××××××××××××××××××××：

- ××；
- ×××。

——×××。

6.4.2 ××。

示例1：×××。

示例2：××。

GB/T ×××××.1—20××

6.5 标题

××。

××。

××。

关于单位的陈述

段(可包含要求)

注：图注的内容

[a] 图的脚注的内容

[b] 图的脚注的内容

图 × 图题

7 标题

7.1 标题

×××。

$$x = \frac{y}{z} \qquad (1)$$

式中：

x ——××××××××××××××；

y ——××××××××；

z ——××××××××××。

××。

GB/T ×××××.1—20××

7.2 标题

××。

表× 表题

单位为毫米

类型	长度	内圆直径	外圆直径
	l_1[a]	d_1	
	l_2	d_2[b]	

段(可包含要求)

注 1：表注的内容

注 2：表注的内容

[a] 表的脚注的内容

[b] 表的脚注的内容

7.3 标题

7.3.1 标题

×××。

7.3.2 标题

×××。

××。

GB/T ×××××.1—20××

附　录　A
（资料性附录）
×××××

A.1　标题

××××××××××××××××××××××××××××××××××××××
×××××××××××××××××××××××××××。

A.2　标题

××××××××××××××××××××××××××××××××××××××
××
××
××。

××××××××××××××××××××××××××××××××××××××
××
××
××。

…………

GB/T ×××××.1—20××

附 录 B
（规范性附录）
×××××××××××

B.1 标题

B.1.1 标题

××[4]。

B.1.2 标题

×××。

B.1.3 标题

××。

×××。

××。

B.1.4 标题

××。

B.1.5 标题

B.1.5.1 ×××××××××××××××××××××××××。

B.1.5.2 ××××××××××××××××××××××××××××××。

B.2 标题

B.2.1 标题

××××××××××××××××××××××××××××××××××××××

4） ××。

GB/T ×××××.1—20××

××。

…………

GB/T ×××××.1—20××

附 录 C

（资料性附录）

×××××××××××

C.1 标题

C.1.1 标题

××。

C.1.2 标题

××。

C.1.3 标题

…………

GB/T ×××××.1—20××

参 考 文 献

[1] GB/T ××× ×××××××××

[2] GB/T ××××(所有部分) ×××××

[3] GB ××××(所有部分) ×××××××××

[4] GB ××××.1 ×××××××××× 第1部分:××

[5] GB/T ××××× ××××××××××××××

[6] GB/T ××××× ××××××× ×××××

[7] GB/T ×××××.2—2008 ××××××××× 第2部分:××××××××××

[8] ISO ××××:1999 ××××××××××××××××××××××××××××××

[9] ISO/IEC Directives—Part ×:2001 ×××××××××××××××××××××××××××××××××××××

[10] ISO/IEC Guide ××:2006 ×××

[11] ISO/IEC Guide ××:1999 ××

[12] IEC Guide 102 ×××××××××××××××××××××××××××

GB/T ×××××.1—20××

索　引

A

B

C

附录六 “标准编写模板 TCS 2009”使用指南

为了便于标准编写人员编写符合 GB/T 1.1 规定的标准，在 GB/T 1.1 修订的同时我们启动了“标准编写模板 TCS 2009”(以下简称 TCS 2009)的研发工作。TCS 2009 符合 GB/T 1.1—2009《标准化工作导则 第 1 部分：标准的结构和编写》的新规定，并且适应相关办公软件的升级需求。

一、TCS 2009 的新特点

目前，标准编写人员普遍使用 TDS 2.0 编写软件编写各类标准。TCS 2009 与 TDS 2.0 相比，具有以下新的特点：

(一) 适应多个版本的办公自动化软件

TCS 2009 能够自动选择 Word 版本，选择的顺序依次是 MS Word 2007、MS Word 2003。如果您的系统安装了 MS Word 2007，则优先启用 Word 2007 打开，否则使用 MS Word 2003 打开。如果上述两个版本的 MS Word 都没有安装，系统会提示您安装 MS Word 2007。

(二) 符合 GB/T 1.1—2009 对标准编写的新规定

为了使我国标准的编写形式更加清晰，便于查找阅读，GB/T 1.1—2009 对标准的编排格式进行了调整，如调整了“章标题”、“条标题”、“图的编号和图题”、“表的编号和表题”的前后空行的规定；对目次中显示的标准中不同层次的要素是否退格做出了要求等。按照 TCS 2009 编写的标准完全符合 GB/T 1.1—2009 的新规定。

(三) 良好的用户操作界面

TCS 2009 的界面设计更加友好，如添加封面的操作、菜单的使用等都更加方便，尤其是开发了常用的标准编写工具，设计了直观的图标，用户可以轻松自如地完成标准的编写工作。

(四) 新增多个功能

1. 排版打印

TCS 2009 提供了“双面排版”的新功能，这样可使用户自主选择“单面排版”或“双面排版”。另外 TCS 2009 还加入“打印预览”和“打印”的操作，这样能够让用户在打印之前预览到文件的编辑情况，并打印出符合规定的标准文本。

2. 表格

TCS 2009 增加了“插入表格”的功能。用户只需点击相应的菜单条，即可插入符合规定的表格，免去了用户自行按照 GB/T 1.1—2009 的规定设计不同的表格框线。

3. 公式

公式是 TCS 2009 新增的内容，同时提供了与公式有关的“插入公式”、“公式编号”、“更新公式编号”等三项功能。

4. 索引

索引是 TCS 2009 新增的功能。用户根据需要，可以方便地标记索引项，并实现在索引页面上自动生成符合规定的索引。

（五）改进了某些功能

1. 封面

TCS 2009 的封面编辑界面更加友好，给予用户更加简洁的感受。封面中凡是需要填写内容的位置大多有相应的提示，大大降低了用户的操作复杂度。用户只需要在灰色区域中点击鼠标左键，即可进行相应内容的填写。

2. 目次

TCS 2009 的目次有两点改进。一是界面更加友好，用户的选择更加直观，并且引入了自动向上勾选的功能，即当用户选定“三级条标题”后，三级以上的标题都会自动勾选，这样省去了用户多次点击选择的繁琐。二是实现了自动过滤“无标题条”，使得添加和更新目次时，“无标题条”不会在目次中出现，极大地方便了标准编写者。

3. 附录

TCS 2009 提供了更加简化的添加附录的功能。用户只需选择附录性质并输入附录标题后，就可根据光标的位置自动判断需要插入附录的位置，并自动添加附录编号。

4. “样式”能够自动识别正文和附录

TCS 2009 提供的样式，凡是在正文和附录中需要有所区别的，都能够识别正文和附录，从而根据光标所在的位置，自动设置相应的样式，例如：章标题、条标题、无标题条、图标题、表标题、公式编号等。这一功能的改进免去了分别对正文和附录设置不同的样式，大大减少了用户在菜单中寻找的繁琐，简化了用户的操作。.

二、安装与运行环境

TCS 2009 的运行环境和安装方法如下。

（一）运行环境

1. 硬件环境

——主机为 PC 机，最低配置 Pentium 100；

——1024×768 及以上分辨率，16 位色以上显示卡；

——内存 16M 以上，建议 32M，最好 64M 以上；

——硬盘剩余空间 100M 以上。

2. 软件环境

——中文版 Windows2000、WindowsXP、Windows2003 操作系统；

——文字编辑软件 MS Word 2007 或 MS Word 2003。

（二）安装 TCS 2009

插入 TCS 2009 光盘，即可自动运行 TCS 2009 安装程序，请按照安装向导的提示，逐步完成安装过程。当安装完成后，安装程序会在桌面上以及开始菜单中自动创建启动 TCS 2009 的快捷方式。

请注意：

① 如果在安装过程中出现文件更新或其他提示，请务必按照提示要求进行操作，例如，可能提示您重新启动计算机。

② 如果要卸载 TCS 2009，请不要手工删除，务必使用“控制面板”中的“添加或删除程序”工具自动卸载。

三、系统功能简介

TCS 2009 主要分为以下三大功能模块。

（一）要素及排版

该模块主要用于自动添加标准文本中以下相对独立的要素：

——封面；

——目次；

——前言；

——引言；

——附录；

——参考文献；

——索引（包括标记索引项、删除索引项）。

同时，该模块还提供了以下功能：

——另存为；

——双面排版；

——打印预览；

——打印；

——保护 TCS 文件；

——取消 TCS 文件保护。

（二）层次标题样式

该模块主要用于实现以下各层次标题样式的设定：

——章标题；

——条标题(共五级)；

——无标题条(共五级)；

——段；

——列项(不带编号列项和带编号列项各三级)。

（三）要素内容样式

该模块主要用于完成以下各类要素内容样式的设定：

——示例；

——示例×；

——首示例×；

——示例内容；

——条文注；

——条文注×；

——首条文注×；

——图表注；

——图表注×；

——首图表注×；

——条文脚注；

——图表脚注；

——首图脚注；

——图标题；

——表标题；

——插入表格；

——插入公式；

——公式编号；

——更新公式编号。

四、使用方法

TCS 2009 的使用方法如下。

（一）启动或退出 TCS 2009

1. 启动

如果正确安装好了 TCS 2009，安装程序会自动在桌面上创建启动 TCS 2009 的快捷方式，另外在“开始”菜单中也有 TCS 2009 的启动路径。

TCS 2009 启动之后，屏幕上将出现如附图 6-1 所示的主界面。同时，屏幕右下角会出现如附图 6-2 所示的 TCS 2009 图标。

附图 6-1

附图 6-2

2. 退出

如果需要退出 TCS 2009，在屏幕上已经显示附图 6-1 所示的主界面的情况下，您只需点击附图 6-1 中的“退出”按钮即可。

当屏幕上没有显示附图 6-1 所示的主界面，您需要先点击附图 6-2 所示的图标，然后再点击附图 6-1 中的“退出”按钮。

请注意：只有在新建或打开的 TCS 文件全部关闭后才能退出 TCS 2009。如果在没有关闭 TCS 文件的情况下退出，系统会给出相应的提示。

（二）显示或隐藏 TCS 2009 主界面

1. 显示

为了显示 TCS 2009 主界面，您只需用鼠标左键单击屏幕右下角的 TCS 2009 图标（如附图 6-2 所示）即可。

2. 隐藏

如需隐藏 TCS 2009 主界面，您可以点击附图 6-1 中的“隐藏”按钮，也可以用鼠标右键点击屏幕右下角的 TCS 2009 图标（如附图 6-2 所示），在弹出式菜单中选择“隐藏界面”菜单栏。

（三）新建或打开 TCS 文件

1. 新建 TCS 文件

如果需要编写一个新的标准，则应进行新建 TCS 文件的操作。新建 TCS 文件时，您必须通过附图 6-1 所示的主界面进行，否则将无法使用 TCS 2009 所提供的功能。

点击附图 6-1 中的“新建”按钮，屏幕上会弹出“新建 TCS 文件”窗口。请您在该窗口的“文件名”中输入文件的名称后，按“保存”按钮，屏幕上将出现标准首页的主要内容，如附图 6-3 所示。

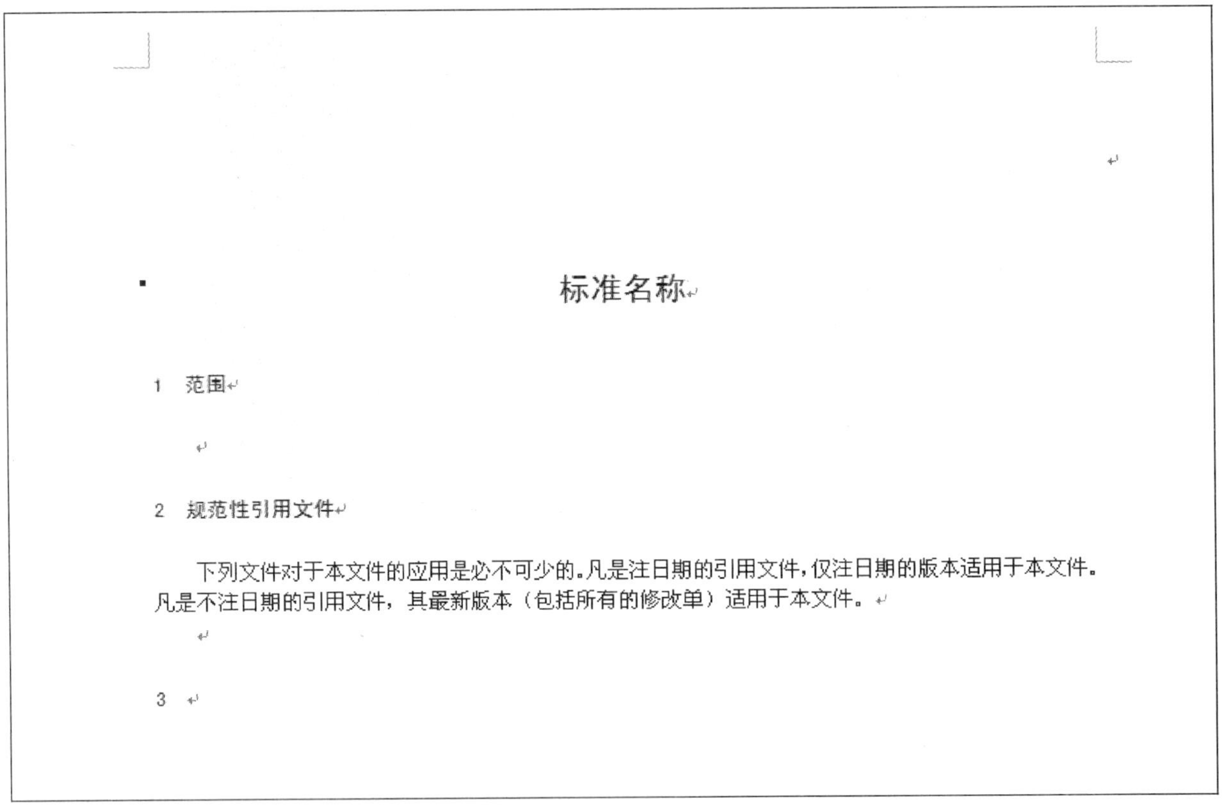

标准名称

1 范围

2 规范性引用文件

下列文件对于本文件的应用是必不可少的。凡是注日期的引用文件，仅注日期的版本适用于本文件。凡是不注日期的引用文件，其最新版本（包括所有的修改单）适用于本文件。

3

附图 6-3

TCS 2009 自动设定了标准文件首页框架。在此框架下，您可以根据所编写标准的内容，在章标题“范围”和“规范性引用文件”下的空白处输入相应的内容。您可以视编写标准的实际需要确定是否保留第 2 章（建议在标准文件最后定稿后再决定是否保留第 2 章）。

请注意：为了避免操作不当而造成错误，建议您在首页顶行的“标准名称”处不进行任何操作，因为当您添加封面并在其中的“标准名称”处输入了标准名称后，TCS 2009 将在首页的“标准名称”位置自动添加与封面相同的标准名称。

当标准名称需要多行显示时，应在需要回行的位置使用软回车操作（即同时按下 Shift 键和 Enter 键），而不应使用硬回车操作（即只按 Enter 键）。

编写标准文本的其他内容，请您利用下文（四）中介绍的 TCS 菜单栏的使用方法。

2. 打开 TCS 文件

如需打开 TCS 文件，您需要通过附图 6-1 所示的主界面进行打开操作，这时屏幕上会弹出“打开 TCS 文件”窗口，请选择好所要打开的 TCS 文件，然后按“打开”按钮即可。

您还可以通过点击“我的文档”、“我的电脑”等途径打开 TCS 文件。

请注意：在没有安装 TCS 2009 的情况下，也可以通过 Word 打开 TCS 文件，但此时无法正常使用 TCS 2009 所提供的功能。

（四）TCS 2009“菜单栏”的使用方法

在 Word 2003 中，新建或打开 TCS 文件后，在菜单栏中会看到 TCS 的“操作菜单栏”（见附

图 6-4 最上面一行左面 3 个菜单），在快捷按钮区域会看到 TCS 的“快捷工具栏”（见附图 6-4 中第 2 行至第 4 行）；在 Word 2007 中，新建或打开 TCS 文件后，请点击“加载项”功能区，您会看到“操作菜单栏”（见附图 6-5 的最左侧区域）和“快捷工具栏”（见附图 6-5 的右侧区域）。

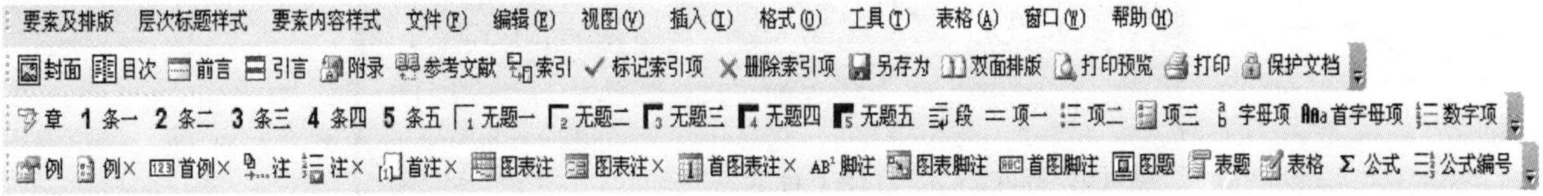

要素及排版 层次标题样式 要素内容样式 文件(F) 编辑(E) 视图(V) 插入(I) 格式(O) 工具(T) 表格(A) 窗口(W) 帮助(H)
封面 目次 前言 引言 附录 参考文献 索引 标记索引项 删除索引项 另存为 双面排版 打印预览 打印 保护文档
章 1 条一 2 条二 3 条三 4 条四 5 条五 无题一 无题二 无题三 无题四 无题五 段 项一 项二 项三 字母项 首字母项 数字项
例 例× 首例× 注 注× 首注× 图表注 图表注× 首图表注× 脚注 图表脚注 首图脚注 图题 表题 表格 公式 公式编号

附图 6-4

开始 插入 页面布局 引用 邮件 审阅 视图 开发工具 加载项
要素及排版 层次标题样式 要素内容样式
封面 目次 前言 引言 附录 参考文献 索引 标记索引项 删除索引项 另存为 双面排版 打印预览 打印 保护文档
章 1 条一 2 条二 3 条三 4 条四 5 条五 无题二 无题三 无题四 无题五 段 项一 项二 字母项 首字母项 数字项
例 例× 首例× 注 注× 首注× 图表注 图表注× 首图表注× 脚注 图表脚注 首图脚注 图题 表题 表格
菜单命令
自定义工具栏

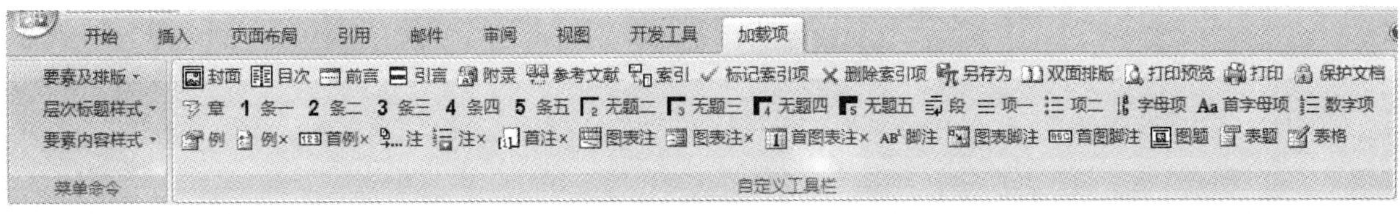

附图 6-5

在操作菜单栏上提供了“下拉菜单”，在快捷工具栏中提供了下拉菜单中常用的“快捷工具按钮”。下面从如何使用菜单栏中的“下拉菜单”的角度介绍 TCS 2009 的功能，这些功能中的大部分常用功能都能够通过“工具栏”中的“快捷工具按钮”来实现。

1. “要素及排版”菜单

在编写标准的过程中，您可以利用 TCS 2009 提供的“要素及排版”菜单栏中提供的各项下拉菜单（见附图 6-6）轻松完成相关内容的编写工作。

要素及排版
封面
目次
前言
引言
附录
参考文献
索引
标记索引项
删除索引项
另存为
双面排版
打印预览
打印
保护TCS文件
取消TCS文件保护

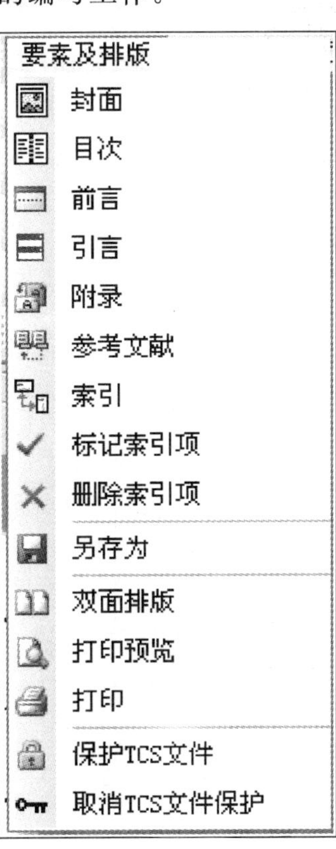

附图 6-6

(1) 封面

如果选择了“封面”菜单条，则会出现如附图 6-7 所示的窗口。

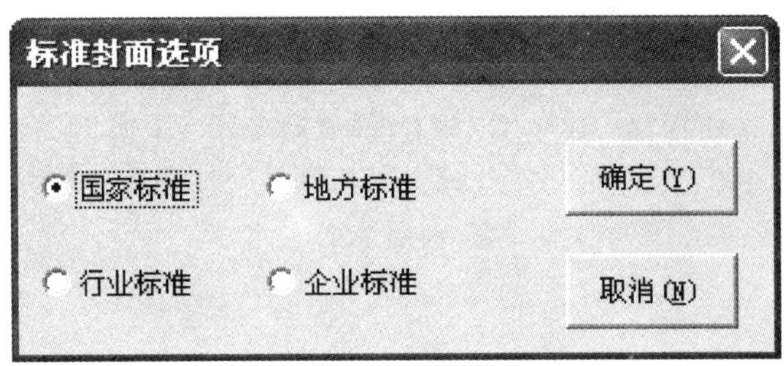

附图 6-7

在如附图 6-7 所示的窗口中，您可根据需要选择所要添加的标准封面是“国家标准”还是“行业标准”、“地方标准”或“企业标准”。按“确定”按钮则会根据您的选择在所编写的标准文件最前面添加如附图 6-8、附图 6-9、附图 6-10 或附图 6-11 所示的标准封面。

封面添加完毕后，TCS 2009 会自动添加终结线并在每页添加以标准编号为内容的书眉。

附图 6-8

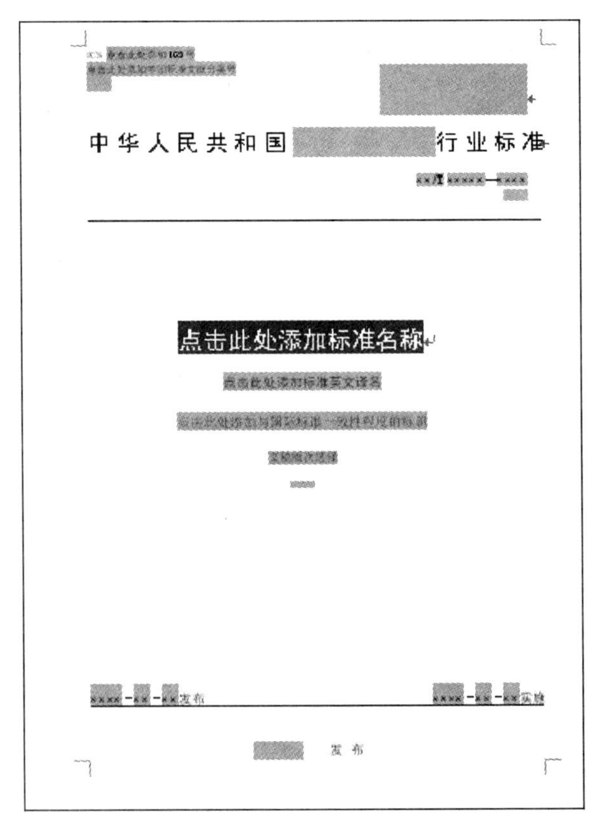

附图 6-9

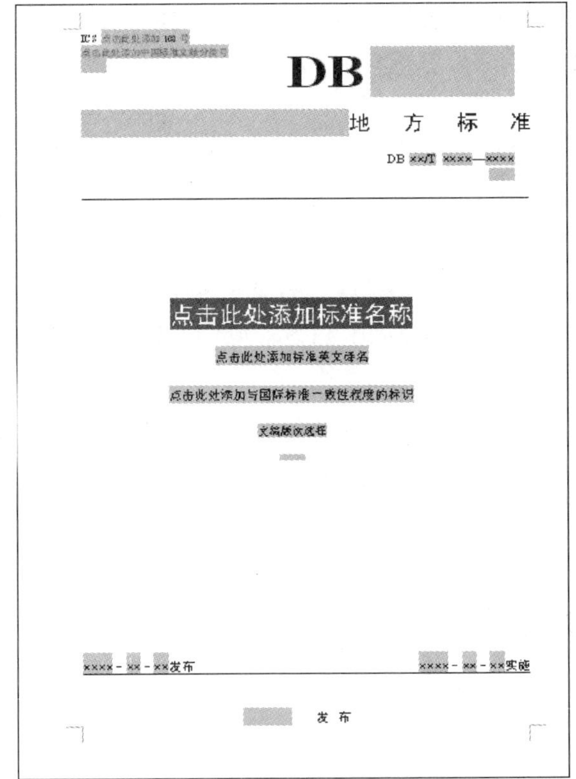

附图 6-10

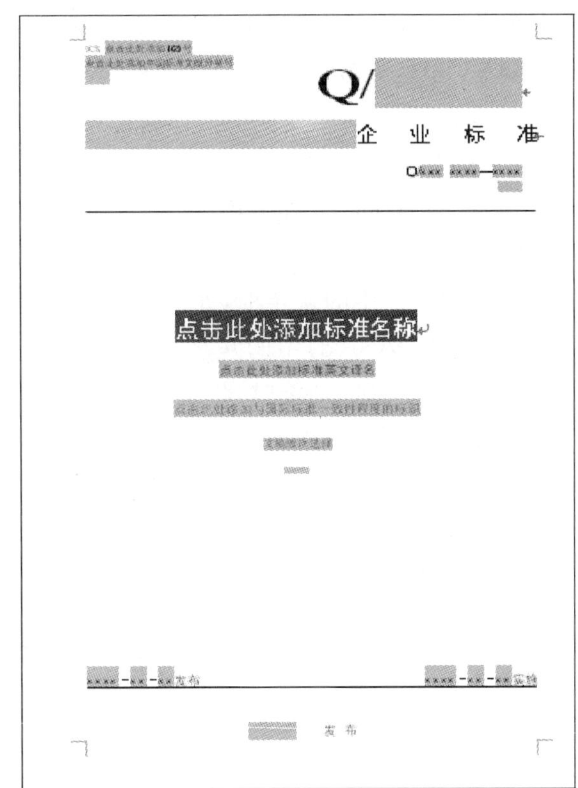

附图 6-11

在相应的封面中，您可点击页面中具有灰色底纹的部分，并输入相应的内容。封面中具有灰色底纹的部分共分四种情况：

(a) 显示“×××”的灰色框

点击后“×××”将会消失，请在相应的位置按照规定输入“标准编号”或标准的“发布日期”、“实施日期”。

(b) 显示“点击此处添加……”的灰色框

当点击这类灰色框时，“点击此处添加……”等字将会消失，请输入相应的内容。例如：如果点击“点击此处添加 ICS 号”，当相应的文字消失并变成灰色输入框时，则可在此处输入相应的 ICS 号。

(c) 显示“文稿版次选择”的下拉框

当点击封面中间部位显示“文稿版次选择”的下拉框时，您可根据需要在下拉条目中选择“(工作组讨论稿)”、“(征求意见稿)”、“(送审讨论稿)”、“(送审稿)”或“(报批稿)”。如不需要给出标准草案的版次，则不点击“文稿版次选择”下拉框或点击后仍选择下拉条目中的“文稿版次选择”条目。这种情况下，可实现不给出文稿的版次，在后期的“打印”处理中，此项内容不会在最终打印稿中出现。

(d) 没有显示任何内容的灰色框

“文稿版次选择”下方的灰色框为填写本稿完成日期的位置，点击后会出现“(本稿完成日期：)”的字样，您可以在其后填写相应的日期。如果您不想提供时间信息，则可不填写任何内容。

“标准编号”下方的灰色框为被代替的标准编号的位置，点击后会出现“代替”等字，您可以在后面输入被代替的标准编号。如没有被代替的标准，则无须填写任何内容。

对于行业标准、地方标准或企业标准，在封面上还会看到其他一些没有显示任何内容的灰色框：封面左上角的灰色框，点击后会显示“备案号：”，请在后面输入相应的备案号；在右上角的灰色框中请输入相应标准的“标准代号”或“企业代号”；在下面的灰色框中根据标准的具体情况，请输入“行业类别”、“地方名称”或“企业名称”等；在封面最下方的灰色框中请输入标准的“发布部门”或“发布单位”。

如果您在封面上添加或修改了“标准编号”或“标准名称”，TCS 2009 会自动更新各页书眉中的标准编号以及首页的标准名称。

请注意：

① 上述(a)中的灰色框，如果不输入任何内容，其中的“×××”将在打印时被打印出来。

② 上述(b)～(d)中的灰色框，如果没有输入任何内容，在使用 TCS 2009 提供的“打印”或“打印预览”功能时，将不显示或打印任何内容。

③ 封面中的“标准名称”、“标准英文译名”和“与国际标准的一致性程度标识”如果需要在特定的位置回行，以便多行显示，则应在需要回行的位置使用软回车操作。

(2)目次

选择“目次”菜单条后，会弹出如附图 6-12 所示窗口。

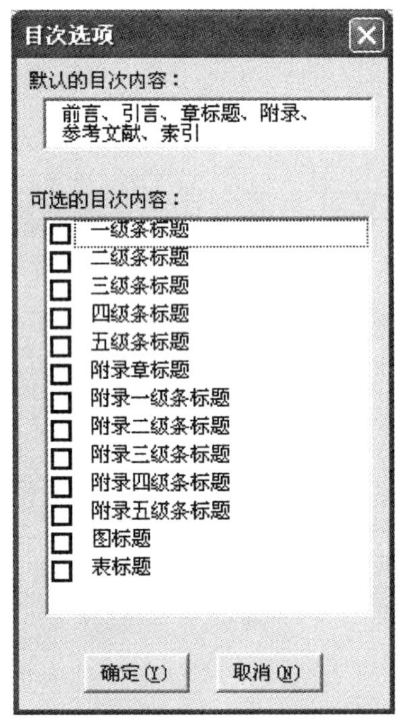

附图 6-12

如果在该窗口上不做任何操作，直接点击“确定”按钮，TCS 2009 自动按照“默认的目次内容”添加目次，并自动冠以“目次”标题。

如果您还需添加其他目次内容，请在“可选的目次内容”中进行选择。TCS 2009 提供了默认向上自动选择的功能，也就是如果选中了“五级条标题”，则它以上的目次项都会被勾选。这一功能同样适用于附录条标题。完成选择后按“确定”按钮，TCS 2009 自动按照“默认的目次内容”和“选择的目次内容”添加或更新目次。

当修改了标准文本的内容后，则可能需要更新目录。此时只需再次选择“要素及排版”菜单中的“目次”菜单条，这时系统会弹出对话框，询问“本文已经插入目次，是否修改目次？”当选择“是”后，即可轻松完成目次的更新工作，使目次反映最新的修改情况。

请注意：

① TCS 2009 具有识别“有标题条”和“无标题条”的功能，因此在添加和更新目次时，将自动

过滤“无标题条”，使其在目次中不被列出。

② 生成目次时，系统进行自动生成的过程中会出现进度条，以显示生成进度，请耐心等待。

(3) 前言、引言

选择“前言”、“引言”菜单条后，TCS 2009 会自动在标准前言或引言的相应位置添加标题“前言”或“引言”。您只需在该标题下的正文位置输入相应的内容即可。

(4) 附录

选择“附录”菜单条后，TCS 2009 会弹出如附图 6-13 所示的窗口。

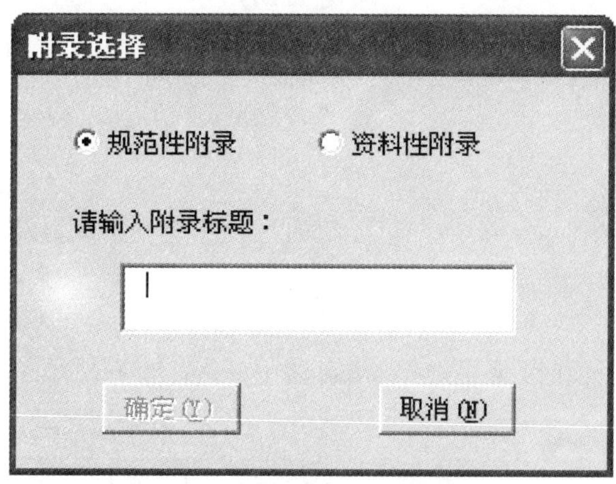

附图 6-13

您可根据所编附录的性质，在“附录选择”窗口内进行选择，缺省设置为“(规范性附录)”；在“请输入附录标题”处输入相应的附录标题。完成上述工作后，点击“确定”按钮，TCS 2009 将在相应的位置自动添加附录。

请注意：所添加的附录的位置取决于光标在文本中的位置。光标位于正文及正文之前的任何位置，则附录会自动添加在紧邻正文后的位置，并自动给予编号“附录 A”；光标位于任何一个附录中，则附录会自动添加在紧邻该附录之后的位置，并自动给予该附录之后的附录编号，如果原来在该附录后已有附录，则原有附录的编号会自动顺延。因此，请您根据这一规律，灵活添加所需的附录。

(5) 参考文献

选择“参考文献”菜单条后，TCS 2009 会在相应的位置以“参考文献”为标题生成参考文献。您只需在该标题下的相应位置输入有关的参考文献即可。

(6) 索引

选择“索引”菜单条后，TCS 2009 会在相应的位置以“索引”为标题生成索引。

TCS 2009 提供了除“术语标准”或“符号标准”之外的标准中编排索引的功能。通常在添加索引前需要“标记索引项”，待标记完成所有需要检索的内容后，再添加索引。如果未标记索引项就添加索引，则只能给出“索引”要素的标题，没有需要索引的内容。当然，在标记了索引项后，您还可以再次添加索引，这时 TCS 2009 会自动重新添加索引并更新索引内容。

请注意：生成索引时，系统在自动生成的过程中会出现进度条，以显示生成进度，请耐心等待。

(a) 标记索引项

添加索引内容时，需要先标记索引项，索引时将索引的词语与其对应的章、条、附录、图、表的编号之间建立索引关系，并且按照字母的升序排列。

标记索引项时，需要选择“标记索引项”菜单条，TCS 2009 将弹出如附图 6-14 所示的窗口。

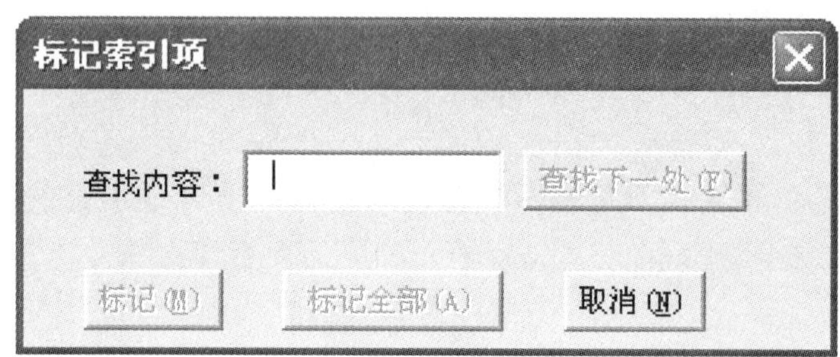

附图 6-14

请在“查找内容”中输入准备索引的词语。如果您只需要在文本的某些章条中标记该词语时，请点击“查找下一处”按钮，当光标选中想查找的词语时，点击“标记”按钮，这个词语就被标记为索引项。如果您想在全文中标记某个词语时，直接点击“标记全部”按钮，即可将该词语在全文中完成索引项的标记。

请注意：标记全部索引项时，系统在自动标记的过程中会出现进度条，以显示标记进度，请耐心等待。

(b) 删除索引项

当想删除文件中的索引项时，需要选择“删除索引项”菜单条，TCS 2009 将弹出如附图 6-15 所示的窗口。

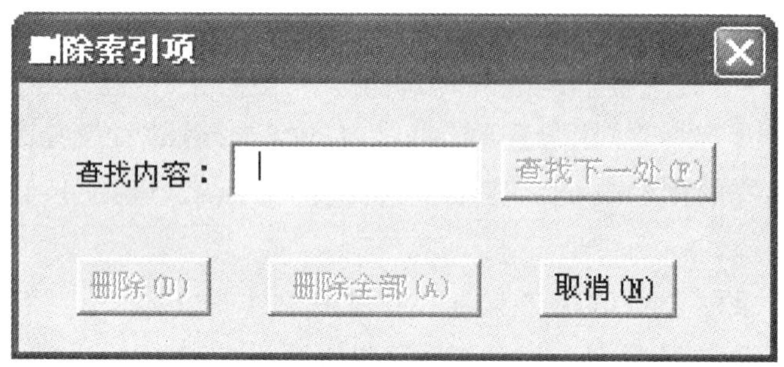

附图 6-15

请在“查找内容”中输入准备删除索引项标记的词语。可以通过“查找下一个”和“删除”按钮实现部分删除。如果您想一次性全部删除标记的索引项，也可以在输入查找内容后，点击“删除全部”。

删除索引项后，需要重新选择“索引”菜单条，以便更新索引内容。

(7) 另存

TCS 提供了另存功能，以便您将 tcs 文件另存为一份备份文件。另存的文件可选择 tcs 文件或 doc 文件。

(8) 双面排版

TCS 2009 默认所创建的标准文本为单面排版，当需要双面排版时，请选择“双面排版”菜单条。如果需要重新使用单面排版，请再次点击此菜单条即可实现文件的单面排版。

(9) 打印预览和打印

(a) 打印预览

当希望预览一下打印的效果时，请选择“打印预览”菜单条，此时您看到的是打印时的版面状况。

请注意：不应直接选择 Word 的“打印预览”菜单进行打印效果的预览，那样将不能预览出最终标准封面的打印效果。

(b) 打印

需要将 TCS 2009 创建的文件打印输出时，必须使用 TCS 2009 提供的打印功能。因为在打印时文件封面的某些内容不需要输出,所以专门开发了适用的打印功能,以便只输出需要的封面内容。

选择“打印”菜单条,即可按照正常的 Word 打印操作实现打印。

请注意:不应直接选择 Word 的“打印”菜单进行打印输出,那样标准的封面有可能不能正常打印。

(10) 文件保护

为了更好地控制封面的版式,TCS 2009 在添加封面的同时对文件进行了保护,使得封面中的某些内容不能编辑。在文件保护的情况下,Word 本身的某些功能也同时被屏蔽。为了便于用户正常使用 Word 功能,TCS 2009 增加了“取消 TCS 文件保护”的功能。

(a) 取消保护 TCS 文件

当文件处于保护的状态时,您可以选择“取消 TCS 文件保护”菜单条,这样可以正常使用 Word 功能。

请注意:取消保护后,请不要随意编辑封面中原固定的内容,以免造成封面版式的混乱。

(b) 保护 TCS 文件

当文件处于未被保护的状态时,如需重新对文件进行保护,请选择“保护 TCS 文件”菜单条,以便实现对封面的保护。在此状态下,封面中的灰色区域是可以进行编辑的,其他位置都处于保护状态。

2. “层次标题样式”菜单

在编写标准的过程中,您可以依靠 TCS 2009 提供的“层次标题样式”菜单栏中提供的各项下拉菜单(见附图 6-16),随时自动设置标准中各层次的标题样式,包括章、条、段、列项等。

附图 6-16

(1) 章标题

当需要将文本的某些内容设成章标题时,请选择“章标题”菜单条,TCS 2009 将自动生成相应的章标题格式,章的编号无须手工输入。

请注意：

① 当所编辑的页面处于正文时，选择“章标题”菜单条就会自动生成正文章标题编号，当所编辑的页面处于附录时，则会自动生成附录的章标题编号。

② “层次标题样式”菜单栏中的条标题、无标题条以及“要素内容样式”菜单（见附图 6-17）中的图标题、表标题和公式编号也同样能够自动分辨正文和附录，从而能够自动生成相应的样式。

（2）条标题

条标题样式共分 5 级。通过选择相应级别的“条标题”菜单条即可自动生成相应的条标题格式，条的编号无须手工输入。

（3）无标题条

无标题条是指没有标题但有条编号的条文。无标题条样式共分 5 级。通过选择相应级别的“无标题条”菜单条即可自动生成相应的无标题条格式，条的编号无须手工输入。

请注意：在自动生成目次时，无标题条不会在目次中显示。

（4）段

选择“段”菜单条即可生成段的格式。

（5）列项

（a）列项——（一级）

您只需选择“列项——（一级）”菜单条，TCS 2009 会自动在光标所在的行首插入“——”符号，并设定为一级列项格式。

（b）列项•（二级）

您只需选择“列项•（二级）”菜单条，TCS 2009 会自动在光标所在的行首插入“•”符号，并设定为二级列项格式。

（c）列项•（三级）

您只需选择“列项•（三级）”菜单条，TCS 2009 会自动在光标所在的行首插入“•”符号，并设定为三级列项格式。

（d）字母编号列项（一级）

您只需选择“字母编号列项（一级）”菜单条，TCS 2009 会自动在光标所在的行首插入“a）”、“b）”、“c）”等编号，并设定为一级字母编号列项的格式。

（e）首字母编号列项（一级）

当不同的章、条或段中有多个字母编号列项时，后面列项的字母编号将接续前面的字母编号。这时如果某个列项需要从 a）开始编号，则需要应用“首字母编号列项（一级）”。您只需选择“首字母编号列项（一级）”菜单条即可实现从 a）开始重新编号。

（f）数字编号列项（二级）

您只需选择“数字编号列项（二级）”菜单条，TCS 2009 会自动在光标所在的行首插入“1）”、“2）”、“3）”等编号，并设定为二级数字编号列项的格式。

（g）编号列项（三级）

您只需选择“编号列项（三级）”菜单条，TCS 2009 会自动在光标所在的行首插入“（1）”、“（2）”、“（3）”等编号，并设定为三级编号列项的格式。

请注意：

为了方便标准的编写，在设置“层次标题样式”的同时，进一步考虑了下一步将要进行的编写工作。

① 在编写“章标题”和各级“条标题”后，如您敲击“回车”，TCS 2009 自动将回车后光标所在位置设置为“段”的格式；

② 在编写各级“无标题条”后，如您敲击“回车”，TCS 2009 自动将回车后光标所在位置设置为本级的下一个“无标题条”；当您不输入任何内容，在无标题条的编号后紧跟着再次回车，TCS 2009 则自动将再次回车后光标所在位置设置为上一级“条标题”或“章标题”的格式；

③ 同样，在编写各类、各级“列项”后，如您敲击“回车”，TCS 2009 自动将回车后光标所在位置设置为同类、同级的下一个列项；在“二级列项”或“三级列项”符号或编号后不输入任何内容，紧跟着回车，TCS 2009 则自动将回车后光标所在位置设置为上一级列项的格式。

3. “要素内容样式”菜单

在编写标准的过程中，您可依据 TCS 2009 提供的“要素内容样式”菜单栏中提供的各项下拉菜单（见附图 6-17），随时自动设置标准中要素的内容样式，包括示例、注、脚注、图、表、公式等。

附图 6-17

（1）示例

（a）示例

当需要编写无编号的示例时，请您选择“示例”菜单条，TCS 2009 会自动在光标所处的行首插入“示例:”并设置相应的格式，您只需输入有关的示例内容即可。

（b）示例×

当需要编写带有编号的示例时，请您选择“示例×”菜单条，TCS 2009 会自动在光标所处的行首插入“示例 1:”、“示例 2:”等并设置相应的格式，您只需输入有关的示例内容即可。

(c) 首示例×

当标准中有多个章或条都有带有编号的示例时,后面的章或条中的示例编号将接续前面示例的编号。当后面的示例需要从1开始编号时,请您选择"首示例×"菜单条,即可实现从1开始重新编号。

(d) 示例内容

当示例的内容是一些文字并且与"示例:"或"示例×"分行时,您可以选择"示例内容"菜单条,TCS 2009将会把相应位置设成宋体小五号字的格式。

(2) 注

(a) 条文注

当需要编写无编号的注时,请您选择"条文注"菜单条,TCS 2009会自动在光标所处的行首插入"注:"并设置相应的格式,您只需输入有关的内容即可。

(b) 条文注×

当需要编写带有编号的注时,请您选择"条文注×"菜单条,TCS 2009会自动在光标所处的行首插入"注1:"、"注2:"等并设置相应的格式,您只需输入有关的内容即可。

(c) 首条文注×

当标准中有多个章或条都设有带有编号的注时,后面的章或条中的注的编号将接续前面注的编号。当后面的注需要从1开始编号时,请您选择"首条文注×"菜单条,即可实现从1开始重新编号。

(d) 图表注

当需要对图表编写无编号的注时,请您选择"图表注"菜单条,TCS 2009会自动在光标所处的行首插入"注:"并设置相应的格式,您只需输入有关的内容即可。

(e) 图表注×

当需要对图表编写带有编号的注时,请您选择"图表注×"菜单条,TCS 2009会自动在光标所处的行首插入"注1:"、"注2:"等并设置相应的格式,您只需输入有关的内容即可。

(f) 首图表注×

当标准中有多个图或表都有带有编号的注时,后面的图或表中的注的编号将接续前面注的编号。当后面的注需要从1开始编号时,请您选择"首图表注×"菜单条,即可实现从1开始重新编号。

(3) 脚注

(a) 条文脚注

为了添加条文脚注,您应首先将光标移到条文中需要添加条文脚注的位置,然后选择"条文脚注"菜单条,此时TCS 2009会弹出一个增加条文脚注的窗口,见附图6-18。请您在窗口中输入相应的脚注内容,而后点击"确定",TCS 2009会自动在需要添加脚注的位置给出脚注编号,即1)、2)等,同时在页面下方添上条文脚注的内容。

如您需要修改条文脚注内容,根据具体情况可以选择以下方法之一:

第一,当还未添加封面时,也就是TCS文件还没有被保护的情况下,点击页面下方的脚注内容后,直接进行修改。

第二,当已经添加了封面时,请将光标置于条文中脚注编号的位置,再次点击"条文脚注"菜单条,并且在弹出的窗口(见附图6-18)中进行编辑。或者您也可以点击"取消TCS文件保护",而后在页面下方直接编辑。

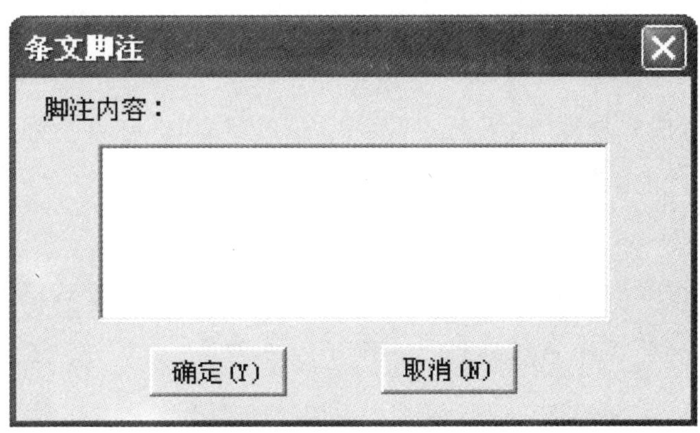

附图 6-18

(b) 图表脚注

当需要在表中插入脚注时，请将光标移到表中需要添加脚注的位置，输入表的脚注编号，即上角标[a]、[b]、[c]等，然后将光标移至表中放置脚注内容的位置，选择“图表脚注”菜单条，TCS 2009 会自动在光标所在的行首插入上角标[a]、[b]、[c]等，并设定为图表脚注格式，您只需在编号后面输入相应的脚注内容即可。

当需要在图中插入脚注时，请事先在图中需要标注脚注的位置输入脚注编号，即上角标[a]、[b]、[c]等，然后将光标移至图下放置脚注内容的位置，选择“图表脚注”菜单条，TCS 2009 会自动在光标所在的行首插入上角标[a]、[b]、[c]等，并设定为图表脚注格式，您只需在编号后面输入相应的脚注内容即可。

(c) 首图脚注

当标准中有多个图都有脚注时，后面图中的脚注编号将接续前面图中的脚注编号。这时后面图的脚注需要从 a 开始编号，请您选择“首图脚注”菜单条，即可实现从 a 开始重新编号。

(4) 图表

(a) 图标题

当需要编写图标题时，请您选择“图标题”菜单条，TCS 2009 会根据光标所处的位置，自动插入“正文图标题”或“附录图标题”的编号并设置相应的格式，您只需输入图的名称即可。

(b) 表标题

当需要编写表标题时，请您选择“表标题”菜单条，TCS 2009 会根据光标所处的位置，自动插入“正文表标题”或“附录表标题”的编号并设置相应的格式，您只需输入表的名称即可。

(c) 插入表格

当条文中需要增加表格时，点击此菜单，TCS 2009 会弹出表格设计的界面(如附图 6-19 所示)，您只需输入表格的行数和列数，TCS 2009 会根据规定设置相应表格框线的线宽。

请注意：自动生成表格的行数，包含了表头、表注和表的脚注各一行，因此如果表格需要五行内容，您需要在“请输入行数”的位置输入 8(即 5+3)。如果您最终的表格没有表注和(或)表的脚注，请删除不需要的行即可。

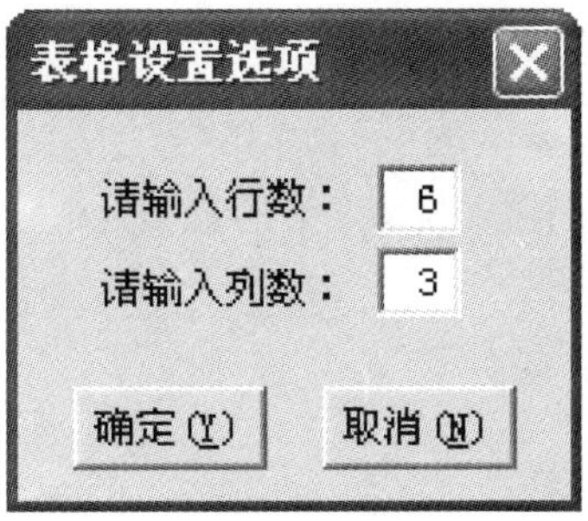

表格设置选项
请输入行数： 6
请输入列数： 3
确定(Y)　取消(N)

附图 6-19

(5) 公式

(a) 插入公式

当需要编写公式时,请您选择"插入公式"菜单条,TCS 2009 会自动弹出公式编辑界面,您可以选择其中的符号进行公式的编辑。

(b) 公式编号

当需要对公式进行编号时,请将光标置于公式后面,然后选择"公式编号"菜单条,TCS 2009 会根据公式所处的位置自动赋予正文公式编号或附录公式编号。

(c) 更新公式编号

当您在编辑文件时删除了文中的某个公式,这时公式的编号就会不连续,您需要选择"更新公式编号"菜单条,即可实现公示编号的连续性。

请注意:更新公式编号时,系统进行自动更新的过程中会出现进度条,以显示更新进度,请耐心等待。

五、注意事项

下列情况下,使用 TCS 2009 需要注意:

(一) 使用其他文件中已经输入的内容

TCS 2009 提供了新建和打开 TCS 文件的功能,用户可以在新建或打开的 TCS 文件中使用 TCS 2009 提供的功能编辑各类标准。

然而在用户已经用 Word 或 TDS 软件建立了标准文本的情况下,如果需要使用 TCS 2009 的功能,则需要新建一个 TCS 文件,然后将已经建立的其他文件中的相应内容通过拷贝粘贴的方式转移到新的 TCS 文件中。在这个过程中需要注意的事项如下:

第一,粘贴过程中,请尽量不要将原文件的文本内容连同格式(即段落后面的回车符)一起拷贝粘贴,如粘贴过程中遇到格式混乱,请只拷贝没有格式的文本内容。建议您新建一个空白 txt 文件,将需要粘贴的文件内容全部拷贝后,粘贴到 txt 文件中,然后再从 txt 文件选择相应的内容粘贴到 tcs 文件中。这样可以避免连同格式一起粘贴造成的混乱。

第二,标准的目次、索引、封面不应直接从其他文件中粘贴,而必须通过 TCS 2009 提供的功能添加。标准的正文、前言、引言、参考文献、每一个附录等都需要在新建的 TCS 文件中分别添加了相应的要素后,再将已有文件中相应要素的内容粘贴过来。

第三,相应内容粘贴到 TCS 文件后,您需要用 TCS 2009 的"层次标题样式"和"要素内容样式"菜单中提供的功能,对文件中的相应内容进行格式设置,这样才能使文本格式符合 GB/T 1.1—2009 的规定,也才能顺利应用 TCS 2009 提供的"目次"和"索引"功能。

请注意:您必须对 Word 的功能比较熟悉,才能顺利完成这种工作,否则粘贴过程中可能会出现一些您无法处理的情况。

(二) 样式的使用

在编写标准的过程中,请尽量使用 TCS 2009 提供的各种样式,并且不准许对"层次标题样式"

和"要素内容样式"中的各种样式做任何形式的修改,也不应设置与其同名的样式。否则,可能会影响您正常使用 TCS 2009 的功能。

六、意见反馈

由于条件和水平的限制,TCS 2009 一定存在着许多不完善的地方,希望广大用户在使用的同时将发现的问题以及改进的建议反馈给我们,以便及时更新和完善"标准编写模板"。在此,我们对您的支持表示衷心地感谢。

电子信箱:jichusuo@cnis.gov.cn

参考文献

[1] 白殿一.标准编写指南——GB/T 1.2—2002和GB/T 1.1—2000的应用.北京:中国标准出版社,2002.

[2] 逄征虎.GB/T 20000.2—2001《标准化工作指南　第2部分:采用国际标准的规则》实施指南.北京:中国标准出版社,2002.

[3] 白殿一.标准化基础知识问答.北京:中国标准出版社,2006.

[4] 王建中.产品标准编写指南.北京:中国标准出版社,1997.

[5] 李春田.标准化概论.4版.北京:中国人民大学出版社,2005.

[6] 石广生.中国加入世界贸易组织知识读本(三).北京:人民出版社,2002.

[7] 中华人民共和国标准化法.1988年12月29日.

[8] 中华人民共和国计量法.1985年9月6日.

[9] 国家技术监督局.国家标准管理办法.1990年8月24日.

[10] 国家技术监督局.行业标准管理办法.1990年8月24日.

[11] 国家技术监督局.地方标准管理办法.1990年9月6日.

[12] 国家技术监督局.企业标准化管理办法.1990年8月24日.

[13] 国家技术监督局.关于进一步加强行业标准备案管理工作的通知.1996年9月4日.

[14] 国家质量技术监督局.国家标准化指导性技术文件管理规定.1998年12月24日.

[15] 国家质量技术监督局.关于规范使用国家标准和行业标准代号的通知.1999年8月24日.

[16] 国家质量技术监督局.关于强制性标准实行条文强制的若干规定.2000年2月22日.

[17] 国家质量监督检验检疫总局.采用国际标准管理办法.2001年11月21日.

[18] 国家标准化管理委员会.关于加强强制性标准管理的若干规定.2002年3月7日.

[19] GB/T 1.1—2000　标准化工作导则　第1部分:标准的结构和编写规则

[20] GB/T 1.1—2009　标准化工作导则　第1部分:标准的结构和编写

[21] GB/T 20000.1—2002　标准化工作指南　第1部分:标准化和相关活动的通用术语

[22] GB/T 20000.2—2001　标准化工作指南　第2部分:采用国际标准的规则

[23] GB/T 20000.2—2009　标准化工作指南　第2部分:采用国际标准

[24] GB/T 20000.7—2006　标准化工作指南　第7部分:管理体系标准的论证和制定

[25] GB/T 20001.1—2001　标准编写规则　第1部分:术语

[26] GB/T 20001.2—2001　标准编写规则　第2部分:符号

[27] GB/T 20001.4—2001 标准编写规则 第4部分:化学分析方法

[28] GB/T 10112—1999 术语工作 原则与方法

[29] GB 3100—1993 国际单位制及其应用

[30] GB 3101—1993 有关量、单位和符号的一般原则

[31] GB 3102.1～3102.13—1993 量和单位

[32] GB/T 15834—1995 标点符号用法

[33] IEC/ISO Directives—Part 2:2004 Rules for the structure and drafting of International Standards

[34] ISO/IEC Guide 21-1:2005 Regional or national adoption of International Standards and other International Deliverables—Part 1:Adoption of International Standards

[35] BS 0-1:2005 A standard for standards—Part 1:Development of standards—Specification

[36] BS 0-2:2005 A standard for standards—Part 2:Structure and drafting—Requirements and guidance